力量

哈佛百年最受欢迎的心理学课

刘牧成　编著

企业管理出版社
ENTERPRISE MANAGEMENT PUBLISHING HOUSE

愿每位读者都能从此书中获得深思!

CONTENTS

目录

第三章　选择未来

第四章　积极心态

第五章　感谢苦难

第六章　超越极限

第七章　控制情绪

第八章　回归快乐

/ 前言 /

她有着近百年的历史，是美国最早的私立大学之一；

她是全球最多亿万富豪就读的大学；

她在近百年内造就了 8 位美国总统、40 位诺贝尔奖得主和 30 位普利策奖得主；

她的一举一动都牵扯着世人的心，都极有可能改变整个世界；

她为世人所关注和仰慕，被誉为美国政府的思想库；

她，就是哈佛大学。

哈佛大学创建于 1638 年 9 月 8 日，她最初的校名是“坎布里奇学院”，即剑桥学院。近百年中，哈佛大学先后培养出了数百名在不同行业中居于领袖地位的莘莘学子，这些人或决定着整个国家或世界的政治格局，或操纵着整个世界的经济命脉，或引领带动着人类的科技风暴，或改变着人们的思想与行为……可以说，哈佛大学是顶尖人才的摇篮，其世界一流学府的地位毋庸置疑，也是无可撼动的。每一位哈佛学子，都以哈佛为荣；每一位求学之才，都以哈佛为终生向往的象牙塔。

哈佛大学之所以能成为众人向往的高等学府，之所以能成为成功与荣誉的象征，就是因为在哈佛当中有一群思想深刻、学术顶尖的大师们。

哈佛大学除了向众多学子们传授专业知识能力外，也格外关注他们的心理健康水平乃至哈佛之外人们的心理发展。哈佛作为全美乃至全世界高等学府综合排名第一的名校，她的心理学专业也是令哈佛人骄傲的学科。哈佛大学教育学院心理学在全美综合排名一直是在前五，遥遥领先的地位也为她培养了出色的学子与教授。比如，塞德兹教授与心理学家、哲学家威廉·詹姆斯，而后者更是被尊为美国心理学之父。正是在这样一所精英辈出的名校，哈佛学子们的心灵得到有益而健康的滋养。

哈佛大学的心理课程摒弃了传统的枯燥讲解，用一个个鲜明生动的事例传达心理学的知识，启迪人们的思考及自我发现。现在，我们将哈佛课堂搬到纸上，还原讲述哈佛教授在心理学课上曾讲解运用过的故事，旨在让更多人走近哈佛课堂，听一堂生动有趣的哈佛心理课。

我们将哈佛教授的心理课程汇集成300个极富思考意义的小故事，这些故事包含了自我认知、自我控制、自我激励等方面，可以说与我们每个人的生活都息息相关。在每个故事后面，我们还附上了鞭辟入里、意味深长的精彩点评，它们从智慧的高度诠释了这些优美故事的现实意义所在，愿能起到以小见大、抛砖引玉的妙用。

本书深入浅出，趣味十足，能为广大读者所接受，是一本生动有趣又不失内涵的心理学大众读物。

愿每位读者都能从此书中获得深思!

Chapter 1

第一章

看清自己

古希腊德尔斐的阿伯罗神庙前有一座石碑，碑上刻着一句话："认识你自己。"有人说这是大哲学家苏格拉底的名言，也有人说这是象征着最高智慧的"阿拉伯神谕"。这句话点出了每个人心目中都无法回避的命题：认识自己。

认识自己是一个人心理健康和幸福生活的起点，如果你想让自己拥有快乐、幸福的人生，就要正确地认识自己，这样你才能扮演好自己的角色，活出自己的使命与价值。

世界精神太忙碌于现实，太驰骛于外界，而不遑回到内心，转回自身，以徜徉自怡于自己原有的家园中。

——哈佛心理学教授　威廉·詹姆斯

一个人无论做出多少件事来，我们都可以在里面认出同样的性格。

——哈佛学子　爱默生

哈佛精英之约翰·亚当斯

约翰·亚当斯（1735—1826），是美国第二任总统。他生于马萨诸塞州，父亲是农场主。亚当斯从哈佛大学毕业后当了律师。1772 年被选为马萨诸塞州众议员，1774 年参加第一次大陆会议，1775 年参加第二次大陆会议，1776 年参加《独立宣言》五人起草委员会，1777 年出使法国，1778 年返国参加宪法起草工作。美国独立后，亚当斯被任命为首任驻英公使，1789 年当选副总统，1796 年华盛顿卸任后任总统。

作为大陆会议的代表，亚当斯所受的教育、所学的法律知识以及他娴熟的演说技能都在费城派上了大用场。在大陆会议上，他雄辩无比、入木三分的演说使其成为《独立宣言》最为有力的拥护者。可以说，他为美利坚合众国的创建做出了不可磨灭的贡献。多年以后，他终于当选为美国第二任总统。

亚当斯最引人注目的特点，一是他学识渊博。作为一位政治哲学家，他有着惊人的学问和思想。二是他有着移民到美洲的新英格兰人那种对宗教和道德的执著精神。亚当斯在道德上可谓真正的君子。这些都与他在哈佛所受的出色教育密不可分。

自知之明

【哈佛心语】

一个没有自知之明的人，无论何时何地总会有无数的坎坷与障碍在等待着他。

【故事殿堂】

著名文学家爱默生在哈佛大学求学时曾看过一则给他启迪颇多的故事：

一只秃鹰飞过王宫，看见王宫中的一只黄莺深受国王的宠爱，于是就问黄莺："你是怎么得到国王的宠爱的？"

黄莺回答说："在王宫，我唱歌十分动听，国王非常喜欢听我唱歌，因此他经常拿珍珠来打扮我。"

秃鹰听了，心中很是羡慕，心想："我也应该学学黄莺，这样说不定国王也会喜欢上我的。"于是它就飞到国王睡觉的地方，开始叫起来。

国王正好在睡觉，听了秃鹰的叫声，感到十分恐怖，就叫属下去看看是什么东西在叫。属下去了回来报告说是一只秃鹰，不知道为什么在叫。国王感到十分愤怒，就吩咐手下去把秃鹰抓了来，并命令他拔光秃鹰的羽毛。

秃鹰浑身疼痛，满是伤痕地回到鸟群中，它恼羞成怒，到处对别的鸟儿说："这都是黄莺害的，我一定要报仇！"

【心理点睛】

或许我们都认为秃鹰简直没有自知之明，太可笑了。然而，不幸的是现实生活中有大量"准秃鹰"和"类秃鹰"存在。他们总想着出人头地，却没有自己的能力，一味机械地模仿别人，结果弄巧成拙。更可悲的是，当他们达不到目的时，不知反躬自省，却怨天尤人，不是责怪老天不给自己机会，就是责怪别人没有好好地同自己配合。

要知道成功还是失败都系于自身，效仿得再好也终究不是自己的，因为没有特色。所以，我们的心灵一定要对自己忠诚，只有不背叛自己的人才不会被命运女神抛弃。

走自己的路

【哈佛心语】

很多失败者恰恰犯了一个相同的错误，他们对自身具有的宝藏视而不见，反而拼命羡慕别人、模仿别人。殊不知，成功其实就是自信地走你自己的路。

——雷切尔·卡森

【故事殿堂】

有一个小男孩在孤儿院长大，他常常为自己的出身而感到自卑。有一次，他悲观地问院长："像我这样没有人要的孩子，活着究竟有什么意思呢？"院长笑眯眯地对他说："孩子，别灰心，谁说没有人要你呢？"

有一天，院长亲手交给男孩一块普通的石头，说道："明天早上，你拿着这块石头到市场上去卖，但不是真卖。记住，无论别人出多少钱，绝对不能卖。"

男孩一脸迷惑地接下了这块石头。

第二天，他忐忑不安地蹲在市场的一个角落里叫卖石头。出人意料地，竟然有许多人要向他买那块石头，而且一个比一个价钱出得高。男孩记着院长的话，没有卖掉。回到孤儿院内，他兴奋地向院长汇报了当时的情况，院长笑了笑，要他明天拿着这块石头到黄金市场上去叫卖。在黄金市场，竟然有人出比昨天高10倍的价钱要买那块石头，但都被男孩拒绝了。

最后，院长叫男孩把那块普通的石头拿到宝石市场上去展示。结果，石头的身价比昨天又涨了10倍。由于无论出多高的价钱，男孩都不肯卖，所以这块石头被人传扬成"稀世珍宝"，参观者纷至沓来。男孩兴致勃勃地捧着石头回到孤儿院，他眉开眼笑地将一切情景禀报给院长。院长亲切地看着男孩，说道："生命的价值就像这块石头一样，在不同的环境中就会有不同的意义。一块不起眼的石头，会因你的惜售而提升它的价值，而被说成是稀世珍宝。你不就像这块石头一样吗？只要自己看重自己，自我珍惜，生命就有意义、有价值。"

【心理点睛】

院长的那句"生命的价值就像这块石头一样，在不同的环境中就会有不同的意义"深深地启发我们对自信的更深层次的理解。

在一个人的心态与性格中，有非常重要的一点，那就是如何看待自我。如果一个人对自我缺乏清醒的认识，那就很难做到客观地对待外部世界。自信是在客观地认清自己的现状之后仍保持的一种昂扬斗志。自信就是成功者必须依赖的精神潜能。

在当代社会中，一个人要想成就一番大业，光靠单枪匹马的拼杀是远远不够的，它更需要众多人的支持和合作，这样，自信就显得尤为关键。一个人只有首先相信自己，才能说服别人来相信他；如果连自己都不相信自己，那么就意味着他已失去在世界上最可依靠的力量。

哈佛教授认为，凡是有自信心的人，都可表现出一种强烈的自我意识。这种自我意识使他们充满了激情、意志和战斗力，没有什么困难可以压倒他们，他们的信条就是：我要赢！我会赢！

在当代许多世界名人中，有些人是相当自信的，有时甚至给人一种说大话、吹牛皮的感觉。但是，他们中有的人确实做到了，有的仍在努力去做。但无论如何，自信都给他们前进的动力，使他们敢于去攀登人迹罕至的事业高峰，创出一番骄人的业绩。

毋庸置疑，只有那些有责任心、肯负责任的人，才能获得成功；只有那些自信且言必信、行必果的人，才能成就大的事业。要承担起对事业的责任，首先必须要有坚强的自信心，要始终坚信自己做任何事情都能成功——绝对能够成功！

很多人遇到一点儿微不足道的挫折便心灰意冷，精神沮丧，他们认为命运在和自己作对，无论自己如何挣扎都毫无益处。

其实，只要你注意观察，就会发现不少成功者都曾经失败过，甚至完全破产，但是因为他有勇气、有决心，始终没有被击垮，仍然在努力地坚持着，希望东山再起。

每个人都希望始终保持自信。无论困难多么大、挫折多么严重，也不要使自己的意志消沉下去。有些人那种永无定见、瞻前顾后做事的习惯，无异于充当自己前途的拦路虎。这些人就好像浮在水面的死鱼，随着水流，东漂西荡，但一条鲜活的鱼却能够在水里逆流而上，这是两种完全不同的心态。试看世界上一切事业的失败，大多数不是因为经济上的损失，而是因为缺乏自信。

人生最大的损失，除丧失人格之外，就当属失掉自信心了。当一个人失去自信心时，无论做任何事情都不会取得成功，就像没有脊椎骨的人永远站不起来，道理是一样的。

因此，拥有自信就可以创造奇迹，失去自信就只能听任命运的摆布。

谦虚的珍贵

【哈佛心语】

忠实于自己，忠实于自己的信仰，这是一种智慧。

——华盛顿

【故事殿堂】

一个人最难能可贵的地方，是他能够在功成名就之时仍然保持谦逊的本质。

在哈佛大学里，致力于研究中国历史学的杜维明教授十分重视传统文化的继承，也时常会教导他的学生们要做个谦虚的人。因为每个人都有属于自己的高度，如果你不把自己放低，就不可能看到自己和他人的真实高度。他最爱讲的是关于马歇尔将军的一则逸事。乔治·马歇尔是美国的一代名将，在第二次世界大战中，他作为美国陆军参谋长，为建立国际反法西斯统一战线做出了重要贡献。

鉴于其功勋卓越，1943 年，美国国会同意授予马歇尔美国历史上从未有过的最高军衔——陆军元帅。但马歇尔坚决反对，他的公开理由是如果称他“Fidd Marshal Marshall”（马歇尔元帅），那么英文的后两字发音相同，听起来很别扭。其实真正的原因是这将使他的军衔高于当时已病倒的潘兴陆军四星上将。马歇尔认为潘兴才是美国当代最伟大的军人，自己又多次受到潘兴将军的提拔和力荐，马歇尔不愿使自己崇敬的老将军的地位和感情受到伤害。

在第一次世界大战中，马歇尔随美军赴欧参战。当时的美国远征军司令潘兴非常欣赏马歇尔的才能，一战末期将他提拔为自己的副官，将其视为得意门生。后来潘兴虽然退役，仍然多次力荐马歇尔晋升。在潘兴的有力影响下，1939 年马歇尔接受临时四星上将军衔，出任美国陆军参谋长。

有一段小插曲足以说明马歇尔对潘兴的深厚感情。1938 年春，马歇尔前往医院探望潘兴。潘兴若有所思地说："乔治，总有一天你也会像我一样当上四星将军的。"马歇尔满怀感激地回答："美国只有您有资格获四星上将军衔，绝不可能再有另一个人！"听到马歇尔的肺腑之言，潘兴顿时热泪盈眶："谢谢你，乔治！"

马歇尔拒绝当元帅后，为了表示对他的敬意，美军从此不再设元帅军衔。1944年年底，马歇尔晋升五星上将——美军的最高军衔。

【心理点睛】

在现实生活中，我们往往会发现这样的现象：一些取得成就的人，往往会上演一幕小人得志的丑剧，将最初的谦恭忘得一干二净。这样的人其实不具备谦虚的美德，但伟大的人则不会如跳梁小丑一般，他们的谦恭是由内而外、自始至终的。越是在名利的顶峰处显示出的谦虚，越显得弥足珍贵。

谦虚是每一个人获得成功必不可少的品质。当到达成功的顶峰的时候，你会发现谦虚真的十分重要。因为只有谦虚的人才能得到智慧。你谦虚时就显得对方高大；你朴实和气，他就愿与你相处，认为你亲切、可靠；你恭敬顺从时，他的指挥欲就会得到满足，认为与你配合得很默契、很合得来。相反，你若以强硬姿态出现，处处高于对手，咄咄逼人，对方心里会感到紧张，做事没有把握，而且容易让对方产生逆反心理，使交往和工作难以继续。

甩掉怯懦

【哈佛心语】

正义的路是崎岖的，它只欢迎勇敢的人。

——杰斐逊

【故事殿堂】

伊尔文·本·库柏是美国最受尊敬的法官之一，但这个形象与库柏年轻时的怯懦却大相径庭。

库柏在密苏里州圣约瑟夫城一个准贫民窟里长大。他的父亲是移民，以裁缝为生，收入微薄。为了给家里取暖，库柏常常拿着一个煤桶，到附近的铁路去捡煤块。库柏为必须这样做而感到困窘。他常常从后街溜进溜出，以免被放学的孩子们看见。

但是，那些孩子时常看见他，特别是有一群孩子常埋伏在库柏从铁路回家的路上，袭击他，以此取乐。他们常把他的煤渣撒遍大街，使他回家时一直泪流满面。这样，库柏总是生活在或多或少的恐惧和自卑的状态中。

后来，发生了一件事，而这种事在我们打破失败的生活方式时总会时有发生。库柏因为读了一本书，内心受到了鼓舞，从而在生活中采取了积极的行动。这本书是荷拉修·阿尔杰著的《罗伯特的奋斗》。

在这本书里，库柏读到了一个像他那样的少年奋斗的故事。那个少年遭遇了巨大的不幸，但是他以勇气和道德的力量战胜了这些不幸，库柏也希望自己具有这种勇气和力量。

库柏读了他所能借到的每一本荷拉修的书。当他读书的时候，他就进入了主人公的角色。整个冬天，他都坐在寒冷的厨房里阅读勇敢和成功的故事，不知不觉地汲取了勇气的力量。

在库柏读了第一本荷拉修的书之后的几个月，他又到铁路去捡煤块。隔开一段距离，他看见三个人影在一个房子后面飞奔。他最初的想法是转身就跑，但很快他记起了他所钦佩的书中主人公的勇敢精神，于是他把煤桶握得更紧，一直大步向前走去，犹如荷拉修书中的英雄一样。

这是一场恶战。三个男孩一起冲向库柏。库柏丢开铁桶，坚强地挥动双臂，进行抵抗，这个举动使得这三个恃强凌弱的孩子感到特别吃惊。库柏的右手猛击到一个孩子的鼻子上，左手猛击到这个孩子的胃部。这个孩子便停止打架，转身跑了，这也使库柏大吃一惊。同时，另外两个孩子正在对他进行拳打脚踢。库柏设法推开了一个孩子，把另一个打倒，用膝部猛击他，而且使劲儿连击他的胃部和下颌。现在只剩下一个孩子了，他是领袖。他突然袭击库柏的头部。库柏设法站稳脚跟，把他拖到一边。这两个孩子站着，相互凝视了一会儿。

然后，这个领袖一点一点地向后退，最后也跑了。库柏捡起一块煤，投向那个退却者，这是在表示他正义的愤慨。

直到那时库柏才知道他的鼻子在流血，他的周身由于受到拳打脚踢，已变得青一块紫一块了。即使如此，这也是很值得的啊！在库柏的一生中，这一天对他来说是一个重大的日子，因为那时他克服了恐惧。

库柏并不比一年前强壮，攻击他的人也并不是不如以前那样强壮。前后不同之处在于库柏自身的心态发生了变化。他已经不顾恐惧，能够勇敢面对危险了。他决定不再听凭那些恃强凌弱者的摆布。他要改变他的世界，后来他的确也是这样做的。

库柏给自己定下了一种身份。当他在街上痛打那三个恃强凌弱者的时候，他并不是作为受惊骇的、营养不良的库柏在战斗，而是作为荷拉修书中的人物罗伯特·卡佛代尔那样大胆而勇敢的英雄在战斗。

【心理点睛】

约翰·穆勒说："除了恐惧本身之外没有什么好害怕的。""如果你是懦夫，那你就是自己最大的敌人；如果你是勇士，那你就是自己最好的朋友。"美国最伟大的推销员弗兰克也如是说。

而维特革斯坦也说："勇气通往天堂之途，懦弱往往叩开地狱之门。"懦弱是人心里勇敢品质的"腐蚀剂"，时时威胁着我们的心灵。只有在生命中注入勇气，才能帮助我们斩断前进途中缠绕在腿脚上的蔓草和荆棘。

当我们迈开充满力量的第一步时，勇者无惧的形象将永远刻在我们的成长史上。

从自卑中走出来

【哈佛心语】

应尊敬他自己，并应自视能配得上最高尚的东西。

——黑格尔

【故事殿堂】

奈尔非常自卑，他的背上有两道非常明显的疤痕，从颈上一直延伸到腰部，所以奈尔非常害怕换衣服，尤其是上体育课的时候。当其他小孩子很高兴地脱下校服，换上舒服的运动服的时候，奈尔总会一个人偷偷地躲在角落里，用背部紧紧地贴住墙壁，以最快的速度换上运动服，生怕别人发现。可是，时间久了，其他小朋友还是发现了他背上的疤痕，他们喊着："好可怕哦""怪物！"……

这些无意间的话语深深地伤害了奈尔，他哭了。这件事发生以后，奈尔的妈妈特意带着他去跟老师说明情况。

"奈尔刚出世就患了重病，当时想放弃的，可是又不忍心，一个这么可爱的生命，怎么可以轻易地结束呢？"妈妈说着，眼睛红了，"幸好当时有位很高明的大夫，动手术挽救了他，他的背部便留下了两道疤痕。"

妈妈转过头去，对奈尔说道："来，掀起来给老师看。"

奈尔当时虽然迟疑了一下，但最后还是脱下了上衣，老师惊讶地看着那两道疤，心疼地问："还会痛吗？"

奈尔摇摇头，说："不会了。"

此时，老师心里不断地想：如果禁止小朋友取笑奈尔，只能治标，不能治本，奈尔一定还会继续自卑下去，一定要想个好办法，让他克服掉这种自卑心理。

突然，老师脑海里灵光一闪，她摸了摸奈尔的头说："明天的体育课，你一定要跟大家一起换衣服哦。"

在奈尔的眼里，晶莹的泪水滚来滚去，他对老师说："可是，他们又会笑我，说我是怪物。"

"放心，老师有法子，没有人会笑你。真的！"

第二天上体育课，奈尔怯生生地躲在角落里，脱下了他的上衣，果然不出所料，又有小朋友厌恶地说："好恶心呀！"

奈尔双眼瞪得大大的，泪水不自觉地流了下来。这时候，门突然被打开了，老师出现了。几个同学马上跑到了老师面前说："老师你看，他的背好可怕，像条大虫。"

老师没有说话，只是慢慢地走向奈尔，然后露出诧异的表情。"这不是虫！"老师眯着眼睛，很专注地看着奈尔的背部说，"老师以前听过一个故事，大家想不想听？"

小朋友最爱听故事了，连忙围了过来。

老师说道："这是一个传说。每个小朋友，都是天使变的，有的天使变成小孩的时候，很快就把翅膀脱下来了；有的天使动作比较慢，来不及脱下翅膀。这时候，那些天使变成的小孩子，就会在背上留下这样两道痕迹。"

"哇！"小朋友发出惊叹的声音，"那这就是天使的翅膀？"

"对啊，"老师露出神秘的微笑，"大家要不要互相检查一下，还有没有人像他一样，翅膀没有完全掉下来的？"

所有小朋友听老师这么一说，马上七手八脚地检查对方的背；可是，没有人像奈尔一样，有这么清晰的痕迹。

"老师，我这里有一点点的疤痕，是不是？"一个戴眼镜的小孩兴奋地举手。

"才不是哩，我这里也红红的，我才是天使！"

小朋友们争相承认自己的背上有疤痕，完全忘记了取笑奈尔的事情。奈尔原本哭红的双眼又有了笑意。突然，一个小女孩轻轻地说："老师，我可不可以摸摸小天使的翅膀？"

"要问小天使肯不肯。"老师微笑地向奈尔眨眨眼睛。

奈尔鼓起勇气，羞怯地说："好。"

女孩轻轻地摸着他背上的疤痕，高兴地叫了起来："哇，好软，我摸到天使的翅膀了！"女孩这一喊，所有小朋友都大喊："我也要摸！"

一节体育课，一幅奇特的景象，教室里几十个小朋友排成长长的队伍，等着摸奈尔的背……

【心理点睛】

《天使的翅膀》讲述了一位体育老师凭着爱心和智慧，巧妙地使一位学生从自卑中走出来的动人故事。

老师就是学生心目中的"神"，他们的言行举止直接影响着学生，我们不妨设想一下，假如故事中的老师只是把"奈尔"的伤疤来由直接告诉其他同学，那么，还会达到预期的效果吗？答案明显是否定的。幸运的是，这位老师充分发挥了她的聪明才智，抓住学生的年龄特征，给大家讲了关于"天使的翅膀"的故事，不仅以此保护了一颗纯真而脆弱的心灵，还达到了一石三鸟的效果。

一个善意的谎言，从此改变了奈尔的一生。世界少了一个自卑的少年，多了一个令人骄傲的哈佛人。其实，纵然我们真的在某个方面技不如人，那么我们也一定要认清自己的强项，千万别只盯着自己的短处而盲目地自卑、妄自菲薄，如果那样的话，只能失去快乐的源泉和自信乐观的生活态度。

高傲的错误

【哈佛心语】

对上级谦逊是本分，对平辈谦逊是和善，对下级谦逊是高贵，对所有的人谦逊是安全。

——亚里士多德

【故事殿堂】

有一次，哈佛大学政府与企业关系学教授罗杰·波特在课上这么说道："大家都知晓斯坦福大学，现在它以独特的方式成为世界一流学府，几乎与我们哈佛齐名。但是大家知道它是怎么诞生的吗？今天的斯坦福人要感谢我们的一位校长。"故事是这么展开的：

很久以前，哈佛的校长为一次错误判断，付出了很大的代价。

一对老夫妇，女的穿着一套褪色的条纹棉布衣服，而她的丈夫则穿着便宜的西装，也没有事先预约，就直接去拜访哈佛的校长了。

校长的秘书在片刻间就断定这两个乡下人不可能与哈佛有业务来往。

老先生轻声地说："我们要见校长。"

秘书很礼貌地说："他整天都很忙！"

女士回答说："没关系，我们可以等。"

过了几个钟头，秘书一直不理他们，希望他们知难而退，自己走开，但他们却一直在那里等。

秘书终于决定告知校长："也许他们跟您讲几句话就会走开。"

校长不耐烦地同意了。

校长很傲慢而且心不甘情不愿地去面对这对夫妇。

女士告诉他："我们有一个儿子曾经在哈佛读过一年，他很喜欢哈佛，他在哈佛的生活很快乐。但是去年，他出了意外而死亡。我丈夫和我想在校园里为他留一个纪念物。"

校长并没有被他们的话所感动，反而觉得很可笑，粗声地说："夫人，我们不能为每一位曾读过哈佛而后死亡的人竖立雕像的。如果我们这样做，我们的校园看起来就会像墓园一样。"

女士说："不是，我们不是要竖立一座雕像，我们想捐一栋大楼给哈佛。"

校长仔细地看了一下他们的条纹棉布衣服及粗布便宜西装，然后吐出一口气说："你们知不知道建一栋大楼要花多少钱？我们学校的建筑物花费的资金都超过了750万美元。"

这时，女士沉默了。校长很高兴，总算可以把他们打发走了。

这位女士转向她丈夫说："只要750万就可以建一座大楼？我们为什么不建一座大学来纪念我们的儿子。"

就这样，斯坦福夫妇离开了哈佛，到了加州，创立了斯坦福大学，以此来纪念他们的儿子。

【心理点睛】

以貌取人的人心理上一般都带有浓厚的优越感，正是这种优越感让他们显得不够谦恭。

骄傲与谦恭就像水与火一样，互不相容，自大的人往往眼睛高过于顶，所以看问题也就不能接近真实。如果适当的谦恭能够得到如此巨大的财富支持，那么大概哈佛大学的校长肯定会放弃以貌取人的做法，因为由此带来的损失实在是太大了。

从历史到现在，那些伟大的人物总是保持着谦恭，由内而外，自始至终。也有些人，稍微取得点儿成就，就会表现得志得意满，最初的表现仿佛是做样子的。他们的美德又怎能被人传颂？而那些伟大的人物，纵使身处名利的顶峰，依然谦恭有加，让人敬仰信服。

角色平等

【哈佛心语】

樱花有樱花的美，梅花有梅花的香，桃花有桃花的色彩，李花有李花的风味。百花争妍，才会有花园的美丽。

——池田大作

【故事殿堂】

纽约市一家中学为了给贫困学生募捐，决定排演一个名为“圣诞前夜”的话剧节目。9岁的凯瑟琳很幸运地被老师选中扮演剧中的公主。接连几周，母亲都煞费苦心地跟她一道练习台词。可是，无论她在家里表现得多么自如，可一站到舞台上，她头脑里的词句就都无影无踪了。最后，老师只好让别人替换了她。老师告诉凯瑟琳，她为这出戏补写了一个道白者的角色，请她调换一下角色。虽然老师的话表达得挺亲切、挺婉转，但还是深深地刺痛了凯瑟琳——尤其是看到自己的角色让给另一个女孩的时候。

那天回家吃午饭时，凯瑟琳没有把发生的事情告诉母亲。然而，细心的母亲却觉察到了她的不安，没有再提议练台词，而是问她是否想到院子里走走。

那是一个明媚的春日，棚架上的蔷薇藤正泛出亮丽的新绿。凯瑟琳无意中瞥见母亲在一棵蒲公英前弯下腰。“我想我得把这些杂草统统拔掉。”她说着，用力将它连根拔起。“从现在起，咱们这庭园里就只有蔷薇了。”

“可我喜欢蒲公英，”凯瑟琳抗议道，“所有的花儿都是美丽的，哪怕是蒲公英！”

母亲微笑着打量着她。“对呀，每一朵花儿都以自己的风姿给人愉悦，不是吗？”她若有所思地说。

凯瑟琳点点头，为自己战胜了母亲而感到高兴。

“对人来说也是如此。”母亲又补充道，“不可能人人都当公主，但那并不值得羞愧。”

凯瑟琳想母亲猜到了自己的痛苦，她一边告诉母亲发生了什么事，一边失声哭泣起来。母亲听后释然一笑。

“但是，你将成为一个出色的道白者。”母亲说，并提醒凯瑟琳是如何爱朗读故事给自己听的。“道白者的角色跟公主的角色一样重要。”

听完母亲的话后，凯瑟琳不再心情郁闷了，恢复了往常的状态，认真对待自己在话剧中的新角色。

【心理点睛】

和百花一样，每个人都有各自的使命、个性和生活方式，每个人都要开出自己的花儿，完成自己的使命，这样世界才能和谐美丽。

了解自己

【哈佛心语】

愿你们每一天都能愉快地生活，不要等日子过去了才找出它们的可爱之处。

——居里夫人

【故事殿堂】

在一个美丽的花园里，长满了各种各样的树木和花草，苹果树、橘子树、橡树、玫瑰花、栀子花，每一棵树都那么挺拔，每一朵花儿都那么娇艳，充满了生机和活力。

可是，在这之前的一段时间里，花园里的情形却不是这样，有一棵小橡树总是愁容满面。这个可怜的小家伙一直被一个问题困扰着，它不知道自己是谁。大家众说纷纭，更加让它困惑不已。苹果树认为它不够专心："如果你真的尽力了，一定会结出美丽的苹果，你看多容易。你还是需要更加努力。"小橡树听了它的话，心想，我已经很努力了，而且比你们想象的还要努力，可最终还是无法结出果实。越想，它就越伤心。玫瑰说："别听它的，开出玫瑰花来才更容易，你看多漂亮。"失望的小橡树看着娇嫩欲滴的玫瑰花，也想和它一样，但是它越想和别人一样，结果就越觉得自己失败。

一天，鸟中的智者雕来到了花园，看到唯独可爱的小橡树在一旁闷闷不乐，便上前打听。听了小橡树的困惑后，雕说："你的问题并不严重，地球上许多人都面临着同样的问题。我来告诉你怎么办。你不要把生命浪费在去变成别人希望你成为的样子上，你就是你自己，你永远无法变成别人，更没有必要变成别人的样子，你要试着了解你自己、做你自己，要想知道这一点，就要聆听自己内心的声音。"说完，雕就飞走了，留下小橡树独自思考。

橡树自言自语道："做我自己？了解我自己？倾听自己内心的声音？"突然，小橡树茅塞顿开，它闭上眼睛，敞开心扉，终于听到了自己内心的声音："你永远都结不出苹果，因为你不是苹果树；你也不会每年春天都开花，因为你不是玫瑰。你是一棵橡树，你的命运就是要长得高大挺拔，让鸟儿们栖息，给游人们遮阴，创造美丽的环境。你有你的使命，去完成它吧！"小橡树顿时觉得浑身上下充满了自信和力量，它开始为实现自己的目标而努力，很快它就长成了大橡树，赢得了大家的尊重和喜爱。

【心理点睛】

许多人之所以在生活中会一事无成，甚至自暴自弃，究其根本原因是他们对自己没有清醒的认识，他们不知道自己到底想干什么。因此，如果你想改变自己，干出一番事业，就必须对自己有一个清醒的认识。

自己的主见

【哈佛心语】

我们的判断像我们的钟表，没有一只走得完全一样，应该各人信各人的。

——蒲柏

【故事殿堂】

杰克是一位年轻的画家。有一次他在画完一幅杰作后，拿到展厅去展出。为了能听取到别人更多的意见，他特意在他的画作旁放了一支笔。这样一来，每一位观赏者，如果认为此画有败笔之处，都可以直接用笔在上面圈点。

当天晚上，杰克兴冲冲地去取画，却发现整个画面都被涂满了记号，没有一笔一画不被指责的。他十分懊丧，对这次的尝试深感失望。

他把他的遭遇告诉了一位朋友，朋友告诉他不妨换一种方式试试，于是，他临摹了同样一张画拿去展出。但是这一次，他要求每位观赏者在其最为欣赏的妙笔之处标上记号。

等到他再取回画时，结果发现画面也被涂满了记号。所有曾被指责的地方，如今都换上了赞美的标记。

"哦！"他不无感慨地说，"现在我终于发现了一个奥秘：无论做什么事情，不可能让所有人都满意，因为，在一些人看来是丑恶的东西，在另一些人眼里或许是美好的。"

画展里的这种情况，我们在现实生活里会经常碰到。同样的事，同样的人，常常会出现不同的待遇，产生不同的结果。仔细想想，这并不奇怪，因为人世间每个人的眼光各不相同，理解事物的角度也不尽一样。所以遇事要用正确的思维方式，不要完全相信你听到的或看到的一切，也不要因为他人一时的批评而迷失自己。

【心理点睛】

我们无论做什么，一定要对自己有清楚的认识，要有自己的主见，不能因为别人一时的批评和议论而迷失自己，改变自己，失去了自己的主见。

我会输给很多人

【哈佛心语】

我们什么时候都能够看清自己不如人的地方，那就是对生命真正有信心的时候。

——斯蒂文森

【故事殿堂】

有一位教授住在一个离郊区不远的街区，那里有很多卖小吃的商贩。一次，这位教授带着孩子外出散步，路过此地，看到生意极好，所有的椅子都坐满了人。

教授和孩子驻足观望，只见卖面的小贩把油面放进烫面用的竹捞子里，一把塞一个，仅在刹那之间就塞了十几把，然后他把叠成长串的竹捞子放进锅里烫。

接着他又以迅雷不及掩耳的速度，将十几个碗一字排开，放佐料、盐、味精等，随后捞面、加汤，做好十几碗面的过程竟没有用到5分钟，而且还一边煮，一边与顾客聊天。

教授和孩子都看呆了。

当他们从面摊离开的时候，孩子突然抬起头来说："爸爸，我猜如果你和卖面的比赛卖面，你一定输！"

对于孩子突如其来的话语，教授莞尔一笑，立即坦然承认，自己一定输给卖面的人。教授说："不只会输，而且会输得很惨。我在这世界上是会输给很多人的。"

他们在豆浆店里看伙计和面粉、做油条，看油条在锅中胀大而充满神奇的美感，教授就对孩子说："爸爸比不上炸油条的人。"

他们在饺子馆，看见一个伙计包饺子如同变魔术一样，动作轻快，双手一捏，个个饺子大小如一，晶莹剔透，教授又对孩子说："爸爸比不上包饺子的人。"

【心理点睛】

正视自己的缺点，才能真正地认识自己。我们在看待周围的事物时，常常会觉得自己很了不起，并因此而感到骄傲自大，看不起别人。然而一旦我们将心头的高傲去掉，清楚地将自己与别人做一番比较，那么我们就会发现自己处处有不如别人的地方。

自己的价值

【哈佛心语】

一旦你知道，你对别人也还有些用处，你就能感到自己生活的意义和使命。

——茨威格

【故事殿堂】

有一位陶工制作了一件精美的彩釉陶罐，为了确保安全，他把它放在了地下室里。

陶罐认为主人把自己放错了地方，整天唉声叹气地抱怨说："我这么漂亮、这么精致，为什么不把我放到皇宫里作为收藏品呢？即使摆放到商店展出，也比待在这儿强啊！"

陶罐底下的石头听了忍不住劝它说："这儿不是也挺好吗？我比你待的时间还要久呢。"

陶罐听了讥讽石头说："你算什么东西？只不过是一块垫脚石罢了，你有我这么漂亮的图案吗？和你在一起，我真感到羞耻。"

石头争辩说："我确实不如你漂亮，我生来就是做垫脚石的，但在完成本职任务方面，我不见得比你差……"

"住嘴！"陶罐愤怒地说，"你怎么敢和我相提并论！你等着吧，要不了多久，我就会被送到皇宫成为收藏品……"它越说越激动，一不小心摇晃了一下，

“哗啦”一声掉在地上，摔成了一堆碎片。

一年一年过去了，世界发生了许多变化，一个又一个王朝覆灭了，陶工的房子早已倒塌了，石头和那堆陶罐碎片被埋在了荒凉的泥土中。

许多年以后的一天，人们来到这里，掘开厚厚的堆积，发现了那块石头。

人们把石头上的泥土刷掉，石头便露出了晶莹的颜色。“啊，这块石头可是一块价值连城的宝玉呢！”一个人惊讶地说。

“谢谢你们！”石头兴奋地说，“我的朋友陶罐碎片就在我的旁边，请你们把它们也发掘出来吧，它们一定闷坏了。”

人们把陶罐碎片捡起来，翻来覆去查看了一番，说：“这只是一堆普通的陶罐碎片，一点儿价值也没有。”说完就把这些陶罐碎片扔进了垃圾堆里。

【心理点睛】

很多人心理问题的产生就是因为没有正确地认识自己，没有摆正自己的位置。社会是一个大舞台，要想在这个舞台上当个好演员，就应当根据自己的素质、才能、兴趣和环境条件，选择适合自己的角色，只有这样，才能体现出自己的价值。

要有所行动

【哈佛心语】

要有所行动，然后认识自己。

——蒙田

【故事殿堂】

有一个自以为是全才的女郎，毕业以后屡次碰壁，一直找不到理想的工作。她觉得自己怀才不遇，对社会非常失望，她觉得自己之所以出现这种碰壁的状况，是因为没有伯乐来赏识她这匹“千里马”。

痛苦绝望之下，她来到大海边，打算就此结束自己的生命。

当她正要自杀的时候，正好有一个哈佛助理教授从这里走过，救了她。这位助理教授问她为什么要走绝路，她说自己不能得到别人和社会的承认，没有人欣赏她、重用她……

助理教授从脚下的沙滩上捡起一粒沙子，让女郎看了看，然后就随便地扔在地上，对女郎说："请你把我刚才扔在地上的那粒沙子捡起来。"

"这根本不可能！"女郎说。

教授没有说话，接着又从自己口袋里掏出一颗晶莹剔透的珍珠，也是随便扔在了地上，然后对女郎说："你能不能把这个珍珠捡起来呢？"

"这当然可以。"

"那你就应该明白是为什么了吧！你应该知道，现在你还不是一颗珍珠，所以你还不能苛求别人立即承认你，如果要别人承认，那你就要由沙子变成珍珠才行。"

【心理点睛】

我们对自身价值的估量总是过高或者过低，这往往是令人感到遗憾的事。不适当的估计从心理学角度来讲都是非常态的，而且这种预计的结果，常常又会导致人们对生活、学习、工作等产生不良的心态。不是自感怀才不遇，与周围格格不入，就是感到压力太大，跟不上他人的脚步。

恰当的自我认识造就美好的人生，当我们抱怨现实对我们的不公之时，不妨先问一下自己到底是珍珠还是沙子。

别人的影子

【哈佛心语】

茫茫尘世，芸芸众生，每个人都有一个属于自己的角色，只有当他演好自己的角色时，他才会觉得心安。

——洛威尔

【故事殿堂】

很多年前，犹太有一位受人尊敬的智者，名叫拉比·苏西亚，他是一位博学多才的学者和老师，在他弥留之际，很多学生聚集在他的床前，苏西亚掉下了眼泪。

他的学生不禁问他："老师，您为什么哭泣？"

苏西亚回答他说："如果上了天堂以后，天使问我：'为什么你不能像摩西一样？'我一定会肯定地回答他说：'因为我本来就不是摩西。'

"如果天使再问我：'可是你也没有像艾利西（希伯来的大预言家）一样的丰功伟绩。'那我也可以肯定地回答：'因为我来到世上的任务和艾利西不同。'

"可是，有一个问题恐怕我会答不出来。我怕他问：'你为什么不能像拉比·苏西亚？'"

拉比·苏西亚去世多年后，一位叫珍妮的美国小姑娘在她的人生中崭露头角。她以 12 岁的小小年纪，多次向世界网球冠军赛叩关。她在自己的青少年时期就已经跃升为一级选手，她向许多实力极强的成人明星球员挑战，并获得了胜利。

当有人问她是不是希望当第二个克莉丝·艾芙特时，珍妮回答说："不，我要当第一个珍妮。"这种当仁不让的自信心，和她在球场上的表现是一致的，因为她知道，成功的唯一途径就是展现自我，而不是模仿别人，成为别人的影子。

【心理点睛】

每个人都有一个属于自己的角色和人生，只有当他演好自己的角色时，他才会拥有快乐的人生。如果你想让自己拥有快乐、幸福的人生，就要找到自己的角色，而不要去模仿别人。

火焰和劈柴

【哈佛心语】

人不可为了荣华与虚名给自己招来危险。

——伊索

【故事殿堂】

一颗小煤球在温热的炉灰里，隐隐地闪出几丝红光。它不想在瓦灰色的炉灰中无声无息地熄灭，于是，就尽量地往炉灰的深处钻，以降低自己身上能量的不断释放。

到了吃饭的时间，人们又把一些干树枝和劈柴塞进了渐渐冷却的炉子里。

火柴一划，盛着热汤的生铁锅底下的干柴堆冒出了火焰，快要熄灭的小煤球又复活了。炉子里一下子又填进很多劈柴，火焰这下可高兴了。它越烧越旺，把不流动的空气渐渐地从炉子里赶了出去。顽皮的火焰不停地逗着木柴玩耍，它淘气地跳上跳下，燃烧得更加起劲了。

火舌顽强地穿透劈柴，喷射出许多焰火似的小星星。厨房里的暗影快活地跳起舞来，不停地在地上转来转去。调皮的火焰兴高采烈地发出呼呼声，它努力想穿过炉盖跑出来。炉子很快就呜呜地响起来，忽而活泼地吹几声口哨，忽而豪迈地发出一阵呼啸，歌儿唱得和谐而动听，使原来幽暗寒冷的厨房一下子变得既明亮又暖和了。

火焰看到劈柴已乖乖地听从自己的指挥和调度，就开始得意忘形起来，狂妄自大的念头装满了它的脑子，它不愿再待在炉子里，只觉得这地方太小，又太拥挤了，再也容不下它这个了不起的人物了。

于是，骄傲自大的火焰发出了吱吱的威胁声，它把刺眼的小火星狠狠地射向炉膛四壁，企图冲出那讨厌的炉膛，到外面去展现一下自己的本事和才能。火焰东冲西撞，好不容易找到了一个缝隙，它兴奋异常，趾高气扬地向外冲去。

结果可想而知，狂妄自大的火焰化作一缕青烟，消失得无影无踪了。可怜的火焰至死也不会明白，离开了劈柴的帮助，它将一事无成。

【心理点睛】

自不量力、忘乎所以而不知“皮之不存，毛将焉附”的道理的人，其最终结果往往总会事与愿违，并为此后悔不已。这就是本则寓言要告诉我们的道理。

炉膛里的火焰是借助劈柴的力量，才熊熊地燃烧起来的，可是无知的火焰却得意扬扬，忘乎所以，想脱离劈柴冲出炉膛，到外面去展现自己的本事。结果刚一冲出炉膛，便很快熄灭，化成了一缕青烟，消失得无影无踪了。

在现实社会中，也不难发现类似寓言里的火苗般的人物，他们借助集体的力量，在某些方面取得了一定的成就，但是他们却误以为这些成绩全是自己的功劳，于是乎狂妄自大、自以为是，瞧不起周围的同事。有的没办法再与其他同事密切合作，友好相处，成了人人敬而远之的人物；有的草率地离开原单位，想到新的单位去展现自己的才能；还有的则干脆自起炉灶，想独立自主地发挥自己的本事。而实践的结果，却往往事与愿违，后悔不已。

当然，我们并不是反对独立奋斗的精神，而只是说当你依靠集体的力量，借助他人配合，共同创造出某种业绩或在某一方面获得成功的时候，千万不要产生骄傲自大、瞧不起他人的情绪，更不可将集体的功劳都归为己有。就像熊熊燃烧的火焰是由无数的火苗共同形成的一样，虽然每一个火苗都有一份功劳，而且可能是极为重要的功劳，但是离开了众多伙伴，任何一个火苗都是无法燃成熊熊火焰的。

把握时机

【哈佛心语】

生命很快就过去了，一个时机从不会出现两次，必须当机立断，不然就要永别。

——罗曼·罗兰

【故事殿堂】

很久以前，在伯利恒住着一个名叫耶西的人，他有8个强壮的儿子，其中最小的一个叫大卫。

当大卫还是小孩子时，他就有了一副红润英俊的面庞和强健的体格。当哥哥们去野外放羊时，他就跟着他们一起奔跑，每天越过山丘，聆听山溪潺潺的流水声和林中鸟儿优美的歌声，他的肢体变得更加强健，心中更加充满了快乐和勇敢。有时看到美丽的事物和听到优美的歌声，他就会为之歌唱。他的目光敏锐，臂力强劲，意志坚定，一旦把石子装上投石器上，那么他的目标便从来不会落空。

随着年龄的增长，大卫开始照看一部分羊群。一天当他躺在山坡上看护着羊群时，森林中冲出一头狮子，叼走了一只羊羔。大卫跳起来就追，他心中没有丝毫害怕，只想着救回那只羊羔。他跃到狮子身上，抓住了它的鬃毛，就这样，赤手空拳，年轻的大卫杀死了那只狮子。又一天，一头熊袭击了羊群，大卫也同样杀死了它。

不久之后，非利士人发动军队，越过山岭把以色列的子女赶出了自己的家园。扫罗王召集军队前去迎战，大卫的3个哥哥跟随国王出征，留下大卫在家放羊。“你年龄太小了，待在家里，好好照看羊群。”他们对大卫说。

40天过去了，战场上没有返回一丁点儿消息。于是耶西把大卫叫来，对他说：“把这些食物送给你的哥哥，去军营看看他们的情况。”

大卫一早就出发了，前往军队驻扎的山地。当他到达那里的时候，喊声震天，军队正严阵以待。大卫穿过人群找到了他的哥哥们。当他站着同他们说话时，扫罗王的军队静了下来，对面的山坡上出现了一个巨人。他大踏步地来回走动，盔甲在阳光下熠熠闪烁。他的盾沉重万分，即使是扫罗王军中最强壮的士兵也无法举起；他的剑锋利异常，即使是最坚固的盔甲也无法抵挡。

“那是巨人歌利亚。”大卫的哥哥告诉他，“每天他都在山顶上炫耀，向以色列人挑战，但我们中间没有人敢站出来应战。”

“什么！以色列人害怕了吗？”大卫问道，“他们就让这个非利士人如此挑衅上帝的子民吗？没有人出来应战？”他一个一个地问。

大卫的大哥听到了很生气。“你真是顽皮自大。”他说，“你从家里溜出来，想看看打仗，但是家里的羊谁来看管？”

“自有看羊人看管，而且是父亲耶西派我来的。来到这里，我真的很高兴。”大卫回答道。

“我要自己前去迎战那个巨人。以色列神将与我同在，我不会害怕歌利亚，也不会畏惧他的军队。”

一旁的人赶紧跑到扫罗王的营帐，把大卫的话告诉了他。

“让他过来见我。”国王下令。

当大卫被带来后，扫罗王看到他还只是一个孩子，便想劝阻他。但大卫讲述了他如何赤手空拳杀死了狮子和熊。“既然上帝能让我战胜它们，同样也会让我击败那个非利士人。”他说道。

于是扫罗王说：“去吧，上帝与你同在！”

他把自己的战衣赐予了大卫，他的铜盔、锁子甲，还有他的剑。但大卫说：“我不能带着这些战斗。我还未能熟练使用它们。”他把它们脱了下来，因为他知道每个获胜的人都有自己的武器。

于是他拿出自己的家伙，拎起自己牧羊童的袋子，背起投石器，走出了以色列军营。他轻快地走下山坡。当来到山脚下的溪流边时，他停了下来，从水中挑选出 5 个圆滑的石子，放入自己的袋子中。

扫罗王的军队站在山上，非利士人的军队列在另一边的岭上，他们惊诧地看着，鸦雀无声。歌利亚大步走来，当他看到大卫只是一个面貌俊俏的小孩子时，他气坏了。“难道我是一只狗，你还带着棍子？”他大声嚷道，“以色列人是在嘲笑我吗，竟然派了一个小孩子过来？回去，乳臭未干的小子，否则，我会撕烂你的皮毛，扔给天上的小鸟和林中的野兽！”然后，歌利亚又在大卫面前谩骂以色列所有的神。

但大卫丝毫未感到害怕。他勇敢地喊道：“过来吧，带着你的剑、你的矛，还有你的盾。我在你面前，是以神的名义，以你所挑衅的以色列军队之神的名义。今天，上帝把你交到我手上，我会把你击败，让全世界都知道以色列的神！”

于是歌利亚冲向大卫，而大卫也轻盈地迎上去。他把手伸进袋子，掏出一块石子。他把石子装入投石器，同时敏锐的目光盯上了巨人前额上头盔的连接处。他拉起投石器，强健的右臂攒足了劲，把石子掷出。

“嗖”的一声，石子掠过天空，重重地击中歌利亚的前额。他巨大的身躯晃了两下，然后轰然倒地。巨人脸朝下躺在地上，大卫飞快地跑上前，拔出巨人的剑，把他的头割了下来。

以色列军队看到后，顿时欢呼雀跃起来，然后冲下山坡，杀向惊恐万分、四处逃散的非利士人。当看到自己最伟大的勇士被一个毛头小伙子杀死时，非利士人便急忙逃回自己的土地，而他们的帐篷和里面所有的财富均成了以色列人的战利品。

战事结束后，扫罗王把大卫召来，他说：“你不用回到你父亲那里去了，你将成为我的儿子。”

于是大卫留在了扫罗王的营帐，并最终执掌了国王所有军队的指挥权。所有以色列人都敬重大卫，许多年后，他取代扫罗，成了国王。

【心理点睛】

这个故事讲述的是：年轻人具有令人敬佩的勇气，大怪物看上去显得非常可怕，最终却被一个小孩子打倒，以及靠着信仰的力量获胜的英雄的故事。

成功之门都是虚掩的，它总是留给那些有勇气让自己变得更为强大的人。

我们知道，不恐惧不等于有勇气；勇气尽管使你感到害怕、痛苦，但你还是要继续向前走。在这个世界上，只要你真实地付出，就会发现许多虚掩的门都会向你敞开！勇气，能有无限的成就。

勇敢是成功者的必备素质。只有那些自信、做事不退缩、勇敢而富有冒险精神的人，才能成就伟大的事业。

试想，小大卫是怎样打败大怪物的，不就是超凡的勇气、坚定的信念和卓越的智慧吗？其中，勇气所占的位置当属第一位。

在如今生存竞争日益激烈的社会里，那些做事三心二意、缺乏勇气、毫无决断力的年轻人到处都会受到排挤。大凡向往成功的年轻人，不但要做到意志坚定，还要迅速把握机会，鼓起勇气，立即行动。那些不相信自己、不敢把握机会的人，永无出头之日。如果一个青年人生性胆怯、缺乏自信、遇事总犹豫不决、故步自封、没有判断力、毫无冒险精神，那他的一生必定会在死气沉沉、毫无希望可言的日子里度过。

因此，每一个人都应该有勇气和胆量去面对任何艰险危难的事情，还要有坚强的自信心，肯勇往直前。

钟表匠的价值

【哈佛心语】

不要努力去做一个成功的人，而是要努力去做一个有价值的人。

——爱因斯坦

【故事殿堂】

有一位才华出众的年轻诗人，创作了很多抒情诗篇，可是他却很苦恼。因为人们都不喜欢读他的诗。这到底是怎么回事呢？

年轻的诗人从来不怀疑自己的创作才华。于是，他去向父亲的朋友——一位老钟表匠请教。

老钟表匠听后一句话也没说，把他领到一间小屋里，里面陈列着各式各样的名贵钟表。这些钟表，诗人从来没有见过。有的外形像飞禽走兽，有的会发出鸟叫声，有的能奏出美妙的音乐……

老人从柜子里拿出一个小盒，把它打开，取出了一只式样特别精美的金壳怀表。这只怀表不仅式样精美，更为神奇的是，它能清楚地显示出星象的运行、大海的潮汛，还能准确地标明月份和日期。这简直是一只“魔表”，世上到哪儿去找呀！诗人爱不释手。他很想买下这个“宝贝”，就开口问表的价钱。老人微笑了一下，只要求用这“宝贝”，换下青年手上的那只普普通通的表。青年答应了。

诗人对这块表真是珍爱至极，无论是吃饭、走路还是睡觉都戴着它。可是，不久他到老钟表匠那儿要求换回自己原来的那块普通的手表。老钟表匠故作惊奇，问他对这样珍异的怀表还有什么感到不满意。

青年诗人遗憾地说：“它不会指示时间，可表本来就是用来指示时间的。我戴着它不知道时间，要它还有什么用处呢？有谁会来问我大海的潮汛和星象的运行呢？这表对我实在没有什么实际用处。”

老钟表匠微微一笑，把表往桌上一放，然后拿起了青年的诗集，意味深长地对他说：“年轻的朋友，让我们努力干好各自的事业吧。你应该记住：怎样给人们带来用处。”

诗人这时才恍然大悟，从心底里明白了这句话的深刻含义。

【心理点睛】

人生的精彩不在于你做什么，而在于你是否能够成为有用的人，并为自己的存在感到骄傲。被人们认为迄今为止最有智慧的人的杰出代表——爱因斯坦，曾告诉我们：“不要努力去做一个成功的人，而是要努力去做一个有价值的人。”他不仅为我们指明了人生的发展取向，而且也教会了我们正确对待人生的方式。

从恐惧中解救

【哈佛心语】

如果勇敢便是没有畏惧，那么我从来不曾见过一位勇敢的人。

——巴顿

【故事殿堂】

美国总统艾森豪威尔小时候有过这样一段经历：5岁的时候，有一次去叔叔家玩。叔叔的房子后面养了一对大鹅，结果公鹅一见他就一边怪叫着一边向他扑来，把他给吓坏了，于是他拼命地跑开，向大人哭诉。

受了几次惊吓后，叔叔找了一把旧扫帚交给他，然后指着大鹅对他说："你一定能战胜它！"当鹅再次向他冲来时，他拿着扫帚，浑身不停地颤抖。猛然间，他鼓足勇气大吼一声，挥起扫帚向鹅冲去。鹅掉头便跑，他紧追不舍，最后狠狠地给了鹅一下，鹅惨叫着逃跑了。从那以后，鹅只要一见他，就会远远地躲开。

从此，他懂得了一个道理：只要勇敢迎战，就能战胜对手。

有一段时间，他每天放学回家的时候，都被一个与他年龄相仿、粗壮好斗的男孩追赶。一天，这一幕正好被他父亲看见，于是冲他大喊："你干吗容忍那小子追得你满街跑？去把那小子给我赶走！"

于是，他不得不停下来，面对自己很怕的对手。他开始展开猛烈的反击，这一招立刻把对手吓住了，慌忙夺路而逃。艾森豪威尔顿时勇气大增，一把将对手抓住，正颜厉色地警告对手："如果你再敢找我的麻烦，我就每天打你一顿。"

故事虽小，但意蕴隽永：别看有些人表面上看起来耀武扬威，其实不过是外强中干，唬人而已。

【心理点睛】

在学习和生活中，我们经常犯这样的错误：还没有真正与问题接触，就先将其无限地放大，以至于很快心生恐惧、逃避，最终自己将自己打败。

实际上，很多问题在绝大多数时候并不如我们想象的那样严重，只要我们撕破恐惧的面纱，就能很好地将它解决。

著名将军巴顿曾经说过："如果勇敢便是没有畏惧，那么我从来不曾见过一位勇敢的人。"即使再勇敢的人，也有畏惧的时候。

那么，怎样才能撕破恐惧的面纱，从恐惧中解放出来，培养真正的勇气呢？最有效的方法莫过于强迫自己去正面面对。

敲开成功之门

【哈佛心语】

成大事者不在于力量的大小，而在于能坚持多久。

——塞约翰生

【故事殿堂】

通用公司的面试通知，像一缕阳光照亮了克里弗德那颗焦急期待的心。面试那天，克里弗德精心地梳洗打扮了一番，又换了一条新领带，以祝福自己好运。上午10点钟，他走进通用公司人力资源部。

等秘书小姐向经理通报后，克里弗德静了静心，提着手提包来到经理办公室门前，轻轻地敲了两下门。

“是克里弗德先生吗？”屋里传出问询声。

“面试官先生，你好！我是克里弗德。”克里弗德慢慢地推开门。

“抱歉，克里弗德先生，你能再敲一下门吗？”端坐在沙发转椅上的面试官悠闲地注视着克里弗德，表情有些冷淡。

面试官的话虽令克里弗德有些疑惑，但他并未多想，关上门，重新敲了两下，然后推门走进去。

“不，克里弗德先生，这次没有第一次好，你能再来一次吗？”面试官示意他出去重来。克里弗德重新敲门，又一次踏进房间，“先生，这样可以吗？”

“这样说话不好——”

克里弗德又一次走进去：“我是克里弗德，见到你很高兴，面试官先生。”

“请别这样。”面试官依然淡淡道，“还得再来一次。”

克里弗德又做了一次尝试：“抱歉，打扰你工作了。”

“这回差不多了，如果你能再来一次会更好，你能再试一次吗？”

当克里弗德第十次退出来时，他内心的喜悦和憧憬已消失殆尽，甚至开始有些恼火，心想进门打招呼哪有这么多讲究？这哪是招聘面试呀，分明是在刁难戏弄人。

克里弗德生气地转身离开，可刚走几步又停了下来，不行，我不能就这样逃开，即使公司不打算聘用我，也得听到他们当面对我说。于是，克里弗德稍稍地舒了一口气，第十一次敲响了门。这次，他得到的不是拒绝，而是热烈欢迎的掌声。克里弗德没有想到，第十一次敲门，叩开的竟是一扇成功之门。

原来，通用公司此次是打算招聘一名市场调查员。而一名优秀的市场调查员不仅要具备学识素质，更要具备耐心和毅力等心理素质。第十一次敲门和问候就是一道考查一个人心理素质的考题。

【心理点睛】

人生的许多难题，如果希望有迎刃而解的局面，就必须有勇气助行。在人生的道路上，如果没有勇气，只有怯弱与害羞的话，那么我们的命运将会一塌糊涂。哈佛有句名言说：失败的人不一定懦弱，而懦弱的人却常常失败。这是因为，懦弱的人害怕有压力的状态，因而他们害怕竞争。在对手或困难面前，他们往往不善于坚持，而选择回避或屈服。

懦弱通常是恐惧的游伴。懦弱会带来恐惧，与此同时，恐惧会加强懦弱，它们都在不同程度上束缚了人的心灵和手脚。恐惧的字眼和言语，却常常将我们所恐惧的东西招致身边。美国最伟大的推销员弗兰克说："如果你是懦夫，那你就是自己最大的敌人；如果你是勇士，那你就是自己最好的朋友。"对于胆怯而又犹豫不决的人来说，一切都是不可能实现的，正如采珠的人如果被鲨鱼吓住的话，那么他怎能得到名贵的珍珠呢？那些总是担惊受怕的人，得不到真正自由的人生，因为他总是会被各种各样的恐惧、忧虑包围着，看不到前面的路，更看不到前方的风景。

同样，世界上没有轻而易举就可以做到的事，成功者只不过是比那些失败者多试了一次。再试一次，就意味着多给自己一次机会。挫败是成功的垫脚石。遭受挫折的次数越多，你就距离成功越近。

困难未必是坏事

【哈佛心语】

不怕的人面前才有路。

——有岛武郎

【故事殿堂】

有一个国王决定从他的10位王子中选一位做继承人。他私下吩咐一位大臣在一条两旁临水的大道上放置了一块“巨石”，想通过这条路，都得经过这块“巨石”，要么把它推开，要么爬过去，要么绕过去。然后，国王吩咐王子先后通过那条大路，分别把一封密信尽快送到一位大臣手里。王子们很快就完成了任务。国王开始询问王子们：“你们是怎么把信送到的？”

一个说：“我是爬过那块巨石的。”

一个说：“我是划船过去的。”

一个说：“我是从水里游过去的。”

只有小王子说：“我是从大路上跑过去的。”

“难道巨石没有拦住你的路？”国王问。

“我用手使劲一推，它就滚到河里去了。”

“这么大的石头，你怎么想到用手推呢？”

“我不过是试了试，”小王子说，“谁知我一推，它就动了。”

原来，那块“巨石”是国王和大臣用很轻的材料仿造而成的。后来，自然而然，这位善于尝试的小王子继承了王位。

【心理点睛】

很多时候，困难并不像我们想象的那么可怕，只要突破内心的恐惧，勇于尝试，即使遇到再大的困难，我们也会把它“推走”。

成功就是重复

【哈佛心语】

滴水穿石不是靠力，而是因为不舍昼夜。

——奥维迪乌斯

【故事殿堂】

有一位著名的推销员年事已高，不得不告别自己的职业生涯，应行业协会和社会各界的邀请，他在城内最大的一个剧院，做了一场告别职业生涯的演说。

那天，会场座无虚席，人们热切地、焦急地等待着那位当代最伟大的推销员做精彩的演讲。当大幕徐徐拉开的时候，只见舞台的正中央吊着一个巨大的铁球。因为这个铁球，台上搭起了高大的铁架。

一位老者在人们热烈的掌声中走了出来，站在铁架的一边。他穿着崭新的运动服，微笑着站在舞台上。

人们惊奇地看着他，不知道他要做什么。

这时，两位工作人员抬着一个大铁锤，放在了老者面前。主持人这时对观众讲：请两位身体强壮的人到台上来。好多年轻人站起来，转眼间已有两名动作快的跑到台上。

老者这时开口和他们讲规则，请他们用这个大铁锤，去敲打那个吊着的铁球，直到把它荡起来。

一个年轻人抢着拿起铁锤，拉开架势，抡起大锤，全力向那个吊着的铁球砸去，只听得一声震耳的响声，但铁球丝毫未动。他就用大铁锤接二连三地砸向铁球，很快就气喘吁吁了。

另一个人也不甘示弱，接过大铁锤把铁球打得叮当响，可是铁球仍旧一动不动。

台下逐渐没有了呐喊声，观众好像也认定了那样做是无用的，于是，大家只等着老者做出解释。

会场恢复了平静，只见老者从上衣口袋里掏出一个小锤，然后认真地看着那个巨大的铁球。他用小锤对着铁球“咚”敲了一下，然后停顿一下，再一次用小锤“咚”敲了一下。人们奇怪地看着，老者就那样“咚”敲一下，然后停顿一下，就这样持续地做着。10分钟过去了，20分钟过去了，会场早已开始骚动，有的人干脆叫骂起来，人们用各种声音和动作表示着他们的不满。老者对于现场的气氛无动于衷，仍然用小锤敲一下，停一下，就这样重复着，好像根本没有听见人们在喊叫什么。人们开始愤然离去，会场上陆陆续续地出现了座位的空缺。继续留下来的人们好像也喊累了，会场渐渐地安静下来。

就在老者敲了将近一个小时之后，坐在前面的一个小孩突然叫了起来：“球动了！”霎时间，会场鸦雀无声，人们聚精会神地看着那个铁球。那球以很小的幅度动了起来，如果不仔细看的话，很难察觉得到。老人仍旧一小锤一小锤地敲着，人们好像都听到了那小锤敲打铁球的声响。铁球在老人一锤一锤的敲打中越荡越高，它拉动着那个铁架子“哐哐”作响，它的巨大威力强烈地震撼着在场的每一个人。终于场上爆发出一阵阵热烈的掌声，在掌声中老者转过身来，慢慢地把那把小锤揣进了兜里。

【心理点睛】

成功，就是将简单的事重复地做。不要异想天开，也不能知难而退，踏踏实实、勤勤恳恳地做好每一件事，你就能够摆脱浮躁，赢得胜利。

懦弱的影响

【哈佛心语】

当我们勇敢的时候，我们并不如此想，我们一点儿也不认为自己是勇敢的。

——尼采

【故事殿堂】

懦弱性格是否就注定一事无成呢？

事实证明并不是这样！

卡夫卡就找对了自己的职业。

这位伟大的作家生为男儿身，却不具备任何男子汉的气概和气质。从他身上根本找不到那种知难而进、宁折不弯、风风火火、刚烈勇敢的男子汉追求独立的精神，更谈不上清风傲骨了。他短暂的一生没有独立性，一直对父母有比较强的依赖性。因此，卡夫卡身上表现得最为突出的性格特征便是懦弱，是一种男人身上少见的懦弱。

卡夫卡懦弱的性格是由他的家庭造成的，或者说是由他的父母后天塑造而成的。1883年，卡夫卡出生在奥匈帝国所辖的布拉格的一个犹太商人家庭。父母给他起名为“卡夫卡”。在当时，犹太人的地位是十分低下的，而且这个姓氏是强加给犹太人的，并且带有骂人的贬义色彩。卡夫卡就是出生在这样一个地位低下的犹太人家庭里，而且他的名字本身就意味着一种被压迫的屈辱感。

卡夫卡的父亲出身贫寒，仅靠经营一家小商店来维持生计，在那样一个动荡的年代里，一方面没有任何社会地位，另一方面经济状况十分窘迫，过着捉襟见肘的日子。然而，对卡夫卡来说，生活上的艰辛与困苦似乎是可以忍受的，给他幼小心灵留下累累的、终生难以治愈的创伤的是父亲对他进行的无休止的粗暴言行。卡夫卡一生都无法理解父亲对他的粗暴与专横。

年幼的卡夫卡日复一日地这样生活着。生活上的每一个细节、每一件小事对他来说都可能是一个不大不小的灾难，都可能成为父亲发火乃至大发雷霆的借口。有些时候，父亲的发火让他不知所措，左右为难，这使得他无论做什么事情都对自己没有把握，从根本上丧失了自信心。他的父亲本来利用他所设想的那种军队式的高压方式，达到他教育子女成才的目的，但他的叫骂、恐吓等不恰当的方式，不但没有把卡夫卡造就成他热切盼望的男子汉，反而使他性格变得格外懦弱，从而逐步开始逃离现实世界。

在紧张、压抑、犹豫的环境中成长的卡夫卡完全失去了自信心，也逐步丧失了自我，什么事情都显得动摇不定、犹豫不决。这种环境使卡夫卡早早地产生了逃离现实生活的想法。对他来说，现实生活实在是太残酷了，只有在他的非现实世界——内心世界里，他似乎才能摆脱现实世界的烦恼。犹太人的社会境地和备受排斥、压迫的现实，也在卡夫卡幼小的心灵上留下了创伤。随着年龄的增长，卡夫卡越发感觉周围的一切是那么不可抗拒、不可改变，而只有在他的内心深处，在他自己用想象构造的世界里，他才能找到少许宁静和安慰。这种逃遁实际上是对现实生活的无声反抗，只是这种反抗和卡夫卡的性格一样，是非常软弱的。

直到进入学校后卡夫卡依然保留着非常懦弱的性格，很少与人交往，也没有朋友，整天活在自己的世界里。幸运的是，这时的他开始接触文学，并对此产生了浓厚的兴趣，阅读和写作占据了他的大部分时间。

卡夫卡的懦弱让他选择了逃遁，逃向他钟爱的文学。文学，不仅是卡夫卡心灵的家园，也是他生命中的唯一选择。文学是他的王国，在那里，人们处处可以看到卡夫卡的影子。只有文学，只有在文学的王国里，人们才能够看到卡夫卡充满了勇气，摆脱了懦弱。是的，懦弱的卡夫卡选择了并不懦弱的事业，并且取得了并不懦弱的成就。因此，对一切懦弱者来说，不要轻易放弃，要勇敢去面对。

【心理点睛】

性格懦弱的人胆小怕事，遇事好退缩，容易屈从他人。但是，性格懦弱的人又常常情感丰富，观察敏锐，思维细腻，他们是天生的文学艺术之才。在文学艺术的世界里，这一被人们唾弃的性格找到了理想的归宿，他们过得如鱼得水，任性畅游。

对于大多数人来讲，有时难免会出现懦弱的表现，例如逃避问题。不过，正如罗斯福总统的那句名言所说——我们唯一值得恐惧的是恐惧本身。忘却恐惧本身，告别懦弱，不要试图逃避，学会展现自己的特长，这必然会将你引入另一个全新的境地，任你肆意遨游驰骋，开创出一番别样的天地。

生命的重心

【哈佛心语】

胜者靠的是勇气，而不是力量。

——海明威

【故事殿堂】

在古老的印度，一直流传着一个美丽的故事，那是一则关于一只小松鼠的深刻寓言。寓言是这样的：

在一片茂密的森林里，所有小动物一直都快乐地生活着，从来没有发生过什么大的变故，即使间或有几只猛兽经过，小动物们也懂得将自己妥善地藏匿起来，不至于成为猛兽口中的食物，所以这些小动物大都能够在森林中怡然自得，直到终老。

一天，天神忽然间心血来潮，想测试森林中小动物们对于危机的应变能力，便从空中挥下了一道闪电，刺眼的电光击中了森林中最大的一棵树木，顿时，这棵树木便燃起熊熊大火。大火一发不可收拾，火舌立刻四处飞蹿，席卷了森林中无数树木的枝叶，同时也威胁到所有小动物的生命安全。

惊慌的动物们拼命向森林四处奔逃，希望能逃过这场大火造成的劫难。但它们却不知道，当闪电击中那棵大树而引起大火燃起的同时，森林四周早已被大火引来的无数贪婪的肉食猛兽，也正张开大口，流着馋涎，等候这些小动物自己送上门来。在所有动物当中，只有一只小松鼠和别的动物不同。它非但不选择逃难，反倒奋不顾身地向着大火冲了过去。小松鼠冲到了森林中一个即将被烈火烤干的水塘中，将自己瘦小的身子完全沾湿，然后再冲进火场，拼命抖搂着身上的水珠，希望能使正在毁灭森林的火势变小。

这时，天神化身成为一位老者，站在小松鼠的面前，问道："孩子，你难道不知道你的做法，对这场熊熊燃烧的大火而言，是根本不会起到任何作用的吗？"

小松鼠那条蓬松而美丽的大尾巴，已经被炙热的树枝烙出三条黑色的焦痕，但它仍在卖力地用身体沾水，试图灭火，百忙中还对天神化身的老者说道："也许我的力量不足以灭火，但我相信凭着我的努力，至少可以减少森林中哪怕是仅仅几只小动物的丧生啊！而且，或许因为我的执著，还有可能感动天神，让它降下甘霖，将这场要命的大火完全浇灭也说不定呢。"

小松鼠的话刚刚说完，只听得老者一声大笑，小松鼠的周遭突然变得清凉无比，大火在一瞬间消失无踪。接着，天神伸出手来，在小松鼠烧伤的尾巴上轻抚了一下，顿时焦痕变成了三道奇幻瑰丽的花纹，这就是印度最美的三纹松鼠神奇而美丽的由来。

【心理点睛】

勇气不是以力量的大小来衡量的，而是看一个人对信念能否坚持到底。无论将来遇到的是狂暴的风雨还是美丽的彩虹，只要我们心中能够拥有伟大的勇气，生命就一定不会因此而气馁，或陷入绝望之中。爱因斯坦说："勇气是上天的羽翼，怯懦却引人下地狱。"让我们心中永远激荡着腾飞的勇气，绝不选择生命重心的堕落！

标　准

【哈佛心语】

人生是一匹马，轻快而健壮的马。人，要像骑手那样大胆而细心地驾驭它。

——海塞

【故事殿堂】

这是哈佛心理学专业一位名叫杰克逊的学生的经历，它对杰克逊的生活产生了巨大的影响。

在休闲活动走向惊险刺激的潮流之下，许多人选择了跳伞训练来挑战自己的胆识。就在一次例行的业余跳伞训练中，学员们由教练引导，鱼贯地背着降落伞登上运输机，准备进行高空跳伞。

突然，不知哪个学员一声惊叫，随着这声惊叫，大家才发现竟然有一位盲人，带着他的导盲犬，正随着大家一起登机。更令人感到惊异的是，在这位盲人和导盲犬的背上，也和大家一样，有一个降落伞。

飞机起飞之后，所有参加这次跳伞训练的学员们都围着这位盲人，七嘴八舌地问他，为什么会参加这次的跳伞训练。

其中一名学员问道："你根本看不到东西，怎么能够跳伞呢？"

只听盲人轻松地回答："那有什么困难的？等飞机到了预定的高度，开始跳伞的警告广播响起，我只要抱着我的导盲犬，跟着你们一起排队往外跳，不就可以了吗？"

另一名学员接着问道："那……你怎么知道什么时候该拉开降落伞？"

盲人答道："那更简单，教练不是已经教过了吗？跳出去之后，从一数到五，我自然就会把导盲犬和我自己身上的降落伞拉开，只要我不结巴，就不会有危险啊！"

又有人问："可是……落地时呢？跳伞最危险的时候，就在落地那一刻，你又该怎么办呢？"

盲人胸有成竹地笑道："这还不容易，只要等到我的导盲犬吓得歇斯底里地乱叫，同时手中的绳索变轻的刹那，我做好标准的落地动作，不就安全了？"

【心理点睛】

成功者与失败者的区别并不在于能力或意见的好坏，而在于是否相信自己的判断，是否具有适当冒险与采取行动的勇气。

Chapter 2

第二章

坚持本色

古语云：甘瓜苦蒂，物不完美。世界上没有十全十美的东西，同样，也没有精灵神通的完人。一个心理健康的人应当懂得悦纳自我，接受自己的缺点，并在此基础上积极地发挥自己的优点。如果一个人总是对自己的缺点耿耿于怀，那么他就无法获得精彩的人生。

你应庆幸自己是世上独一无二的，应该将自己的禀赋发挥出来。

——哈佛心理学教授　塞德兹

我早已致力于我决心保持的东西。我将沿着自己的路走下去，什么也无法阻止我对它的追求。

——哈佛法学院教授　德里克·博克

哈佛精英之富兰克林·德拉诺·罗斯福

富兰克林·德拉诺·罗斯福（1882—1945），是美国第32任总统。他出生于纽约，父亲詹姆斯·罗斯福是个百万富翁，为他提供了优越的成长环境，但仅仅这些远远不够，根本不足以使他成为举世闻名的一代伟人，家庭环境对他的培育加上后来哈佛大学的优良人文精神使得他具备了做一名卓越总统所应有的素质。他1910年任纽约州参议员，1913年任海军部副部长，1921年因患脊髓灰质炎致残，1928年任纽约州州长，1932年竞选总统获胜。

执政后，罗斯福推行“新政”，应对经济危机，取得了良好的成效。第二次世界大战初期，美国没有介入，但采取强硬手段，以“租借法”支持反法西斯国家。太平洋战争爆发后，美国正式参战，为打败法西斯，获得战争胜利，起到了关键作用。63岁时，罗斯福因脑出血，在任内去世。

罗斯福一直被视为美国历史上最伟大的总统之一，是20世纪美国最有声望和最受爱戴的总统，也是美国历史上唯一连任4届的总统。从1933年3月起，直到1945年4月去世时为止，罗斯福任期长达12年。

在1950年哈佛大学的一次调查问卷中显示，这位身残志坚的总统成为哈佛学子心目中最杰出总统的“第三名”，前两位分别是林肯与华盛顿。

坚持本色

【哈佛心语】

做你自己的，是你能给别人最好的建议。

——梭罗

【故事殿堂】

20 世纪 80 年代，有位名叫安德森的模特公司经纪人，看中了一位身穿廉价服装、不拘小节、不施脂粉的大一女生。

这位女生来自美国伊利诺伊州的一个蓝领家庭，唇边长了一颗触目惊心的大黑痣。她从没看过时装杂志，也没化过妆，与她谈论时尚等话题，好比是对牛弹琴。

每年夏天，她就跟随朋友一起，在德卡柏的玉米地里剥玉米穗，以赚取来年的学费。安德森偏偏要将这位还带着田野玉米气息的女生介绍给经纪公司，结果遭到一次次的拒绝。有的说她粗野，有的说她恶煞，理由纷纭杂沓，归根结底，主要原因是她唇边的那颗大黑痣。但安德森却下了决心，要把女生及黑痣捆绑在一起推销出去。他给女生做了一张合成照片，小心翼翼地把大黑痣隐藏在阴影里。然后拿着这张照片给客户看，客户果然满意，马上要见真人。真人一来，客户就发现“货不对版”，客户当即指着女生的黑痣说：“你给我把这颗痣拿下来。”

激光除痣其实很简单，无痛且省时，但女生却说：“对不起，我就是不拿。”安德森有种奇怪的预感，他坚定不移地对女生说：“你千万不要摘下这颗痣，将来你出名了，全世界就靠着这颗痣来识别你。”

果然这个女生几年后红极一时，日入 2 万美元，成为天后级人物，她就是名模辛迪·克劳馥。她的长相被誉为“超凡入圣”，她的嘴唇被称作芳唇（从前或许有人叫过驴嘴），芳唇边赫然入目的是那颗今天被视为性感象征的桀骜不驯的大黑痣。

有一天，媒体竟然盛赞辛迪有前瞻性眼光。辛迪回顾从前，一次次倒抽凉气，成名路上充满了很多艰辛，幸好遇上“保痣人士”安德森。如果她摘了那颗痣，就是一个通俗的美人，顶多拍几次廉价的广告，就淹没在繁花似锦的美女阵营里面。暑期到来，可能还要站在玉米地里继续剥玉米穗，与虫子、蜗牛为伍，以赚取来年的学费。

【心理点睛】

世上没有绝对的美与丑，通常它们之间是可以互相转化的。但有一点可以肯定，就是最美的往往都来自本色、来自自然。所以，不要在乎别人挑剔的眼光，保持自己的本色，你就是最美的。

我就是一切

【哈佛心语】

对于宇宙，我微不足道；可是对于我自己，我就是一切。

——辛涅科尔

【故事殿堂】

美国NBA联赛中有一个夏洛特黄蜂队，黄蜂队有一位身高仅1.60米的运动员，他就是蒂尼·伯格斯——NBA最矮的球星。伯格斯这么矮，怎么能在巨人如林的篮球场上竞技，并且跻身大名鼎鼎的NBA球星之列呢？这是因为伯格斯拥有的自信。

伯格斯自幼十分喜爱篮球，但由于身材矮小，伙伴们都瞧不起他。有一天，他很伤心地问妈妈：“妈妈，我还能长高吗？”妈妈鼓励他：“孩子，你能长高，长得很高很高，会成为人人都知道的大球星。”从此，长高的梦像天上的云在他心里飘动着，每时每刻都闪烁着希望的火花。

后来，“业余球星”的生活即将结束了，伯格斯面临着更严峻的考验——1.60米的身高能打好职业赛吗？

伯格斯横下心来，决定要凭自己1.60米的身高在高手如云的NBA赛场中闯出属于自己的一片天地来。“别人说我矮，反倒成了我的动力，我偏要证明矮个子也能做大事情。”在威克·福莱斯特大学和华盛顿子弹队的赛场上，人们看到蒂尼·伯格斯简直就是个“地滚虎”，从下方来的球 90% 都能被他收走……

后来，凭借精彩出众的表现，蒂尼·伯格斯加入了实力强大的夏洛特黄蜂队，在他的一份技术分析表上写着：投篮命中率 50%，罚球命中率 90%……

一份杂志专门为他撰文，说他个人技术好，发挥了矮个子重心低的特长，成为一名使对手害怕的断球能手。“夏洛特的成功在于伯格斯的矮”，不知是谁喊出了这样的口号。许多人都赞同这一说法，许多广告商也推出了“矮球星”的照片，上面流露出伯格斯淳朴的微笑。

成为著名球星的伯格斯始终牢记着当年妈妈鼓励他的话，虽然他没有长得很高很高，但可以让妈妈感到欣慰的是，他已经成为人人熟知的大球星了。

【心理点睛】

身高 1.60 米的伯格斯能够成为球艺出众的 NBA 明星，关键就在于他相信自己，并能够在此基础上充分发挥自己的“身高优势”，使自己成为夏洛特黄蜂队里的超级断球手。伯格斯的成功告诉我们这样一个道理：无论是谁，只要相信自己，就能成功。缺乏信心，并不是因为出现了困难；相反，出现困难，却是因为缺乏信心。

真实本质

【哈佛心语】

我坚持我的不完美，它是我生命的真实本质。

——阿法朗士

【故事殿堂】

奥尼尔是一名喜欢自助旅游的学生，一次他驾车去五大湖游玩时遇到了一件奇妙的事。他说他遇到了一位十分奇怪的老人。这位老人一看便知是来自远方的旅人，他背着一个破旧不堪的包袱，脸上布满了风霜，鞋子因为长期的行走破了好几个洞。

老人的外表虽然狼狈，却有一双炯炯有神的眼睛，不论是行走还是躺卧，他总是仔细而专注地观察着来来往往的人。

老人的外貌与双眼组合成了一幅极不统一的画面，吸引了所有人的目光，人们窃窃私语：这不是普通的旅人，他一定是个特殊的寻找者。

但是，老人到底在寻找什么呢？

一些好奇的年轻人忍不住问他："您究竟在寻找什么呢？"

老人说："我像你们这个年纪的时候，就发誓要寻找到一个完美的女人，娶她为妻。于是我从自己的家乡开始寻找，走过一个城市又一个城市，一个村落又一个村落，但直到现在都没有找到一个完美的女人。"

"您找了多长时间呢？"一个年轻人问道。

"找了六十多年了。"老人说。

"难道六十多年来都没有找到过一个完美的女人吗？会不会世界上根本就没有完美的女人呢？如果真是那样，即使找到死也找不到，不是吗？"

"有的！世界上真的有完美的女人，我在 30 年前曾经找到过。"老人斩钉截铁地说。

"那么，您为什么不娶她为妻呢？"

"在 30 年前的一个清晨，我真的遇到了一个最完美的女人，她身上散发出非凡的光彩，就好像仙女下凡一般，她温柔而善解人意，她细腻而体贴，她善良而纯净，她天真而庄严，她……"

老人边说，边陷进深深的回忆里。

年轻人更着急了："那么，您为何不娶她为妻呢？"

老人忧伤地流下眼泪："我立刻就向她求婚了，但是她不肯嫁给我。"

"为什么？"

"因为，因为她也在寻找世界上最完美的男人！"

【心理点睛】

生活中许多人就像这位老人一样，终生都在寻找一位最完美的伴侣、寻找一份完美的工作、寻找一种完美的生活，然后日子就在这种寻找中如白驹过隙般溜走了，与其追求不能实现的美丽，不如把握眼下的幸福。

追求完美是人类正常的渴求，也是人类最大的悲哀，因为在现实生活中"完美"这两个字眼的诞生原本就伴有缺憾。世界上本无完美之事物，如果你一味地将追求完美的茧一层一层地套在身上的话，那么你最终将被束缚在这重重的包裹之中，直至死亡。“完美”实在是生命中没有必要一定要承载的重量。完美是一座心中的宝塔，你可以在内心向往它、塑造它、赞美它，但你万万不可把它当作现实存在，这样只会使你陷入无法自拔的矛盾之中。

所以，人生旅途中，你永远不要背负“完美”的包袱上路，否则你将永远陷入无法自拔的矛盾之中，最后也只能在哀叹中终老而亡。

扔掉面具

【哈佛心语】

先打量自己，再纠正自己。

——尼采

【故事殿堂】

哈佛医学院的一位著名教授曾遇到过一个名叫波波拉的女人，波波拉是一位女教师，她对自己的脸孔感到很不满意，哪儿看起来都不顺眼，因此她决定去整容。医师仔细地看着她，认为她长得并不难看，问题就在于她把自己估计得太低了。医师还是给她动了手术，稍微改变了她的五官，但只是动了一些小手术，比她所要求的要少很多。

波波拉很不高兴，她一边打量着镜中的自己，一边埋怨道：“你并没有对我的脸孔做太大的改变。”医师说：“你的脸孔本来就只需稍做改变，问题是你使用脸孔的方式错了，你把它当作一个面具，用来遮掩你的真实感觉。”

波波拉伤心地低下头说：“我已尽最大的能力了。”

医师理解地看着她，波波拉沉默片刻，然后袒露了心声：每天她到学校的时候，都像戴着一副面具，总想表现出最好的一面，把所有的感情全部隐藏起来，只留下她认为“正确”的一部分。在 3 年的教学生涯中，孩子们总是嘲笑她。

医师说：“孩子们嘲笑你，是因为他们已看出你一直在演戏。身为教师，并不一定非要表现得十全十美，偶尔也可以表现得愚蠢一点儿，学生仍然会尊重你。拿掉你的面具，你会更喜欢你自己。”

离开诊所后，波波拉心情好多了。几个月后，她再也不担心她的脸孔，也不再抱怨，比以前过得更加轻松、更加开心。

【心理点睛】

人生苦短，何苦要给自己戴上面具，力求表现完美。美不是伪装，而是真实的释放。摘下面具，也就抛开了无谓的负担。真实的人生，才是最美的人生。

不要一味模仿

【哈佛心语】

一个人成长到一定阶段，就会发现羡慕别人意味着无知，而模仿别人则无异于自杀。

——戴尔·卡耐基

【故事殿堂】

森林里正在举行一场演唱会，每位参赛选手都使出了浑身解数，节目一个比一个精彩。黄鹂清脆悦耳的合唱，夜莺婉转动听的独唱，雄鹰豪迈有力的高歌，大雁低回深沉的吟咏……博得了一阵又一阵热烈的掌声。唯有鹦鹉不以为然，脸上挂着嘲讽的冷笑："你们就那么两下子，有什么了不起的？轮到我呀……哼！"

终于该鹦鹉上场了，她昂首挺胸地走上舞台，神气地向大家鞠了一躬，清清嗓子就唱了起来。

第一支歌，她学黄鹂啼；第二支歌，她学夜莺唱；第三支歌，她学雄鹰叫；第四支歌，她学大雁鸣……她唱了一支又一支，完全陶醉在自己的歌声里。

音乐会评奖结果公布了，鹦鹉以为自己稳拿第一，可是她从第一名一直找到第十六名，也没有找到自己的名字。她不敢相信自己的眼睛，又从头找了一遍，还是没有找到。就这样，她仔仔细细、反反复复一口气找了 12 遍，却还是一无所获。

"怎么把我的名字搞漏了呢？"鹦鹉刚要挤出鸟群去找评奖委员会问，快嘴喜鹊一把拉住她说："鹦鹉姑娘，你的名字在这儿呢！"

鹦鹉顺着喜鹊的翅膀尖一看，她的名字竟排在名单的尾巴上。

鹦鹉难过地哭了。她满腹委屈地找到评奖委员会主任凤凰说："我……我难道还……还不如乌鸦吗？为什么把我排……排在最末一名？"

凤凰诚恳地对她说："艺术贵在独创。你除了重复别人的调子之外，没有一个音符是你自己的！"

【心理点睛】

人生不是模仿秀，你要正确地认识自己，做真正的自己，保持自己独有的个性。如果一味地模仿别人，只会让我们失掉自己的特色。

常常有人总想模仿别人，尤其是想模仿那些所谓的成功者或知名人士的举止行为，这就是生搬硬套者失败的原因。学习别人是一件好事，但不能一味地模仿别人的风格或说话的口吻，而没有自己的特性。为什么这样说呢？其实，道理很简单，不用多解释，谁都会明白。就像那种喝了大量酒的人，他隐瞒不了自己喝了酒的事实，因为人们一闻味道就知道了。

在平时为人处世的时候，表现出自己自然的风格是上策，要努力发展你自己的独特风格，而不是模仿别人的独特风格。有些人，当他们与别人谈话时，认为自己有必要装腔作势，或者戴上一副假面具。有些人，试图表现得过于友善，有的时候甚至表现出媚态。有些人，急功近利，就像做电视商业广告一样。这些人的失误在于他们表现的都不是他们自己的本色，这样，别人自然不会买他们的账。你要记住：我就是我，你看到的我是什么样，我就是什么样，不管你喜不喜欢，但你总会相信同你谈话的那个人是真实的自我，而不是假冒的。无论对也好，错也好，你总会真诚地对待每一个人。

从肥皂泡里看到彩虹

【哈佛心语】

不含有艰辛的成功是没有的。

——索福克勒斯

【故事殿堂】

《我希望能看见》一书的作者彼纪儿·戴尔是一个几乎失明了50年之久的女人，她写道："我只有一只眼睛，而眼睛上还满是疤痕，只能透过眼睛左边的一个小洞去看。看书的时候必须把书本拿得很贴近脸，而且不得不把我那一只眼睛尽量往左边斜过去。"

可是她拒绝接受别人的怜悯，不愿意别人认为她"异于常人"。小时候，她想和其他小孩子一起玩跳房子，可是她看不见地上画的线，所以在其他孩子都回家以后，她就趴在地上，把眼睛贴在线上瞄过来瞄过去。她把她朋友所玩的那个地方的每一点都牢记在心，不久就成为玩游戏的高手了。她在家里看书，把印着大字的书靠近她的脸，近到眼睫毛都碰到书本上。后来，她得到两个学位：先在明尼苏达州立大学得到学士学位，再在哥伦比亚大学得到硕士学位。

她开始教书的时候，是在明尼苏达州双谷的一个小村里，然后渐渐升到南德可塔州奥格塔那学院的新闻学和文学教授。她在那里教了13年，也在很多妇女俱乐部发表演说，还在电台主持谈书和作者的节目。她写道："在我的脑海深处，常常怀着一种怕完全失明的恐惧，为了克服这种恐惧，我对生活采取了一种很快活而近乎戏谑的态度。"

然而在她52岁的时候，奇迹发生了。她在著名的梅育诊所施行了一次手术，使她的视力提高了40倍。一个全新的、令人兴奋的、可爱的世界展现在她的眼前。她发现，即使是在洗衣房水槽前洗衣服，也会让她觉得非常开心。她写道："我开始玩着洗衣盆里的肥皂泡，把手伸进去，抓起一大把肥皂泡沫，我把它们迎着光举起来。在每一个肥皂泡泡里，我都能看到一道小小的彩虹闪出来的明亮色彩。"

【心理点睛】

哈佛人说要懂得感恩与满足，上帝是如此厚待我们。当我们的眼睛还能看见蓝天和白云，要懂得微笑地满足；当我们的耳朵还能听到春日里清脆的鸟鸣，我们要懂得感受大自然的馈赠……生命的过程不在于长短，而在于在这趟人生的旅途中你是否感到快乐，你经历了什么，又记住了什么。

主动选择

【哈佛心语】

快乐是生命唯一的意义，没有快乐的地方，人类的生活会变得疯狂而可怜。

——桑塔亚那

【故事殿堂】

热地亚是保险公司的职员，他的心情总是很好。当有人问他近况如何时，他总会回答：“我快乐无比。”

如果哪位同事心情不好，他就会告诉对方怎样去看事物好的一面，他说：“每天早上，我一醒来就对自己说：热地亚，你今天有两种选择，你可以选择心情愉快，也可以选择心情不好，我选择心情愉快。每次有坏事情发生，我可以选择成为受害者，也可以选择从中学些东西，我选择后者。人生就是选择。你要学会选择如何去面对各种处境。归根结底，是你自己选择如何面对人生。”

有一天，银行遭遇了三个持枪抢劫的歹徒，歹徒朝他开了枪。

幸运的是，发现较早，热地亚被及时送进了急诊室。经过 18 个小时的抢救和几个星期的精心治疗，热地亚出院了，只是仍有小部分弹片留在体内。

6 个月后，他的一位朋友见到了他。朋友问他近况如何，他说：“我快乐无比。想不想看看我的伤疤？”朋友看了伤疤，然后问当时他想了些什么。热地亚答道：“当我躺在地上时，我对自己说有两个选择：一是死，一是活。我选择了活。医护人员都很好，他们告诉我，我会好的。但在他们把我推进急诊室后，我从他们的眼神中读到了‘他是个死人’。我知道我需要采取一些行动。”

“你采取了什么行动？”朋友问。

热地亚说：“有个护士大声问我对什么东西过敏。我马上回答：‘有的。’这时，所有的医生、护士都停下来等我说下去。我深深吸了一口气，然后大声吼道：‘子弹！’在一片大笑声中，我又说道：‘请把我当活人来医，而不是死人。’”

【心理点睛】

人生的主动选择权，即为可贵的“操之在我”精神。也就是说，面对一件不可避免的灾难性事件，我们依然可以选择用什么样的态度去面对它：是怨天尤人，还是乐观豁达。我们都该学一下热地亚的乐观，无论遇到什么事情，都站到快乐的身边。

接纳自我

【哈佛心语】

不能容忍生活中的不完美，只会给你的人生带来痛苦。

——武田信玄

【故事殿堂】

在一所中学里，有一个班每逢周末的主题班会中都会有一个传统，那就是让每一位同学都轮流上台进行“才艺表演”。按照规定，班内的每个人都要参与其中，可以发表演讲，也可以说段子、讲笑话，只要是能展示你自己的“才艺”，并且所展示的都是大家爱听、爱看的，无论什么节目都可以。

有一次周末，轮到迪克上台表演，他平时的表现可以说是在班内男生堆里最不出众的，无论是学习成绩还是外貌形象都是普普通通，并没有什么起色或者显眼的地方。只见他慢腾腾地走上讲台，摘下他那顶作为道具用的帽子，先向同学们深深地鞠了一躬，然后清清嗓子，便开始演讲：

“嗯！从身材上看，不用我说大家也可以看得出，但是大家知道吗，我比拿破仑还高出 1 厘米呢，他是 1.59 米，而我是 1.60 米；再有维克多・雨果，我们的个头差不多；我的前额不宽，天庭欠圆，可伟大的哲人苏格拉底也是如此；我承认我有些未老先衰的迹象，还没到 20 岁便开始秃顶，但这并不寒碜，因为有大名鼎鼎的莎士比亚与我为伴；我的鼻子略显高耸了些，如同伏尔泰和乔治・华盛顿的一样；我的双眼凹陷，但圣徒保罗和哲人尼采也是这般；我这肥厚的嘴唇足以同法国君主路易十四相媲美，而我粗胖的颈脖堪与汉尼拔和马克・安东尼齐肩。”

沉默了片刻，迪克继续说：“也许你们会说我的耳朵大了些，可是听说耳大有福，而且塞万提斯的招风耳可是举世闻名的啊！我的颧骨隆耸，面颊凹陷，这多像美国独立战争时的英雄林肯啊！我的手掌肥厚，手指粗短，大天文学家丁顿也是这样。不错，我的身体是有缺陷，但要注意，这是伟大的思想家们的共同特点……”

当迪克表演完他的节目走下讲台时，班级里爆发出久久不息的掌声。

迪克的演讲赢得了大家热烈的掌声，这不仅是因为他妙语连珠的演讲词，更重要的是他那种接纳自我、善待自己缺点的精神得到了大家的一致认可。

【心理点睛】

古语云：甘瓜苦蒂，物不完美。世界上没有十全十美的东西，同样，也没有精灵神通的完人。如果一个人总是对自己的缺点耿耿于怀，那么就等于和自己过不去。一个心理健康的人应当懂得悦纳自我，接受自己的缺点，并在此基础上积极地发挥自己的优点。

完美的代价

【哈佛心语】

一件东西从来不会完美无缺，也不会一无是处，即使在一粒最好看的葡萄上，你也会发现几个斑点。

——善拉托里尼

【故事殿堂】

古代印度有一则发人深省的寓言故事，讲述了人们一味追求完美并为此所付出的代价。

有一位先生娶了一个婀娜多姿、温柔善良的妻子。两个人感情一直很好，是人人羡慕的神仙眷侣。柳眉、凤眼、樱桃嘴、瓜子脸，然而美中不足的是这位太太娇好的面庞上长了个酒糟鼻。这就好像一个失职的艺术家，对于一件原本足以称傲于世间的艺术精品，仅因为少雕刻了几刀，却显得非常突兀怪异。

于是，这位先生就一直对妻子的鼻子耿耿于怀。一次外出经商，他路过一个贩卖奴隶的市场，在宽阔的广场上，四周人声沸腾，争相吆喝出价，抢购奴隶。广场中央站了一个身材单薄、瘦小清癯的女孩子，正以一双汪汪的泪眼，怯生生地环顾着这群如狼似虎、决定她一生命运的大男人。这位先生仔细端详女孩子的容貌，突然间，被她深深地吸引住了。好极了！这女子脸上长着一个端端正正的鼻子！

于是，这位先生就毫不犹豫地出高价买下了这个长着漂亮鼻子的女孩子，并兴高采烈带着女孩子日夜兼程赶回家里，想给心爱的妻子一个惊喜。到了家中，把女孩子安顿好之后，他割下女孩子漂亮的鼻子，拿着血淋淋而温热的鼻子，大声疾呼：

“太太！快出来哟！看我给你买回来的最宝贵的礼物！”

“什么样贵重的礼物，让你如此大呼小叫的？”太太疑惑不解地应声走出来。

“喏！你看！我为你买了个端正美丽的鼻子，你戴上看看。”

丈夫说完，突然出其不备，抽出怀中锋锐的利刃，一刀朝太太的酒糟鼻子砍去。霎时太太的鼻梁血流如注，酒糟鼻子掉落在地上，丈夫赶忙用双手把端正的鼻子嵌贴在伤口处，但是无论丈夫如何努力，那个漂亮的鼻子始终无法粘在妻子的鼻梁上。

可怜的妻子，既得不到丈夫苦心买回来的端正而美丽的鼻子，又失掉了自己那虽然丑陋却货真价实的酒糟鼻子，并且还受到无妄的刀刃创痛。而那位糊涂丈夫的愚昧无知，更是叫人可怜！

【心理点睛】

读了这个故事，我们会觉得故事中丈夫的举动实在是十分荒唐可笑。然而在现实生活中，我们却常常会像故事中的丈夫一样，经常对一些无法改变的缺陷耿耿于怀，甚至要不惜一切代价去改变它，结果不仅无法如愿以偿，而且还失去了原本美好的东西。

保持自我本色

【哈佛心语】

一个人想集中他人所有的优点于一身，是最愚蠢、最荒谬的行为。

——戴尔·卡耐基

【故事殿堂】

玛丽从小就是个害羞和内向的小女孩，她的身体一直很胖，而她的脸使她看起来比实际还要胖得多。玛丽有一个很古板的母亲，她认为把衣服弄得漂亮是一件很愚蠢的事情。她总是对玛丽说：“宽衣好穿，窄衣易破。”母亲也总是这样来帮玛丽选衣服的。玛丽从来不和其他孩子一起做室外活动，甚至不上体育课。她非常害羞，而且很敏感，觉得自己和其他人都“不一样”，完全不讨人喜欢。

长大之后，玛丽嫁给一个比她大好几岁的男人，可是她并没有改变。她丈夫一家人都很好，对她充满了信心。玛丽尽最大的努力要像他们一样，可她还是没有做到。他们为了让玛丽变得开朗起来所做的每一件事不仅没有达到预期的目的，反而都只令她更加退缩到自己的壳子里去了。玛丽变得紧张不安，躲开了所有的朋友，情绪非常坏，甚至到了怕听到门铃响的状态。玛丽知道自己是个失败者，又怕她的丈夫会发现这一点。所以每次他们出现在公共场合的时候，她都假装很开心，结果常常适得其反。事后，玛丽会为这个难过好几天。最后不开心到使她觉得再活下去也没有什么意义了，于是，玛丽想到自杀。

后来，是什么改变了这个不快乐的女人的生活呢？很简单，只是随口说出的一句话。

是的，随口说的一句话，改变了玛丽的整个生活。有一天，她的婆婆正在谈她怎么教养她的几个孩子时，她说：“不管事情怎么样，我总会要求他们保持本色。”

“保持本色！”就是这句话！在一刹那间，玛丽才发现自己之所以那么苦恼，就是因为她一直在试着让自己适合于一个并不适合自己的模式。

玛丽后来回忆道：“在一夜之间我整个改变了。我开始保持本色。我试着研究自己的个性、自己的优点，尽我所能去学色彩和服饰方面的知识，尽量以适合我的方式去穿衣服。主动交朋友，我参加了一个社团组织——起先是一个很小的社团——他们让我参加活动，使我吓坏了。可是我每发一次言，就增加一点儿勇气。今天我所有的快乐，是我以前从来都不敢设想的。在教养我自己的孩子时，我也总是把我从痛苦的经验中所学到的教给他们：‘不管事情怎么样，总要保持本色。’”

【心理点睛】

玛丽的故事告诉我们，一个人要想生活得快乐，最重要的就是要保持自我的本色。只有坚持自我，保持本色，按照适合自己的模式去生活，你才会拥有快乐的人生。

容纳缺点

【哈佛心语】

我的生活经验使我深信，没有缺点的人优点往往也很少。

——林肯

【故事殿堂】

有一天，小蜗牛看到只有自己背上背着又硬又厚的贝壳，就变得十分不开心，它问母亲："为什么其他小朋友没有像我一样，背上有这个又硬、又重、又难看的壳呢？"

母亲解释道："这是因为我们的身体没有骨骼的支撑，只能爬，可我们爬行的速度又很慢，所以就借助这个壳来保护我们！"

小蜗牛反问道："可是毛毛虫也没有骨头，爬得也不快啊！为什么它不用背这个又硬又重的壳呢？"

母亲笑着说："可是毛毛虫长大了会变成蝴蝶，天空会保护它啊！"

小蜗牛又问道："蚯蚓呢？它变不成蝴蝶，为什么也没有像我们一样的沉重的壳呢？"

母亲说："那是因为蚯蚓会钻到土里面，大地会保护它的！"

小蜗牛听完之后，不由得哭了起来，大声地说道："我们好可怜，天空不保护我们，大地也不保护我们。"

母亲劝慰着伤心的小蜗牛，柔声地说道："所以我们有壳啊！这个壳就是用来保护我们自己的。"

【心理点睛】

生活中有很多人像小蜗牛一样，只知道羡慕那些成绩优异、有特长的同学和事业有成的人，而不知道正确地认识自己，发挥自己的特长和优势。如果不能正确地认识自己，不了解自己的能力，结果自然是事倍功半。

其实每个人都有许多能力，但总有一种能力是自己最擅长的。只有找准自己最擅长的事，才能最大限度地发挥自己的潜力，调动自己身上一切可以调动的积极因素，并把自己的优势发挥得淋漓尽致，从而获得成功。反之，那些不知道自己擅长做什么事的人，总是在别别扭扭地做着自己不喜欢、不擅长的事，以至于学习中没有足够的热情，不能脱颖而出，更谈不上成就大事了。

要想让自己拥有成功的人生，充分认识自我，发挥自己的优势是至关重要的。生活中不要一味地羡慕别人、埋怨自己，活出自己的价值才是最重要的。

将劣势转化为优势

【哈佛心语】

不可能的字只有在愚人的字典里才可以翻出。

——拿破仑

【故事殿堂】

一个 10 岁的小男孩，在一次车祸中失去了左臂，但是他很想学柔道。

后来，小男孩拜一位日本柔道大师做师傅，开始学习柔道。他学得不错，可是练了 3 个月，师傅只教了他一招，小男孩有点儿弄不懂了。

他终于忍不住问师傅：“我是不是应该再学学其他招数？”

师傅回答说：“不错，你的确只会了一招，但你只需要会这一招就够了。”

小男孩还不是很明白，但他仍然很相信师傅，于是就按照师傅的要求继续练了下去。

几个月后，师傅第一次带小男孩去参加比赛。小男孩自己都没有想到居然轻轻松松地赢了前两轮。第三轮稍稍有点儿艰难，但对手还是很快就变得急躁起来，发起连连进攻，小男孩敏捷地施展出自己的那一招，结果又赢了。就这样，小男孩顺理成章地进入了决赛。

决赛的对手比小男孩还要高大得多、强壮得多，也似乎更有经验。小男孩曾一度显得有点儿招架不住，裁判担心小男孩会受伤，就叫了暂停，并打算就此终止比赛，然而他的师傅不答应，坚持说："继续比赛！"

比赛重新开始后，对手放松了戒备，小男孩立刻使出他的那招，制服了对手，由此赢了比赛，并获得了冠军。

在回家的路上，小男孩和师傅一起回顾比赛的每一个细节。小男孩鼓起勇气道出了心里的疑问："师傅，我怎么只凭一招就赢得了冠军？"

师傅答道："有两个原因：第一，你几乎完全掌握了柔道中最难的一招；第二，据我所知，对付这一招唯一的办法是对手抓住你的左臂。"有的时候，人在某方面的缺陷未必就永远是劣势，只要善加利用，或者扬长避短，劣势也会转化成优势。

【心理点睛】

正确而全面地认识自己，是善待自己、接受自我的必然要求。金无足赤，人无完人。每个人都不会十全十美，总会或多或少地存在某种缺陷或破绽，但我们完全不必因此而妄自菲薄，因为劣势也有可能会因为我们的有效利用转化为优势。

正确地对待自己的优势和劣势，这是衡量心理健康的标准之一。

不完美的完美

【哈佛心语】

什么是人的首要责任？答案很简单：保持自我。

——易卜生

【故事殿堂】

一位挑水夫有两个水桶，分别吊在扁担的两头，其中一个桶有裂缝，另一个则完好无缺。在每趟长途挑运之后，完好无缺的桶总是能将满满一桶水从溪边送到主人家中，但是有裂缝的桶在到达主人家时，却只剩下了半桶水。

两年来，挑水夫就这样每天挑一桶半的水到主人家。当然，好桶对自己能够送满整桶水感到很自豪。而破桶呢？对于自己的缺陷则非常羞愧，它为只能负起一半的责任而感到很难过。饱尝了两年失败的苦楚，破桶终于忍不住在小溪旁对挑水夫说："我很惭愧，必须向你道歉。""为什么呢？"挑水夫问道，"你为什么觉得惭愧？""在过去两年的时间里，因为回去的路上水从我这边一直不停地往外流，我只能送半桶水到你主人家，我的缺陷使你做了全部的工作，却只收到一半的成果。"破桶说。挑水夫笑了，他对破桶说："在我们往主人家走的路上，你要留意路旁盛开的花朵。"果真，他们走在山坡上，破桶眼前一亮，看到五颜六色的花朵娇艳地开满路的一旁，沐浴在温暖的阳光之下，这景象使它感觉开心极了。但是，走到小路的尽头，它又难过了，因为一半的水又在路上漏掉了。破桶再次向挑水夫道歉。挑水夫温和地说："你有没有注意到小路两旁，只有你的那一边有花，好桶的那一边却没有开花呢？我明白你有缺陷，因此我善加利用，在你那边的路旁撒了花种，每回我从溪边来，你就替我浇了一路花。两年来，这些美丽的花朵装饰了主人的餐桌。如果不是你，主人的桌上也没有这么好看的花朵了！"

【心理点睛】

有时候，人在某方面的缺陷未必就是永远的劣势，只要善加利用或者扬长避短，劣势也会转化成优势。哈佛的教授们总会这么告诫他们的学生：人生短暂，切莫把大好的光阴浪费在哀叹自己的不完美上。与其嗟叹，倒不如用自己的长处鼓舞自己，将时间的锋利用在成功的刀刃上。

同样精彩

【哈佛心语】

感到自己渺小的时候，才是巨大收获的开始。

——歌德

【故事殿堂】

在一部美国电影里，有这么一段发人深省的情节。

那是1980年的一天，一个校园里正在进行一场激烈的足球比赛。有一支球队打得不错，学生啦啦队开始有韵律地高喊着：

“我们第一名！我们第一名！”

教师莫里就坐在一旁，他对这加油声似乎颇感不解，就在学生们还喊着“我们第一名”时，莫里突然站起来大吼一声：

“第二名有什么不好！”

学生们惊讶地看着他，立即停止了加油声。这时，莫里坐了下来，面带微笑，表情显得有些得意。

是的，第二名又有什么不好呢？然而，我们一生努力争取的却是人人羡慕的第一名。有很多人在追求第一的激烈角逐中迷失了自我，忘记了自己人生的目的，忘记了自己的成长所需。

事实上，获得第一名也不过是短暂的胜利。重要的不是你得到第几名，而是你从中学到了些什么。我们要有赢的决心，但同时更要把握自己，不要因为一心参与竞争而忘记了自身的成长所需。

【心理点睛】

第一名是胜利，第二名也同样精彩。我们每天都生活在竞争中，但是人生不是只有比赛，生活中还有很多有意义的事情等待着我们去尝试。因此，我们不能一味地在争强好胜中忘掉自我的真实目的。

不要攀比

【哈佛心语】

智慧的基础——就是认识自己。

——纪伯伦

【故事殿堂】

孔雀因为大家都爱听夜莺唱歌，而自己一唱歌就会被人笑话，感到很苦恼，就向天神诉苦。天神对它说：“别忘了，你的项颈间闪着翡翠般的光辉，你的尾巴上有华丽的羽毛，所以从这些方面来看的话，你是很出色的。”

孔雀仍不满足：“可是在唱歌这一项上有人超过了我，像我这样唱，跟哑巴有什么区别呢？”

天神回答道：“命运之神已经很公正地分给你们每样东西：你拥有美丽，老鹰拥有力量，夜莺能够唱歌，这些鸟都很满意天神对它们的赐予。”

【心理点睛】

不要根据别人认为重要的东西来制定自己的目标，而应当努力去争取自己觉得最好的东西。世界上根本没有十全十美的东西，人也是如此，有的人可能在这方面优秀，在那方面低劣，而有的人则相反，这是不容置疑的事实。可是，生活中有太多人总是喜欢和别人攀比，而给他们自己带来了许多莫名的烦恼。

不要总把自己与别人做比较，否则，只会越比较，越觉得自己不值钱。如同人的指纹一样，世界上每个人的指纹都是独一无二的。

不要以为最接近自己内心的东西是与生俱来的，可以像自来水一样随时予取予求。要如同保护自己的眼睛一样维护它们，失去它们，你就会变成只有心脏而没有心灵一般的行尸走肉。

不要匆匆忙忙地过一生，以至于忘记自己从哪里来，要到哪里去。生命不是一场速度赛跑，而是靠一步一个脚印走过来的旅程。

不要耽于昨天或明天而任凭今天从指间流走。日子是一天一天地过的，天长日久，你总会享受到所有的日子的。生命不是以数量而是以质量来计算的。

每个人都是天使

【哈佛心语】

世界上最大的事莫过于知道怎样将自己给自己。

——歌德

【故事殿堂】

有一次，在哈佛的学生联谊会上，学校邀请了一位学神学的人来做演讲。

在这次布道活动中，这位博学多才的牧师对公众做了一场精彩的演讲，在演讲中他宣扬每个人都应当重视自身的价值，接纳自己，热爱自己。他强调每个人都是上帝眷顾的宝贝，每个人都是从天而降的天使。活在世上，每个人都要用好上帝给予自己的独特恩赐，去发挥自己最大的能力。

听众当中有个人不服牧师的说法，站起身来，指着令自己不满意的扁塌鼻子，说道："如果像你所说，人是从天而降的天使，请问有哪个完美的天使长着塌鼻子呢？"

另一个嫌自己腿短的女子也起身表示同样的意见，认为自己的短腿不是上帝完美的创造。牧师轻松而自信地回答："上帝的创造是完美的，而你们俩也确实是从天而降的天使，只不过……"

他指了指那名塌鼻子的男子，说："你降到地上时，让鼻子先着地罢了。"

牧师又指着那嫌自己腿短的女子，说："而你，虽是脚先着地，却在从天而降的过程中，忘了打开降落伞。"

【心理点睛】

浪费生命是人生最大的悲剧。每个人都是天使，每个人都有自己的价值。尽管你是个不完美的人，但你仍然要喜欢并接受自己，不要因为自己有一点点缺陷就自暴自弃，进而走入心理误区。

摆脱以自我为中心的世界

【哈佛心语】

一个完全以自我为中心的世界，犹如一颗陨落的红星，连一分热也不会留下来。

——罗曼·罗兰

【故事殿堂】

哈里森在一家公司做管理工作。在公司产品遭遇退货、赔款而濒临倒闭，公司高层们急得团团转而又束手无策时，哈里森站了出来，提供了一份调查报告，找出了问题的症结。此举不仅一下子解决了公司的难题，还为公司赚了几百万。

因工作出色，哈里森深受老总的重视，不久就成为全公司的明星。凭着自己的智慧和胆略，他又为公司的产品打开国内市场立下了汗马功劳，在两年的时间内为公司赚回几千万利润，成为公司举足轻重的人物。

哈里森踌躇满志，本以为销售部经理一职非他莫属，然而，他没有被升职。本来公司董事会要提拔他为公司主管销售的副总经理，却由于在提名时遭到人事部门的强烈反对而作罢，理由是各部门对他的负面反映太大，比如，不懂人情世故，不和同事交往，骄傲自大……让这样一个闭门自封的人进入公司的决策层显然不太适宜。

就这样，销售部经理一职被别人担任了，他只好拱手交出了自己亲手创建、培养成熟的国内市场。这就好比自己亲手种下的果树上所结的果子被别人摘走一样，令他非常痛苦和不解。他不明白，公司怎么能这样对待自己呢？自己到底错在哪里？后来，还是一个同情他的朋友破解了他的迷惑。

难怪有一次，他出去为公司办理业务，需要一批汇款，在紧要关头却迟迟不见公司的汇票，业务活动“泡汤”，令他很难堪，实际上是一个出纳员给他穿了一次小鞋，因为他平时没有处理好跟这个出纳的关系，也就是说没有把她放在眼里。

还有一次，他在外办事，需要公司派人来协助，不料人刚到，马上又把人撤回去了，原来是一些资格较老的人觉得他很“孤傲”“目中无人”，在工作上从不与他们交流……所以想尽办法拖他的后腿，让他的工作无法展开。

尽管哈里森工作业绩辉煌，但他忽视了人际关系的重要性。那些他不熟悉的、不放在眼里的小人物，在关键时刻照样会影响他的大事进度，阻碍他在公司的发展和成功。在无可奈何的情况下，他只好伤心地离开了公司。

【心理点睛】

一个人如果孤立无援，那他一生就很难幸福；一个人如果不能处理好人际关系，就犹如在雷区里穿行，举步维艰。“条条大路通罗马”，八面玲珑的人可以在每条大路上任意驰骋。

可以说自从世界上出现人类以来，相互交往就一直存在，即使是病人，聚在一起也比独处要轻松很多，尤其是当代社会，与世隔绝、独处一室是非常不切实际的做法。人际关系就像一盏灯，在人生的山穷水尽处，指引你柳暗花明。创造完美的人生就要从摆脱孤僻、自闭开始做起。

许多杰出人士之所以被能力不如自己的人击垮就是因为不善于与人沟通，不注意与人交流，被一些非能力因素打败。在美国，如今罗宾汉式的孤胆英雄已被团队精英所取代，不能融入人群，无异于自毁前程，把自己逼入死胡同。其实，穷困潦倒的英雄很常见，但只要懂得与群体的感情投资，就能一飞冲天、一鸣惊人。

懂得付出

【哈佛心语】

在一切道德品质之中，善良的本性在世界上是最需要的。

——罗素

【故事殿堂】

有一年的圣诞节，保罗的哥哥送给他一辆新车作为圣诞礼物。圣诞节的前一天，当保罗从他的办公室出来时，他看到街上一个小男孩在他闪亮的新车旁走来走去，并不时地触摸它，满脸流露出羡慕的神情。

保罗饶有兴趣地看着这个小男孩。从他的衣着来看，他的家庭显然不属于自己这个阶层。就在这时，小男孩抬起头，问道："先生，这是你的车吗？"

"是啊，"保罗说，"这是我哥哥送给我的圣诞礼物。"

小男孩睁大了眼睛："你是说，这是你哥哥给你的，而你不用花一分钱？"

保罗点点头。

小男孩说："哇！我希望……"

保罗原以为小男孩希望的是也能有一个这样的哥哥，但小男孩说出的却是："我希望自己也能当这样的哥哥。"

保罗深受感动地看着这个男孩，然后问他："要不要坐我的新车去兜风？"

小男孩惊喜万分地答应了。

逛了一会儿之后，小男孩转身向保罗说："先生，能不能麻烦你把车开到我家门前？"

保罗微微一笑，他想他理解小男孩的想法：坐一辆大而漂亮的车子回家，在小朋友的面前是一件很神气的事情，可以炫耀一番。但他又想错了。

“麻烦你停在两个台阶那里，等我一下好吗？”

小男孩跳下车，三步并作两步地跑上台阶，进入屋内。不一会儿他出来了，并带着一个显然是他弟弟的小孩。这个小孩因患小儿麻痹症而跛着一只脚。他把弟弟安置在下边的台阶上，紧靠着坐下，然后指着保罗的车子说：“看见了吗？就像我在楼上跟你讲的一样，很漂亮对不对？这是他哥哥送给他的圣诞礼物，他不用花一分钱，将来有一天我也要送你一部跟这辆一样的车，这样你就可以看到我一直跟你讲的橱窗里那些好看的圣诞礼物了。”

保罗的眼睛湿润了，他走下车子，将小弟弟抱到车子前排的座位上。他哥哥的眼睛里闪着喜悦的光芒，也爬了上来。于是三个人开始了一次令人难忘的假日之旅。

在这个圣诞节，保罗明白了一个道理：给予真的比接受更令人感到快乐！

【心理点睛】

有位名人说：“人活着应该让别人因为你活着而得到益处。”的确，学会给予和付出，你会感受到舍己为人、不求任何回报的快乐和满足。哈佛大学的一位心理学家说：“只知索取，不知付出；只知爱己，不知爱人，是当代社会的通病。”学会付出是光辉灿烂人性的重要体现，同时也是一种处世智慧和快乐之道。

驱逐嫉妒之心

【哈佛心语】

善良，是一种世界通用的语言，它可以使盲人看到、聋子听到。

——马克·吐温

【故事殿堂】

有个勤劳而忠实的男孩叫汤姆，他一个人住在一间小屋子里，并且拥有一座在村庄里最美丽的花园。小汤姆有很多朋友，其中有一个是磨坊主汤恩。汤恩是个很富有的人，他总自称是小汤姆最忠厚的朋友，因此每次到小汤姆的花园来时，都以最好朋友的身份拎走一大篮子各种美丽的花，在水果成熟的季节还拿走许多水果。

汤恩经常说："真正的朋友就该分享一切。"而他却从来没有给过小汤姆什么。

冬天的时候，小汤姆花园里的花都枯萎了。"忠实的"磨坊主朋友从来没去看望过孤独、寒冷、饥饿的小汤姆。

汤恩在家里对他的家人说："冬天去看小汤姆是不恰当的，人们经受困难的时候心情烦躁，这时候必须让他们拥有一份宁静，去打扰他们是不好的。而春天来的时候就不一样了，小汤姆花园里的花都开放了，我去他那儿采回一大篮子鲜花，我会让他多么高兴啊！"

磨坊主天真无邪的儿子问他："爸爸，为什么不让小汤姆到咱们家来呢？我会把我的好吃的、好玩的都分给他一半。"

没想到磨坊主却被儿子的话气坏了，他怒斥这个白白上了学，什么都不懂的孩子。他说："如果小汤姆来到我们家，看到了我们烧得暖烘烘的火炉、我们丰盛的晚饭，以及我们甜美的红葡萄酒，他就会心生妒意，而嫉妒则是友谊的大敌。"

【心理点睛】

磨坊主汤恩的高论让我们看到了吝啬的人在面对生活时的丑恶嘴脸。吝啬者虽然不缺金钱、财富，然而其灵魂、精神却日趋贫穷。

吝啬果真能给吝啬者带来愉快吗？不能。其实吝啬者的生活是最不安宁的，他们整天最忙的是挣钱，最担心的是丢钱，唯恐盗贼将他的金钱全部偷走，唯恐一场大火将其财产全部吞噬掉，唯恐自己的亲人将它全部挥霍掉，因而整天提心吊胆、坐立不安，这样的人是永远不会愉快的。

人普遍都是利己的，但给予总是相互的。我们都不是孤立地存在于社会之中的，人与人之间有各种各样的密切联系，都需要直接或间接地给予和接受，无论少了哪个环节，都必将影响到不可分割的整体，而自己也必然受到一定的影响。只有当自己能够信任别人，并能够与别人分享时，不仅自己获得了财富，也帮助别人获得了财富，取得了双赢的成果。所以，我们要打破吝啬的樊篱，走出吝啬的灰暗，寻找生命中与人分享的蓝天。

拒绝孤独

【哈佛心语】

绝望，如果抖落它的冷漠的灰尘，是包含着一种凶恶的、散布死亡的力量的，这种力量既无理智，也无理解力。

——雷哈民

【故事殿堂】

5年前，玛丽失去了丈夫，她悲痛欲绝，自那以后，她便陷入了孤独与痛苦之中。“我该做些什么呢？”在她丈夫离开他近一个月之后的一天晚上，她对朋友哭诉，“我将住到何处？我将怎样度过一个人的孤独日子？”

朋友安慰她说，她的孤独是因为自己身处不幸的遭遇之中，才五十多岁便失去了自己的伴侣，自然令人悲痛异常，但时间一久，这些伤痛和孤独便会慢慢减缓消失，她也会开始新的生活——从痛苦的灰烬中建立起自己新的幸福。

“不！”她绝望地说道，“我不相信自己还会有什么幸福的日子。我已不再年轻，孩子也都长大成人、成家立业。我孑然一身还有什么乐趣可言呢？”抱着这种心态，玛丽得了严重的自怜症，而且不知道该如何治疗。好几年过去了，她的心情一直都没有好转。

有一次，朋友忍不住对她说：“我想，你并不需要特别引起别人的同情或怜悯。无论如何，你可以重新建立自己的新生活，结交新朋友，培养新兴趣，千万不要沉溺在回忆里。”她没有把朋友的话听进去，因为她还在为自己的孤独自怨自艾。后来，她觉得孩子们应该为她的幸福负责，因此便搬去与一个结了婚的女儿同住。

但事情的结果并不尽如人意，由于她的孤僻，她和女儿都面临着痛苦的经历，甚至恶化到母女反目成仇的状态。玛丽后来又搬去与儿子同住，但情况也好不到哪里去。后来，孩子们只好共同买了一间公寓让她独住，但这更加重了她的孤独。

她对朋友哭诉道，所有家人都弃她而去，没有人要她这个老妈妈了。玛丽的确一直都没有再享有过快乐的生活，因为她认为全世界都在孤立她。她实在是既可怜又可悲，虽然已年过半百了，但情绪还是像小孩一样不成熟。

在加州奥克兰的密尔斯大学，校长林·怀特博士在一次女青年会的晚餐聚会上，发表了一段极为引人注意的演讲，内容便是这种现代人的孤寂感："20世纪最流行的疾病是孤独。"他如此说道，"用大卫·里斯曼的话来说，我们都是'寂寞的一群'。由于人口越来越多，人性已汇集成一片汪洋大海，根本分不清谁是谁了……居住在这样一个'不拘一格'的世界里，再加上政府和各种企业经营的模式，人们必须经常由一个地方换到另一个地方工作——于是，人们的友谊无法持久，时代就像进入另一个冰河时期一样，使人的内心觉得冰冷不已。"

【心理点睛】

许多孤独的人之所以会感觉到孤独，是因为他们不了解爱和友谊并非从天而降的礼物。一个人要想得到他人的欢迎，或被人接纳，一定要付出许多努力和代价。要想让别人喜欢我们，的确需要尽点儿心力。情爱、友谊或快乐的时光，都不是一纸契约所能规定的。让我们面对现实。无论是丈夫死了或太太过世，活着的人都有权利继续快乐地活下去。但是，他们必须了解：幸福并不是靠别人来布施的，而是要靠自己去赢取别人对你的需求和喜爱。

主动伸出你的手

【哈佛心语】

孤独有时是最好的交际，短暂的索居能使交际更甜蜜。

——弥尔顿

【故事殿堂】

从前，坦桑尼亚小镇有两个叫汤米和杰克的邻居。但他们确实不是什么好邻居，虽然谁也记不清他们之间到底为什么会发展到这种状态，但确确实实就是彼此不睦。他们只知道彼此不喜欢对方，这个原因就已经足够了。所以他们时有口角发生，尽管夏天在后院开除草机除草时车轮常常碰在一起，但多数情况下双方连招呼也不打就各自干自己的活去了。

后来，夏天晚些时候，汤米和妻子外出两周去度假。开始杰克和妻子并未注意到他们走了。也是，注意他们干什么？除口角之外，他们相互间很少说话。

但是一天傍晚杰克在自家院子除过草后，注意到汤米家的草已很高了，自家草坪刚刚除过，看上去特别显眼。

对开车过往的人来说，汤米和妻子很显然是不在家，而且已离开很久了。杰克想这等于公开邀请夜盗入户，而后一个想法像闪电一样映入了他的脑海。

“我又一次看着那高高的草坪，心里真不愿去帮我不喜欢的人。”杰克说，“不管我多想从脑子里抹去这种想法，但去帮忙的想法却一直挥之不去。第二天早晨我就把那块长疯了的草坪除好了！”

“几天之后，汤米和妻子多拉在一个周日的下午回来了。他们回来不久，我就看见汤米在街上走来走去。他在整个街区每所房子前都停留过。”

“最后他敲了我的门，当我开门时，他站在那儿正盯着我，脸上露出奇怪和不解的表情。”

“过了很久，他才说话，‘杰克，你帮我除草了？’他最后问。这是他很久以来第一次叫我杰克。‘我问了所有人，他们都没除。米库说是你干的，是真的吗？是你除的吗？’他的语气几乎是在责备。”

“‘是的，汤米，是我除的。’我说，语气几乎是挑战性的，因为我等着他为了我除他的草而大发雷霆。”

“他犹豫了片刻，像是在考虑要说什么。最后他用低得几乎听不见的声音说了句谢谢之后，急忙转身走开了。”

汤米和杰克之间就这样打破了沉默。虽然他们还没发展到在一起打高尔夫球或保龄球的程度，他们的妻子也没有达到为了互相借点儿糖或是闲聊而频繁走动的程度，但他们的关系却在逐渐改善。至少除草机开过的时候，他们相互间有了笑容，有时甚至说一声“你好”。先前他们后院的战场现在变成了非军事区，谁知道？他们或许会分享同一杯咖啡。

【心理点睛】

主动迈出和解的一步，并不是很难，不是吗？过多地考虑面子等因素，只会阻碍和解的步伐，延迟分享友谊的快乐。

我们都需要在交往中获得友谊和帮助，但有时候又需要一些独处的时间，甚至后者在我们的生活中起的作用更为重要。主动伸出你的手，不要犹豫，你会发现伸出的手马上就会有人握住。

治愈孤独的良方

【哈佛心语】

孤独是人的宿命；爱和友谊不能把它根除，但却可以将它抚慰。

——梭罗

【故事殿堂】

小镇上有个女人叫泰娜，她善于烹饪，能够用人们送给她的菜头、芜菁、甘蓝、白薯等做出鲜美可口的菜来。她的丈夫是一位牧师，这个家庭在美国密西西比州南部的小城中具有很高的威望，人们能够到这所小木屋来探望牧师和他的夫人，这在当地确实是很大的荣耀。当有敲门声响起时，泰娜匆匆忙忙赶出去，用拥抱、接吻和热情的话语将客人迎进门。牧师总是穿着一身黑色的传统教士服，脖子上系着浆洗过的白色硬领，紧随在夫人身后伸出一只温暖的大手，脸上现出笑容道："我的主保佑你，进来吧！"来访者不管是至近的亲戚、市长，还是身无立锥之地的乞丐，他们都是用这种热情的方式接待的。

后来，泰娜的丈夫过世了，她就搬到另一个州靠近子女的港口城市住下来。她并没有被孤独吞噬，她还像15年前一样保持着早起的习惯，黎明前即起身，仔细地打扮一番，穿上斗篷，披上面巾，步行走到教堂。她开始擦拭牧师在礼拜仪式上要用到的各种器具。她喜欢做这种教堂杂役的事情。在做完这些事之后，她走出教堂，到医院去拜访和照看所有孤独的病友。然后，她去看望那些不能出门的单身老人和病人，把她的欢乐与善良带给那些需要她的人。

泰娜过世的那天，她像往常一样去教堂做了杂务。回到家，把洗过的衣服从晾绳上收下来，将披巾搭在沙发背上。当人们发现她时，她正坐在她最喜欢的客厅沙发上，合上两眼，嘴唇上带着温柔、甜蜜的笑容。那块面纱还盖在脸上。人们说，在这位非同寻常的夫人面前度过几个小时，就会比听任何布道或讲座所获的教益还要多。对于泰娜来说，孤独是一种需要照看和扫除的病痛；

她把自己生命的每一分钟都用于给他人带去欢乐。

【心理点睛】

有人说世界上最大的贫穷与孤独存在于富豪中间。的确，心灵的荒漠急需人们用爱的营养去浇灌。

孤独，是一种常见的心理状态。这些人在孤独中离群索居、形单影只，内心备受煎熬。初期被孤独感笼罩的人，精神压抑，心理失衡，甚至丧失生活的勇气和信心。其实在我们人生的河流中，总有那么一刻，你是孤独无助的，但不要害怕，因为这本身就是人生给你的最高馈赠。所以，当孤独来临时，去体味它、享受它，细心品尝孤独的滋味，你会发现，孤独可以让你更好地透视生活。

要想摆脱孤独感的折磨，就像身处一个无人的山谷，只有自己主动向外走，寻找到出口，才能离开这种荒凉之境。同样，要获得丰富深刻的人际感情，你也需要走出那片属于你自己的小天地，打开心扉，去和别人交往。其实人生来就是社会性的动物，单靠自己的力量生活在世界上显然是不够的。尤其在当代社会，人与人之间需要展开广泛深入的合作，才能共同完成一件事，所以学会交往和合作是非常重要的生存之道。而且，人只有在交往中，才能体会到各种情感体验所带来的愉悦。所以，交往是人生非常重要的课程，需要你努力用心地去学习和实践。最终你会发现，你的投入越多，获得的回报就越大，幸福感也就越强烈。

为友谊奉献一切

【哈佛心语】

不论是多情的诗句、漂亮的文章，还是闲暇的欢乐，什么都不能代替亲密的友情。

——普希金

【故事殿堂】

这是发生在越南的一个孤儿院里的故事，由于飞机的狂轰滥炸，一颗炸弹被扔进了这个孤儿院，几个孩子和一位工作人员被炸死了。还有几个孩子受了伤。其中有一个小女孩流了许多血，伤得很重。不过，幸运的是，不久后一个医疗小组来到了这里，小组只有两个人，一个女医生，一个女护士。

女医生很快进行了急救，但在对那个小女孩施行急救的时候，却出了一点儿问题，因为小女孩流了很多血，需要输血，但是她们带来的不多的医疗用品中没有可供小女孩使用的血浆。于是，情急之下，女医生决定就地取材，她给在场所有人验了血，所幸最后发现有几个孩子的血型和小女孩是一样的。可是，就在这时，另外一个问题出现了，因为那个医生和护士都只会说一点点越南语和英语，而在场的孤儿院的工作人员和孩子们只听得懂越南语。

于是，女医生尽量用自己会的越南语加上一大堆的手势告诉那几个孩子，“你们的朋友伤得很重，她需要血，需要你们给她输血！”终于，孩子们点了点头，好像听懂了，但眼里却藏着一丝恐惧！

孩子们都没有吭声，没有人举手表示自己愿意献血。这样的情况完全出乎女医生的意料，她一下子愣住了，很不明白为什么他们不肯献血来救自己的朋友呢。难道刚才对他们说的话他们没有听懂吗？

就在这时，忽然，一只小手慢慢地举了起来，但是刚刚举到一半却又放下了，过了好一会儿又举了起来，这次再也没有放下。

医生很高兴，马上把那个小男孩带到临时的手术室，让他躺在床上。小男孩僵直着躺在床上，看着针管慢慢地插入自己细小的胳膊，看着自己的血液一点点地被抽走！眼泪不知不觉地就顺着脸颊流了下来。医生紧张地问是不是针管弄疼了他，他摇了摇头。但是眼泪还是没有止住。医生开始有点儿慌了，因为她总觉得有什么地方肯定弄错了，那到底是哪里出了问题呢？针管是不可能弄伤这个孩子的呀。

就在这个关键时刻，一个越南的护士赶到了这个孤儿院。女医生把情况告诉了越南护士。越南护士忙低下身子，和床上的孩子交谈了一下，不久后，孩子竟然破涕为笑。

原来，那些孩子都误解了女医生的话，以为她要抽光一个人的血去救那个小女孩。一想到不久以后就要死了，所以小男孩才哭了出来。医生终于明白为什么刚才没有人自愿出来献血了，但是她又有一件事不明白了，“既然以为献过血之后就要死了，为什么他还自愿出来献血呢？”医生问越南护士。

于是越南护士用越南语问了一下小男孩，小男孩不假思索地就做出了回答。回答很简单，只有几个字，但却感动了在场所有的人。

他说：“因为她是我最好的朋友！”

【心理点睛】

现实生活中，有些人可以对着电脑狂聊一天，但是和现实中的朋友相聚的时间却越来越少。这样做，是不是顾此失彼呢？的确无法回答，也没有资格回答。因为，我们自己就是这其中之一，有心事时，我们宁愿找素不相识的人倾诉，也不愿把它透露给自己的朋友。也许这样更加易于倾诉吧，但是，这是不是对自己朋友的不信任呢？

也许，在这个孩子面前，我们真的该反省一下了。扪心自问一下：当我的朋友真的需要时，我会为他献出我的一切吗？

学会倾听

【哈佛心语】

当你对一个人说话时，看着他的眼睛；当他对你说话时，看着他的嘴。

——富兰克林

【故事殿堂】

安妮在一家肯德基连锁店做收银员，每天晚上到了下班时间，孤独就会爬上安妮的心头：她总是一个人孤单地吃完晚餐，然后随手拿起一本小说来打发时间。

纽约这么大的都市，拥有数百万人口，每天人来人往，有欢笑，也有惊奇，却没有任何一个人注意到你的存在，世界上还有比这让人感到更加荒凉的吗？安妮一想到这般的冷清，就像一只受惊的小兔子，蜷缩在自己的小天地中。

这种日子已经过了几个月，她不知道该如何是好，她不知道怎样才能交到朋友，尤其是知心的男友，难道大学四年毕业之后，要一直面对这种生活吗？

这还不是最难过的，毕竟她可以借着阅读各种爱情小说，与书中女主角共度欢笑悲伤，让时间慢慢流逝。但是到了深夜，一个人躺在床上，这才到了真正最难熬的时光。她不知道，是否每个正常人都会有这种需求。

有一天，安妮接到通知要去见某公司人事部的主管琳达女士，她也真的去面试了，她不知道自己怎么会来这儿见人事主管，也不知道自己怎么会对着她侃侃而谈，竟然说出自己目前面临的困境，因为她一向不善于表达自己，以往这种情形总是令她手足无措，说不出话来，但这次的表现和言行却完全相反，这令她自己都感到吃惊。

人事主管琳达是个善解人意的人，她语重心长地对安妮说："只要你愿意，我可以帮你攻克难关，并且交到朋友，不过首先，你必须抛开那些爱情小说，利用晚上到艺术学校去选修些课程，不要再读那些虚幻不真实的小说来自欺欺人。还有，你在公司的工作很有发展潜力，我希望你努力干，有一天能升到广告部门的执行组，也正因为如此，你更需要多学一些绘画及用色方面的技巧，最重要的是，你不要再整个晚上都窝在家里了。"

安妮还记得琳达说过，年轻人只要肯出去多参加活动，就可以很容易交到朋友，只要学着去表现自己的特点，做个活泼的女孩，一定会有许多追求者。要使自己有所改变，做自己想做的事。同时要注意看别人做什么、听别人说什么，让自己成为好伴侣；不要轻信别人的谗言；除非自己也能给予别人一些回馈，世上不会有人白白对自己好。

不久之后，安妮的生活真的变得多姿多彩，她已经克服了自己的困难，她真没想到只是学着多倾听别人讲话，就能赢得那么多友谊。她想起这正如琳达女士曾经告诉她的："大多数人自我意识都很强，都希望有表达自我的机会，所以，你根本不必担心该说什么，只需要静静地、专心地听对方说，这就够了。"

原来，良好的人际关系就是如此简单，以往安妮把自己关在小天地中，拒绝和别人沟通，现在，情况则完全不同了。

【心理点睛】

学会倾听，是突破交往障碍的有效行动。当你走出自己的小天地，试着站在别人的立场上，做一个好听众的时候，你就能够成为广受欢迎的交际高手，为自己赢得众多朋友。

照亮他人

【哈佛心语】

爱是以无穷的光照亮他人。

——莱尔克

【故事殿堂】

一战期间，美德两军在一处平原相遇，双方进行了激烈的交战，枪声不断响起。他们之间是一个无人地带，一个年轻的德军尝试着爬过去，结果被带钩的铁丝缠住，发出痛苦的哀号，不住地呜咽着。

相距不远的美军都能够听得到他的惨叫声。一个美军无法再继续忍受下去，于是爬出战壕，匍匐着向那个德军爬过去。其余美军明白他的行动后，都停止了开火，但德军仍炮火不断，直到德国指挥官明白那个美军的举动后，才命令军队停火。

此时，战场上一片沉寂。那个美军匍匐爬到受伤的德军那儿，帮他脱离了铁钩的缠绕，扶起他走向德军的战壕，将他交给早已准备迎接他的同胞。之后，他转身走回美军阵营。

忽然，一只手搭在他的肩膀上，他转过头来一看，原来是一位获得铁十字勋章的德军军官，只见对方从自己的制服上扯下勋章，把它别在他身上，这才让他走回自己的阵营。当该美军安全抵达己方战壕后，双方又恢复了毫无理智的战斗。

【心理点睛】

爱是从心里发出的，然后流到别人的心里，在人与人之间搭建起一条长长的爱心之桥。爱，往往会迸发出意想不到的力量。

温和、友善永远强过激烈与狂暴。当你试图打开他人的心扉时，温和、友善是最快、最有效的方式。一个人要想活得更加快乐、幸福而有意义，就应该使自己多一点儿真、善、美的东西。试想，如果你对他人没有真诚，毫不友好，又怎能期望从他人身上得到友善的回报呢？世界上最强大的不是坚船利炮，而是持有仁慈的爱心，生活中我们应该具有仁爱之心，保持对真、善、美的追求。地位、财富固然重要，但真正能使人获得永久尊重和帮助的还是善良的心。

最怕自我局限

【哈佛心语】

在花朵中采蜜，是蜜蜂的快乐，但将蜜汁送给蜜蜂也是花的快乐。

——纪伯伦

【故事殿堂】

哈佛心理学系的一名教授曾不无忧虑地说："现代美国人之间的冷漠与孤独很大程度上要归咎于人们自身，是我们自己选择了这样的结果。"

罗曼太太是美国一位有钱的贵妇人，她在亚特兰大城外修了一座花园。花园又大又美，吸引了许多游客，他们总会毫无顾忌地跑到罗曼太太的花园里游玩。

年轻人在绿草如茵的草坪上跳起了欢快的舞蹈；小孩子扎进花丛中捕捉蝴蝶；老人蹲在池塘边垂钓；有人甚至在花园当中支起了帐篷，打算在此度过他们浪漫的盛夏之夜。罗曼太太站在窗前，看着这群快乐得忘乎所以的人们，看着他们在属于她的园子里尽情地唱歌、跳舞、欢笑，她越看越生气，就叫仆人在园门外挂了一块牌子，上面写着：私人花园，未经允许，请勿入内。可是这并未起到多大作用，那些人还是成群结队地走进花园里游玩。罗曼太太只好让她的仆人前去阻拦，结果发生了争执，有人竟拆走了花园的篱笆墙。

后来罗曼太太想出了一个绝妙的主意，她让仆人把园门外的那块牌子取下来，换上了一块新牌子，上面写着：欢迎你们来此游玩，为了安全起见，本园的主人特别提醒大家，花园的草丛中有一种毒蛇，如果哪位不慎被蛇咬伤，请在半小时内采取紧急救治措施，否则性命难保。最后告诉大家，离此地最近的医院在威尔镇，驱车大约 50 分钟即到。

这真是一个绝妙的主意，那些贪玩的游客看了这块牌子后，对这个美丽的花园望而却步了。可是几年后，有人再去罗曼太太的花园时，却发现那里因为园子太大、走动的人太少而杂草丛生、毒蛇横行，花园几乎荒芜了。此时，孤独、寂寞的罗曼太太守着她的大花园，她非常怀念那些曾经来她的园子里玩的快乐游客。

【心理点睛】

自我封闭，顾名思义就是把自我局限在一个狭小的圈子里，隔绝与外界的交流与接触。自我封闭的人就像契诃夫笔下装在套子中的人一样，把自己严严实实地包裹起来，因此很容易陷入孤独与寂寞之中。自我封闭的人在情绪上的显著特点是情感淡漠，不能对别人给予的情感表达做出恰当的反应。在这些人脸上很少看到笑容，他们总是冷冰冰、心事重重的样子。这无形之中会向周围的人透露出这样的信息：我很烦，请别靠近我！周围的人自然也就退避三舍，敬而远之。他得到的后果是什么呢？在封闭自己的同时，也远离了快乐、幸福。

每个人心中都有一座属于自己的美丽大花园。如果我们愿意让别人在此种植快乐，同时也让这份快乐滋润自己的话，那么，我们心灵的花园就永远不会荒芜。打开你自己心灵的篱笆，让阳光进来，让朋友进来，让我们心灵的花园美丽起来。

给予即是快乐

【哈佛心语】

要做一个寒天送炭、痛苦中送安慰的人。

——巴金

【故事殿堂】

哈佛中国历史学研究教授杜维明讲过这样一个关于心理健康的故事：

从前有个国王，他有一个钟爱至极的儿子。这位年轻的王子没有一项欲望不能得到满足。父王的钟爱与至高无上的权力，可以使他得到一切想要的东西。然而他仍然常常紧锁眉头，很不快乐。

有一天，一位魔术家走进王宫，对国王说，他有办法能使王子快乐，可以把王子的忧戚变作笑容。国王很高兴地回答说：“假如你真能办成这件事，你所要的任何赏赐，我都可以给你。”

魔术家将王子带进一间密室，用白色的东西，在一张纸上涂了些笔画。他把那张纸交给王子，嘱咐他走入一间暗室，然后燃起蜡烛，仔细观察纸上会出现什么样的变化。说完，魔术家就走了。

这位年轻的王子遵命而行。在烛光的映照下，他看见那些白色的字迹化作美丽的绿色后变成了这样的几个字："每天为别人做一件善事！"王子遵从魔术家的劝告去做，不久，他就成了快乐的少年。

【心理点睛】

一个人的生命，除非有助于他人，除非充溢了喜悦与快乐，除非养成对人人都心怀善意的习惯，对人人抱着亲爱友善的态度，并从中得到喜悦与快乐，否则他就不能称得上成功，也不能称得上幸福。

假如一个人能够大彻大悟，尽心努力地去为他人服务，他的生命一定能奇迹般地迅速发达。最有助于人生命的，莫过于在早年起就养成善心善意和爱人的习惯。

不要轻视自己

【哈佛心语】

在所有缺点中，最无可救药的是轻视我们自己。

——蒙田

【故事殿堂】

有一个叫爱丽莎的漂亮女孩，总是觉得没有人喜欢自己，总是担心自己嫁不出去。她认为自己的理想永远实现不了，她的理想也是每一位妙龄女郎的理想：和一位潇洒的白马王子结婚、白头偕老。爱丽莎总以为别人都享有这种幸福，自己却永远被幸福拒之于千里之外。

一个周末的上午，这位痛苦的姑娘去找一位有名的心理学家，因为据说他能解除所有人的痛苦。她被请进了心理学家的办公室，握手的时候，她冰凉的手让心理学家的心都颤抖了。他打量着这个忧郁的女孩，她的眼神呆滞而绝望，声音仿佛来自墓地。她的整个身心都好像在对心理学家哭泣着："我已经没有指望了！我是世界上最不幸的女人！"

心理学家请爱丽莎坐下，通过跟她交谈，对她渐渐有了了解。最后他对爱丽莎说："爱丽莎，我会有办法的，但你得按我说的去做。"他要爱丽莎去买一套新衣服，再去修整一下自己的头发，他要爱丽莎打扮得漂漂亮亮的，告诉她星期一他家有个晚会，他要请她来参加。

爱丽莎还是一脸闷闷不乐，对心理学家说："即使参加晚会，我也不会感到快乐。谁需要我？我又能做什么呢？"心理学家告诉她："你要做的事很简单，你的任务就是帮助我照料客人，代表我欢迎他们，向他们致以最亲切的问候。"

星期一这天，爱丽莎衣衫合适、发式得体地来到了晚会上。她按照心理学家的吩咐尽职尽责，一会儿和客人打招呼，一会儿帮客人端饮料。她在客人间穿梭不息，来回奔走，始终在帮助别人，完全忘记了自己。她眼神活泼，笑容可掬，成了晚会上的一道彩虹，晚会结束时，同时有三位男士自告奋勇地要送她回家。

在随后的日子里，这三位男士热烈地追求着爱丽莎，最后，她终于选中了其中的一位，让他给自己戴上了订婚戒指。不久，在婚礼上，有人对这位心理学家说："你创造了奇迹。""不，"心理学家说，"是她自己为自己创造了奇迹。人不能总想着自己、怜惜自己，而应该想着别人、体恤别人，爱丽莎懂得了这个道理，所以变了。所有的女人都能拥有这个奇迹，只要你想，你就能让自己变得美丽。"

【心理点睛】

人的一双眼睛应当具有这样的作用：一只眼睛观察世界，另一只眼睛发现自己。

哈佛大学有位名叫玛瑞丽·格林德尔的女教授，她在向他人展示自己无穷魅力的同时，总不忘幽默地告诉她的女弟子们：嗨，你们想变成美丽的天使吗？我的孩子们，那就从现在开始，喜欢你自己吧。要记住，一个从不欣赏自己的人，也就是一个永远也不被别人欣赏的人。

要想欣赏自己，不妨先学习赞美自己。学会赞美自己可以让我们更好地接纳自己。生活中，人人都渴望得到赞美。赞美是一种肯定，是一种褒奖。赞美就像照在人们心灵上的阳光，能够带给人们信心和力量。当然，渴望得到别人的赞美不如自己赞美自己来得容易，既然赞美可以催人奋进，使人更上一层楼，那么我们就学着赞美自己吧。

不要过分关注自我

【哈佛心语】

知识使人变得文雅，而交际使人变得完善。

——福勒

【故事殿堂】

桃乐丝身高不足1.55米，她的体重是62公斤。她唯一一次去美容院的时候，美容师说桃乐丝的脸对她来说是个难题。然而桃乐丝并不因那种以貌取人的社会陋习而烦忧不已，她依然十分快乐、自信、坦然。其实最初桃乐丝并不像现在这样乐观，那么是什么改变了她呢？

桃乐丝还记得自己第一次跳舞时的悲伤心情。对一个女孩子来说，舞会总是一个美妙而光彩夺目的场合，正值青春妙龄的桃乐丝对这样的场合自然充满幻想和期待。那时假钻石耳环非常时髦，桃乐丝在她为准备那个盛大的舞会练跳舞的时候，总是戴着它，以致后来疼痛难忍而不得不在耳朵上贴了膏药。也许是由于这膏药，舞会上没有人和她跳舞，整场舞会下来，桃乐丝在那里整整坐了一个晚上。当她回到家里，桃乐丝告诉父母亲，自己玩得非常痛快，跳舞跳得脚都疼了。听到桃乐丝舞会上的成功，他们都感到非常高兴，欢欢喜喜地睡觉去了。桃乐丝走进自己的卧室，撕下了贴在耳朵上的膏药，伤心地哭了一整夜。夜里她总是想象着，在100个家庭里，孩子们正在告诉他们的家长：没有一个人和他们的老师跳舞。

有一天，桃乐丝独自坐在公园里，心里担忧：如果自己的朋友从这儿走过，看到她一个人坐在这儿，是不是感到她有些愚蠢。有一天，当她开始读一段散文时，读到有一行写到了一个总是忘了现在而幻想未来的女人，她不禁想："我不也像她一样吗？"显然，这个女人把她绝大部分的时间花在试图给人留下印象上了，而极少的时间是用在过她自己想过的生活上。在这一瞬间，桃乐丝意识到自己整整数年光阴却像是花在一个毫无意义的赛跑上了。她所做的一切丝毫没有起到半点作用，因为没有人注意她。从此，桃乐丝完全改变了自己，不再只关注别人对她的印象了，而转为开始尊重自己的内心，真正过自己喜欢的生活。

【心理点睛】

所有交往中的心理问题都是我们过于关注自我造成的，在交往过程中我们应该将注意力放在外界环境上，积极行动，跳出自我的小圈子，这样我们才能够避免交往过程中，个人自我感觉过分扩张。

接纳自己

【哈佛心语】

你应庆幸自己是世上独一无二的，应该将自己的禀赋发挥出来。

——塞德兹

【故事殿堂】

在哈佛的影视心理学课堂上，24岁的简有幸及时听到了这个故事，使她改变了对自己的看法。故事是这样的：

好莱坞著名的女歌星琳达原来只是一个电车车长的女儿，她自幼酷爱唱歌和表演，她想让自己成为当红的好莱坞明星。但是她的脸长得并不好看，她的嘴很大，牙齿很暴，每次公开演唱的时候——在新泽西州的一家夜总会里——她一直都想把上嘴唇拉下来盖住她的牙齿。她想表演得“很美”，可最终却总是事与愿违。她使自己大出洋相，注定了失败的命运。

但是，在那家夜总会里听琳达唱歌的一个人，却以为她很有天分。“我跟你说，”他很直率地说，“我一直在看你的演唱，我知道你想掩藏的是什么，你觉得你的牙齿长得很难看。”琳达当时一下子觉得无地自容，可是那个人继续说道：“难道说长了龅牙就罪大恶极吗？不要想着去遮掩，张开你的嘴，观众看到你不在乎，他们就会喜欢你的。再说，”他很犀利地说，“那些你想遮起来的牙齿，说不定还会带给你好运呢。”

琳达接受了这位男士的忠告，不再去刻意遮掩自己的牙齿了。从那时候起，她只想到她的观众，她张大了嘴巴，热情而高兴地唱着，这使她后来成为电影界和广播界的一流红歌星。其他喜剧演员如今都还希望能学她的样子呢。

【心理点睛】

喜欢你自己，愉快地接纳你自己，培养自信心。每个人都是独特的个体，一个人只有全面地接受自己，才能走出自卑、自责的心灵沼泽，活出精彩的自己。凡是美好的东西都是真实的，也是永不磨灭的。

态度反射

【哈佛心语】

人是这样一种动物，他总会把别人对自己的态度“反射”给对方，冷漠如此，热忱也是如此。

——阿·里恰诺夫

【故事殿堂】

一位建筑大师阅历丰富，一生杰作无数，但他自感最大的遗憾就是把城市空间弄得支离破碎，而楼房之间的绝对独立无意之中加速了都市人情的冷漠。这位建筑大师准备过完65岁寿辰之后就封笔，而在封笔之作中，他想打破传统的设计理念，设计一条让住户交流和交往的通道，使人们不再隔离，而是充满大家庭般的欢乐与温馨。

一位颇具胆识和超前意识的房地产商很赞同他的观点，出巨资请他设计。图纸出来后，果然受到业界、媒体和学术界的一致好评。然而，等大师的杰作变为现实后，市场反应却非常冷漠，乃至创出了楼市新低。

房地产商着急了，急忙进行市场调研。调研结果出来后，让人大跌眼镜：人们不肯掏钱买这种房的原因竟然是嫌这样的设计使邻里之间交往多了，不利于处理相互间的关系；在这样的环境里活动空间大，孩子们却不好看管；还有，空间一大，人员复杂，对防盗之类人人担心的事十分不利……

大师没想到自己的封笔之作会落到如此下场，心中哀痛万分。他决定从此隐居乡下，再不出山。临行前，他感慨地说："我只认识图纸，不认识人，是我一生最大的败笔。"

【心理点睛】

其实，我们可以拆除隔断空间的砖墙，可谁能拆除人与人之间那道厚厚的心墙呢？心墙不除，人心就会因为缺少氧气而慢慢枯萎，人就会变得越来越忧郁、越来越孤寂。

在交往中，我们很多时候只是处于一种应付的状态，并非发自内心。我们不愿意和别人打招呼，也不愿意主动和别人搞好关系，只顾着忙自己的事情，寂寞着一个人的寂寞，开心着一个人的开心。这便是冷漠，冷漠地看待世间的万物，世界上除了自己之外没有别人。冷漠的人注定孤独，冷漠的人注定没有朋友，谁也不愿意和冷漠的人打交道，因为这样的人根本不在乎朋友，而只在乎自己。冷漠的人注定不会幸福。

爱是医治心灵创伤的良药，爱是心灵得以健康生长的沃土。爱，以和谐为轴心，照射出温馨、甜美和幸福。爱把宽容、温暖和幸福带给了亲人、朋友、家庭、社会。无爱的社会太冰冷，无爱的荒原太寂寞。爱能打破冷漠，让尘封已久的心重新温暖起来。

在与人交往时，请将你的心窗打开，不要吝啬心中的爱，因为只有爱人才会被爱。只有这样，当你陷入困境时，你才会得到别人充满爱心的关怀和帮助。

开放的花园最美丽

【哈佛心语】

与世隔绝是不切实际的做法，与人交往是在所难免的。

——爱默生

【故事殿堂】

米契尔是一个有名的大富翁。他有美丽的洋房和大片的花园。但他也有一个令自己头痛的难题：既然自己拥有这么多财富，那么肯定有好多人在打自己的主意。怎么办呢？于是米契尔让仆人在房子四周筑起高高的围墙。

春天一到，花园里鲜花怒放，阵阵花香飘过围墙，令全镇的人都很神往。几个好奇的孩子心想：院子里肯定种着奇花异草，听说有一种长着大眼睛的花还会给孩子唱歌呢。于是孩子们便打起了这个院子的主意，决心去探个究竟。

朦胧的夜晚，孩子们搭起人梯跳到院子里，他们在花丛中寻找着，踏坏了许多鲜花和嫩草。后来，他们被仆人发现，被赶出了院子。

米契尔大为恼火，把这件事讲给朋友听。

朋友笑着说："为何不把围墙拆了呢？"

米契尔说："那样我会丢失很多财产！"

朋友笑了，说："有围墙又怎样？连一群孩子都拦不住，何况身手不凡的大盗呢！"

米契尔终于恍然大悟，听从了朋友的劝告，彻底拆掉了围墙。于是，孩子们首先冲入花园。他们仔细寻找心中的神花，结果，根本没有什么奇花异草。米契尔的朋友把孩子们请到客厅，并让他们美餐了一顿，然后对孩子们说："在花园中种下你们心中的神花吧！"孩子们高兴得跳起来，然后跑到花园里去了。

因为米契尔拆掉了围墙，全镇的人都可以欣赏到花园的美丽了。米契尔得到了全镇人的爱戴和尊敬。

一天，真的有一伙大盗闯入米契尔的家，准备将他家洗劫一空，他们刚闯入花园没多久就被守护神花的孩子们发现了。小杰克跑到洋房报告情况，小詹森跑去镇上通知大人们。结果大盗们被及时赶到的米契尔和镇上的人们捆绑了起来。

庆功宴上，米契尔对所有人说："我要感谢你们，你们使我懂得了一个伟大的道理——世界上只有敞开的花园最安全、最美丽。"米契尔的话博得了所有人最热烈的掌声。

【心理点睛】

生活中有些人喜欢将自己同别人隔离起来，不愿意和别人分享自己的所得，但这往往是得不偿失的。事实上，打开心灵的围墙，学会同别人分享，你给别人一片灿烂的空间，别人也会给你以最真心的呵护。

真正的朋友

【哈佛心语】

长久的友谊最能给人欢乐，更何况还有这么一句至理名言：“在一起共过很多患难的人，其友谊才称得上牢不可破。”

——西塞罗

【故事殿堂】

人的生活离不开爱，但要获得真正的爱并不容易，它需要用忠诚去播种、用热情去灌溉、用原则去培养。

两位朋友正走在路上，突然闯出一只熊。当熊还未发现这两个人时，其中一位就奔向路边的一棵树，爬上去藏在枝叶间。另一位则不如他的同伴行动敏捷，已无法逃脱，只好躺在地上装死。熊走上前，嗅遍他的全身，而他一动不动，屏住了呼吸，因为据说熊从不吃死人。果然，这只熊以为他是一具死尸，就走开了。危险过去之后，躲在树上的那位朋友下来，问他的同伴，熊把大嘴凑到他耳边，跟他小声说了些什么。这位同伴答道：“它告诉我，以后再也不要和一遇到危险就抛弃你的朋友同行。”

【心理点睛】

能患难与共的朋友才是人生的知己，才是真正的朋友。英文谚语中有一句说得好：“A Friend indeed is a friend in need.”也是说，患难中见真情的人才能成为我们的朋友，足见不论在哪儿，大家关于朋友的定义都有着惊人的一致。

那些平日里呼朋引伴，一到大难临头就各自飞的人怎么能算得上是朋友呢？美国文学史上有两位巨人，他们是来自哈佛的爱默生与梭罗，他们用一生的友谊与友爱向世人诠释了怎样才算是爱，如何才能摒弃灵魂的丑恶。

Chapter 3

第三章

选择未来

谁都想依赖强者，但真正可以依赖的只有自己。除了你自己，没有人能够给你带来成功。在你发现自己的那一天，就是你人生成功的开始。

人在成长过程中终究要独立面对自己的生活，如果一个人只知道一味地依附于外界的帮助，生活在别人的荫庇之下，那么他永远也无法摆脱自己对社会和他人的依赖，这不仅不利于他今后融入社会，独立生活，而且还会为他的成长埋下心理隐患。

生活好比橄榄球比赛，原则就是：奋力冲向底线。

——哈佛学子，美国第32任总统　富兰克林·罗斯福

凡事欲想成功，必须依靠自己的凡力而不能借助上帝的神力。

——哈佛肯尼迪政府学院院长　约瑟夫·奈

哈佛精英之拉瑟福德 · 伯查德 · 海斯

拉瑟福德·伯查德·海斯（1822—1893），是美国第19任总统。他生于俄亥俄州的一个小店主家庭，毕业于凯尼恩学院和哈佛大学，曾经当过律师。内战中，他参加了联邦军队，屡立战功，获得荣誉陆军少将军衔。战后，他开始从政；1865年，当选为国会议员；1868年，当选俄亥俄州州长；1876年，他被共和党提名为总统候选人，经过特别委员会裁定，最终获胜。

在担任总统期间，海斯致力于改善内战后的国内状况，取得了不少成就，特别是在打破“政党分肥”、实行文官制度方面做了一些有益工作，开了文官公开考试、择优录取的先河。在他的任期内，美国科技飞速发展，算得上是美国历史上的黄金时期之一。和其他一些总统不同，海斯采取了对华友好政策，是第一个接见中国常驻使节的总统。此外，他在黑人教育、监狱改造等方面也有一定贡献。

走自己的路

【哈佛心语】

走自己的路，让别人说去吧！

——但丁

【故事殿堂】

1967 年夏天，美国跳水运动员乔妮·埃里克森在一次跳水事故中，身负重伤，除脖子之外，全身瘫痪。

乔妮哭了，她躺在病床上辗转反侧，怎么也摆脱不了那场噩梦，为什么跳板会滑？为什么她会恰好在那时跳下？不论家里人怎样劝慰她、亲戚朋友们如何安慰她，她总认为命运对她实在不公。出院后，她叫家人把她推到跳水池旁。她注视着那蓝莹莹的水波，仰望着那高高的跳台。她，再也不能站立在那洁白的跳板上了，那蓝莹莹的水波再也不会溅起朵朵美丽的水花拥抱她了。她又掩面哭了起来，从此她被迫结束了自己的跳水生涯，离开了那条通向跳水冠军领奖台的路。

她曾经绝望过。但现在，她拒绝了死神的召唤，开始冷静思索人生的意义和生命的价值。她借来许多介绍前人如何成才的书籍，开始一本一本认真地读了起来。她虽然双目健全，但读书也是很艰难的，只能靠嘴衔根小竹片去翻书，劳累、伤痛常常迫使她停下来。休息片刻后，她又坚持读下去。通过大量的阅读，她终于领悟到：自己虽然身体残疾了，但许多人却身残志不残，在另外一条道路上获得了成功，他们有的成了作家，有的创造了盲文，有的创造出美妙的音乐，我为什么不能呢？于是，她想到了自己中学时代曾喜欢画画。我为什么不能在画画上有所成就呢？

这位纤弱的姑娘变得坚强起来了，变得自信起来。她捡起了中学时代曾经用过的画笔，用嘴衔着，开始认真地练习。这是一个多么艰辛的过程啊。用嘴画画，她的家人在此之前闻所未闻。他们怕她会因为不成功而伤心，纷纷劝阻她："乔妮，别那么死心眼了，哪有用嘴画画的，我们会养活你的。"可是，他们的话反而更加坚定了她学画的决心，"我怎么能让家人一辈子养活我呢？"她更加刻苦了，常常累得头晕目眩，汗水把双眼弄得咸咸的而且辣痛，甚至有时委屈的泪水把画纸也淋湿了。为了积累素材，她还常常乘车外出，拜访艺术大师。很多年过去了，她的辛勤劳动没有白费，她的一幅风景油画在一次画展上展出后，得到了美术界的好评。

不知为什么，乔妮又想到要学文学。她的家人及朋友们又劝她了，"乔妮，你的绘画已经很不错了，还学什么文学，那样会让你自己更加辛苦的。"可她是那么倔强、自信，她一句话都没有说，她想起一家刊物曾向她约稿，要她谈谈自己学绘画的经过和感受，她用了很大力气，可稿子还是没有写成。这件事对她刺激太大了，她深感自己写作水平差，必须一步一个脚印地去学习。

这是一条满是荆棘的路，可是她仿佛看到艺术的桂冠在她面前熠熠闪光，等待她去摘取。是的，这是一个很美的梦，乔妮要圆这个梦。终于，又经过许多艰辛的岁月，这个美丽的梦终于成了现实。1976年，她的自传《乔妮》出版了，轰动了文坛，她收到了数以万计的热情洋溢的信。又两年过去了，她的《再前进一步》一书又问世了，她以亲身经历告诉残疾人，应该怎样战胜病痛，立志成才。后来，这本书被搬上了银幕，影片的主角就是她自己，她成了青年们的偶像，成了千千万万个青年自强不息、奋进不止的榜样。

【心理点睛】

乔妮·埃里克森以自己坚忍不拔的品质和毅力改变了自己的人生，改变了自己的命运，营造了自己的全新生活。

一个成功的人，他应该具备坚忍不拔、勇往直前的优秀品质，在失败面前不畏惧、不退缩。他会用坚强的意志去抗拒任何给以他失败的打击，从而成功实现自己预期的人生目标。

诚然，遇到失败和不幸，这无疑是极大的损失。既然损失已经发生，就要想方设法弥补损失，把损失降到最低的限度，同时要设法"堤内损失堤外补"，这也是反败为胜的好方法。而要做到这一点，就需要极大的毅力。尤其是对那些遇到失败、身处逆境的人来说，这时是最困难的时候，当你在很多方面已经遭受了损失，甚至朋友也会离你而去，更雪上加霜的是会遇到落井下石等，也正是因为如此，在失败的时候更需要拥有坚忍不拔的恒心和毅力。

雕塑人生

【哈佛心语】

对我来说，没有任何事实是神圣的，没有任何事实是污秽的；我只是进行实验，永无止境地追求。在我身后没有过去。

——爱默生

【故事殿堂】

这是哈佛美学课上的“常客”，因为他的事迹实在有鼓舞人心的力量。

奥古斯特·罗丹，是19世纪法国伟大的雕塑家，西方近代雕塑史上继往开来的大师。他的雕塑作品《思想者》是现代世界最著名的塑像。

罗丹出生于巴黎拉丁区的一个公务员家庭。父亲一直希望罗丹能掌握一门手艺，过殷实的生活。但是罗丹从小醉心于美术，为此，父亲曾撕毁罗丹的画，将他的画笔投入火炉。罗丹的门门功课都很差，因为他即使在上课时也画画，老师曾用戒尺狠狠打他的手，使他有一个星期不能握笔。在姐姐的资助下，罗丹上了一所工艺美校，在那里，他学习了绘画和雕塑的一些基本知识，并立下志向要当一名雕塑家，并把雕塑作为自己的使命。

罗丹去报考著名的巴黎美专，可能是由于他的作品太不合主考者的口味，一连三次都没有被录取。罗丹遭到如此大的挫折，这对他打击很大，他决心再也不投考官方的艺术学校了。不久，一直资助他的姐姐病逝，罗丹心灰意懒，决心进修道院去赎罪。后来，在修道院长的鼓励下，罗丹重新树立起从事艺术的志愿，于半年后离开了修道院。

就在罗丹几乎丧失信心的时候，他在工艺美校时的老师勒考克一直鼓励着他。同时他遇到了他的模特儿兼伴侣罗丝，于是他又开始了他的创作生涯。

罗丹创作的头像《塌鼻人》虽然遭到了学院派的蔑视，但罗丹仍是夜以继日地工作着。他曾在比利时和雕塑家范·拉斯堡合作，稍稍有了一点积蓄。利用这点钱，罗丹游览了意大利的佛罗伦萨、罗马等地，研究了那里保存的各个时期的艺术大师的作品。这次游历使罗丹获得极大的收获，回布鲁塞尔后就创作出了精心构制的作品《青铜时代》。

由于雕像过于逼真，罗丹竟被指控从尸身上模印。罗丹百般申辩，经过官方长时间的调查，才证明这确系罗丹的艺术创作，一场风波才得以平息，而罗丹的名声也由此传开了。

他以但丁《神曲》中的《地狱篇》为题材，构思了规模宏大的《地狱之门》。这件作品整个创作过程前后费时达 20 年，最后也没有正式完成，但部分构思却在别的作品中有了体现。1891 年，罗丹受法国文学协会之托制作的巴尔扎克纪念像再一次遭到非议，一些人认为作品太过粗陋、太过草率，像一个裹着麻袋片的醉汉。文学协会在舆论哗然之下，拒绝接受这个纪念像。

但是在 1900 年巴黎三国博览会上，一个专设的展厅陈列了罗丹的 171 件作品，成为艺术界的盛举。成千上万的人涌来欣赏《地狱之门》《巴尔扎克》《雨果》，来自世界各国的艺术家和社会名流纷纷向罗丹表示祝贺和敬意。罗丹在法国之外的世界获得了极大的声誉，各国博物馆争相购买他的作品，以至能得到罗丹的作品成为一时的时髦，罗丹终于获得了成功。

1904 年，罗丹被设在伦敦的国际美术家协会聘为会长，罗丹的荣誉达到了一生的顶点。获得如此之多荣誉的罗丹并未就此而止步，他唯一的生命便是雕塑。罗丹开始雕塑比真人还大一倍的《思想者》。罗丹亲身感受到脱离了兽类之后的思想者承受的压力，他通过塑像来表现这种拼搏的伟大。这是罗丹最后一部史诗性的作品，当塑像完成后，他也筋疲力尽了。

【心理点睛】

小时候，每个人都有宏大的理想，想做伟人，成为世界首富，策划许多有创意的事……总之，希望自己拥有精彩的人生，成为最杰出的人。但是后来呢？当你年龄逐渐增长，到了可以去实现自己理想的时候，四面八方的压力蜂拥而至。你耳边不断萦绕着别人的议论："别做白日梦了"，你的想法"不切实际、愚蠢、幼稚可笑""必须有天大的运气或贵人相助"或"你太老""你太年轻"。不可否认，他人的建议会有合理的成分，但自己的人生之路还是要靠自己去走，不能总是依靠他人的帮助。

之所以要走自己的路，完全是因为我们每个人都是独特的——永远不要忘记这一点。要知道，梦想与坚持，再加上一点儿主见，这几乎是所有成功者通用的公式。一个勇于选择自己人生走向的人，往往具有顽强的意志力，能在一连串的挫折中经受住考验，从而锤炼自己的意志力，使自己成为勤奋、勇敢和富有创新精神的人。

牧师的结局

【哈佛心语】

不论成功还是失败，都是系于自己。

——朗费罗

【故事殿堂】

这是一个哈佛神学院的学生构造出的一则小寓言，读后不得不让一些人深思，尤其是信奉基督的人。

在得克萨斯州的一个小村庄里有一位对上帝非常虔诚的神父，40 年来，他照管着教区的人们，施行洗礼，举办葬礼、婚礼，抚慰病人和孤寡老人，是个典型的圣人。有一天下起雨来，倾盆大雨连续不停地下了 20 天，水位高涨，迫使老神父爬上了教堂的屋顶。正当他在那里浑身颤抖时，突然有个人划船过来，对他说道："神父，快上来，我把你带到高地。"牧师看了看他，回答道："我一直按照上帝的旨意做事，我真诚地相信上帝，因为我是上帝的仆人，因此你可以驾船离开，我将停留在这里，上帝会救我的。"

那人划着船离去了。两天之后，水位涨得更高，老神父紧紧地抱着教堂的塔顶，水在他的周围旋转着。这时，一架直升机来了，飞行员对他喊道："神父，快点，我放下吊架，你把吊带在身上系好，我们将把你带到安全地带。"对此，老神父仍然回答道："不，不。"他又一次讲述了他一生的工作和他对上帝的信仰。这样，直升机也飞走了。几个小时之后，老神父被水冲走，淹死了。

因为是个好人，他直接升入天堂。他对自己最后的遭遇颇为生气，来到天堂时，情绪很不稳定。他怒气冲冲地在天堂中走着，突然间碰到了上帝，上帝说道："麦克唐纳神父，欢迎你！"

老神父凝视着上帝，说："40年来，我遵照你的旨意做事，而当我最需要你的时候，你却让我被淹死了。"

上帝微笑着说："哦！神父，请原谅，我确信我给你派去了一条船和一架直升机，是你的偏执害了你。"

【心理点睛】

偏执与依赖是常见的不健康的心理。我们信奉上帝的存在是基于信仰，希望从他的身上获取战胜困难、永怀期待的力量。但是这一切并非让我们古板、教条，并非让我们在险境逼近时坐以待毙。

你的世界地图是什么颜色，只有你自己才有涂抹它的权利。任何一种把命运拱手于人的行为都是懦弱和愚蠢的表现，因为只有依靠自身的才智，才有可能获得成功。

唯一可靠的是自己

【哈佛心语】

谁都想依赖强者，但真正可以依赖的只有自己。

——德田虎雄

【故事殿堂】

有一次，美孚石油公司董事长洛奇到一家分公司去视察工作。在卫生间里，他看到一位小伙子正跪在地上擦洗黑污的水渍，并且每擦一下，就虔诚地叩一下头。洛奇感到很奇怪，问他为何如此做。这位小伙子答道："我在感谢一位圣人。"

洛奇问他为何要感谢那位圣人，小伙子说："是他帮助我找到了这份工作，让我终于有了饭吃。"

洛奇笑了，说："我曾经也遇到一位圣人，他使我成了美孚石油公司的董事长，你愿意见他一下吗？"小伙子说："我是个孤儿，从小靠别人养大，我一直都想报答养育过我的人。这位圣人若能使我吃饱之后，还有余钱，我很愿去拜访他。"

洛奇说："你一定知道，南非有一座高山，叫胡克山。据我所知，那上面住着一位圣人，能为人指点迷津，凡是遇到他的人都会前程似锦。10 年前，我到南非登上过那座山，正巧遇上他，并得到他的指点。假如你愿意去拜访，我可以向你的经理说情，准你一个月的假。”这位年轻的小伙子是个非常虔诚的教徒，很相信神的帮助，他谢过洛奇后，就真的上路了。他风餐露宿，日夜兼程，最后终于到达了自己心中的圣地。然而，他在山顶徘徊了一天，除了自己，什么都没有遇到。

小伙子很失望地回来了。他见到洛奇后说的第一句话是：“董事长先生，一路上我处处留意，但直至山顶，我发现，除我之外，根本没有什么圣人。”

洛奇说：“你说得很对，除你之外，根本没有什么圣人。因为，你自己就是圣人。”

后来，这位小伙子成了美孚石油公司一家分公司的经理。有一次，在接受记者采访时，他向记者讲述了上面的故事，并补充了这么一句话：“发现自己的那天，就是人生成功的开始。任何人只要相信自己，就能够创造奇迹。”

【心理点睛】

一个人唯一可靠的是自己，除了你自己，没有另外一个人可以带给你成功。你发现自己的那一天，就是你人生成功的开始。

不要只为面包而祈祷

【哈佛心语】

无论何时，只要可能，你都应该“模仿”你自己，成为你自己。

——莫尔兹

【故事殿堂】

小克莱门斯的老师玛丽是一位虔诚的基督徒，每次上课之前，她都要领着孩子们进行祈祷。有一天，玛丽老师给孩子们讲解《圣经》，当讲到“祈祷，就会获得一切”的时候，小克莱门斯忍不住站了起来，他问道：“如果我祈祷上帝，他会给我想要的东西吗？”“是的，孩子，只要你愿意虔诚地祈祷，你就会得到你想要的东西。”

小克莱门斯当时的梦想是得到一块很大很大的面包，因为他从来没有吃过那样诱人的面包。而他的同桌，一个金头发的小姑娘每天都会带着一块这么诱人的面包来到学校。她常常问小克莱门斯要不要尝一口，小克莱门斯每次都坚定地摇头，但他的心是痛苦的。

放学的时候，小克莱门斯对小姑娘说："明天我也会有一块大面包。"回到家后，小克莱门斯关起门，无比虔诚地进行祈祷，他相信上帝已经看见了自己的表情，上帝一定会被自己的诚心所感动的！然而，第二天起床后，当他把手伸进书包的时候，除了一本破旧的课本之外，什么也没有发现。他决定每天晚上坚持祈祷，一定要等到面包降临。

后来，金头发的小姑娘笑着问小克莱门斯："你的面包呢？"

小克莱门斯已经无法继续自己的祈祷了。他告诉小姑娘，上帝也许根本就没有看见自己在进行多么虔诚的祈祷，因为，每天肯定有无数的孩子都进行着这样的祈祷，而上帝只有一个，他怎么会忙得过来？小姑娘笑着说："原来祈祷的人都是为了一块面包，但一块面包用几个硬币就可以买到，人们为什么要花费这么多的时间去祈祷，而不是去赚钱买面包呢？"小克莱门斯决定不再祈祷。他相信小姑娘所说的正是自己想知道的——只有通过实际的工作来获得自己想要的东西。而祈祷，永远只能让你停留在等待中。小克莱门斯对自己说："我不要再为一件卑微的小东西祈祷了。"他带着对生活的坚定信心走向了新的道路。

多年以后，小克莱门斯长大成人，当他用笔名马克·吐温发表作品的时候，他已经是一位勤奋而且多产的作家了。他再也没有祈祷上帝，因为在无数个艰难的日子中，他都记着：不要为卑微的东西祈祷！只有自己通过努力和辛勤的汗水换来的收获才是最真实的。

【心理点睛】

生活中不要总是把希望寄托在别人身上，只有相信自己，依靠自己，怀有一颗进取心，保持进取的精神，用自己的努力和双手去换取生活，才是最真实的人生。

进取心是神秘的宇宙力量在人身上的体现，这种动力并不是纯粹的人为力量所能创造的。为了获得和满足这种力量，我们甚至愿意放弃舒适乃至牺牲自我。我们每个人都感到，我们需要这种激励，因为它是我们人生的支柱。

一旦我们有幸接受这种伟大推动力的引导和驱使，我们就会成长、开花、结果。由进取心所带来的激励也存在于我们人体内，它推动我们完善自我，追求完美的人生。但如果我们无视这种力量的存在，或者只是偶尔接受这种力量的引导，我们就只能使自己变得微不足道，不会取得任何成果。并且，这种向上的愿望，这种至高无上的力量，也有可能会消失。一旦染上了懒惰的习性，我们就会停滞不前。

总是有一种神秘的力量在推动去我们追求更高的理想。人类的发展就像一条永无尽头的河流，为此，我们的进取心也是无法最终获得满足的。进取心，这种内在的推动力从不允许我们停下来，它总是激励我们为了更加美好的明天而努力。我们今天所取得的成就也许足以令人羡慕，但是我们却发现，我们今日所处的位置和昨日的位置一样，这无法让我们自己完全满意。一旦我们想原地踏步时，我们的耳边就会响起那个声音，促使着我们向更高目标去努力。

一旦养成不断自我激励、始终向着更高目标前进的习惯，我们身上的很多不良习性就都会逐渐改掉，甚至完全消失。进取心最终会成为一种伟大的自我激励力量，它会使我们的人生目标变得更加崇高。自此以后，那些不良的恶习就再也没有滋生的环境和土壤了。在一个人的个性品质中，只有那些经常受到鼓励和培育的品质，才会得到不断发展。因此，根除这些不良品性的最佳方式就是彻底铲除它们赖以生存的土壤。

如果我们的身体和精神土壤得不到足够的照料和滋养，那么追求上进和完美的种子就无法生长，反而会使野草、荆棘和有毒的东西繁殖蔓延。只要我们心中具备哪怕只是一种最微弱的进取心，它也会像天堂里的种子一样，经过我们耐心的培育和扶植，它就会茁壮成长，直至开花、结果。

猫的礼物

【哈佛心语】

人生的价值，并不是用时间，而是用深度去衡量的。

——列夫·托尔斯泰

【故事殿堂】

从前，老虎并不像现在这样威风，相反他是所有动物中最弱小的一个。因为捕捉不到动物，常常是饥一顿、饱一顿。

狮王看见了，就把所有的小动物都召集起来说："老虎是我们中的一员，我们不能眼睁睁地看着他饿肚子而不管不问。我建议，大家都伸出友谊之手，拉他一把，帮他渡过难关。"于是，动物们都给老虎送去了好吃的东西，唯有猫什么东西也没有送。

狮王不高兴地对猫说："大家都给老虎送了东西，你怎么什么都不送呢？"

猫说："你们送给他的东西虽然很多，但总有一天会吃完的，我要送给他一件永远吃不完的礼物。"

狮王不屑地说："算了吧，你除能送几只老鼠外，还能送什么呢？"

猫回答说："以后你会看到的。"

几个月以后，狮王又来到老虎家。天哪！老虎家里里外外到处都挂着好吃的东西。

狮王问："这些东西都是猫送给你的吗？"

"不，"老虎说，"他送的礼物要比这些东西贵重千万倍！"

狮王好奇地问："那究竟是什么东西呢？"

老虎说："他教我练壮了身体，又教我学会了捕食的本领。"

"噢！"狮王从头到尾把老虎打量了一番说，"难怪你那么崇拜他呢，连衣服也和他穿得一模一样！"

【心理点睛】

再多的好东西都比不上一身本领。要想在社会上立足，就要摆脱依赖他人的想法，不断提高自身的能力，练就一身谋生的好本领。

自己的炼金术

【哈佛心语】

先相信你自己，然后别人才会相信你。

——屠格涅夫

【故事殿堂】

很久以前，有一个叫汉克的年轻人，一心想成为富翁。他觉得成为富翁的捷径便是学会炼金之术。

因此，他把自己的所有时间、金钱和精力都花在寻找炼金术这件事情上。很快他就花光了自己的全部积蓄，家中也因此变得一贫如洗，连饭都吃不上了。妻子无奈，跑到父亲那里诉苦。父亲决定帮女婿改掉恶习。

于是他叫来汉克并对他说："我已经掌握了炼金之术，只是现在还缺少一样炼金的东西……"

"快告诉我还缺少什么？"汉克急切地问道。

"那好吧，我可以让你知道这个秘密。我需要3公斤香蕉叶上的白色绒毛。这些绒毛必须是你自己种的香蕉树上的。等到收齐绒毛后，我便告诉你炼金的方法。"汉克回家后立刻将已荒废多年的田地种上了香蕉。为了尽快凑齐绒毛，他除了种自家的田地外，还开垦了大量荒地。当香蕉长熟后，他便小心地从每张香蕉叶下刮收白绒毛。而他的妻子和儿女则抬着一串串香蕉到市场上去卖。就这样，10年过去了。汉克终于收集了3公斤绒毛。这天，他一脸兴奋地拿着绒毛来到岳父家里，向岳父讨要炼金之术。

岳父指着院中的一间房子说："现在你把那边的房门打开看看。"

汉克打开了那扇门，立即看到满屋金光，竟全是黄金，他的妻子、儿女都站在屋中。妻子告诉他这些金子都是他这10年里所种的香蕉换来的。面对满屋实实在在的黄金，汉克恍然大悟。

【心理点睛】

真正的成功没有秘诀。只有脚踏实地，靠自己的双手辛勤劳动，才能赢得成功。

顽强的力量

【哈佛心语】

顽强的斗志可以征服世界上任何一座高峰。

——福楼拜

【故事殿堂】

旱季来了，河床就要干涸了。

这是在非洲，曾经湍急的河流已经变成了一个个小水洼，炎炎烈日下，龟裂的河床在急速扩展，远处却隐隐传来了大江的涛声，鱼儿们从一个水洼跳到另一个水洼，奔涛声而去。

“还有多远呢？”在一个不大的水洼里，一条大鱼喘着粗气，问躺着歇息的一尾小鱼。

“远着呢！别费劲了，到不了大江的。”小鱼悠然自得地在水洼里游了一圈说，“做什么大江的梦啊，现实点，就在这儿待着吧！”

“可用不了多久，这水洼里的水就会干的。”

“那又怎样？长路漫漫，你又能走多远？离大江五十步和离大江一百步有什么区别？结局都是一样的，没有水！”

“即便真的到不了大江，只要已经尽力了，我也不后悔，至少会有一点儿希望。”

“你已经遍体鳞伤了，老兄！”小鱼自如地扭动着自己保养得很好的身体，嘲弄着在小水洼里已经转不开身的大鱼：“像你这样笨重的身材，不老老实实在原处待着，还奔什么大江呢？你以为自己还年轻啊？就算真的有鱼能到达大江，也轮不到你！”

小鱼的话戳到了大鱼的痛处，它看着小鱼说：“真的很羡慕你们有如此娇小的身材，在越来越浅的水洼里，只有你们才能自如地呼吸，可是，再苦再难，我们大鱼也得朝前奔啊，我们也得把握自己的命运。”大鱼说完，一个纵身，跳入了下一个水洼，它听见了小鱼抑制不住的笑声。它知道，自己的动作很笨拙，它看见自己的鱼鳞又脱落了几片，而肚皮已渗出斑斑血迹，但它对自己说：此时此刻，除了向前，已别无选择。

水洼的面积越来越小，大鱼知道，前面的路将更加艰难，它已很难再喝到水了，偶尔滋润干唇的是自己流出的泪水。沿途，它看见大片大片的鱼变成了鱼干，其中，有许多是比它灵活得多的小鱼。

每一个水洼里都躺着懒得再动的伙伴，它们大口大口地喘着粗气，对大鱼说：“别跳了，省点儿力气吧！没用的。”而大鱼却分明听见了越来越近的涛声。

“坚持，”它对自己说，“唯有坚持，才有希望。”

不知跳了多久，大鱼终于看见了大江的波涛，可是，它的体力已经在长途跋涉中消耗殆尽，通向大江的路上，最后的一个水洼也干涸了，虽然只有一步之遥，可大鱼想，它是到不了大江了。就在这时，它听见了水声，接着，便看见一股小小的水流缓缓过来，这是行将干涸的河床在这个夏季最后的一股水流吧！大鱼抓住了这个机会，在水流的帮助下，一鼓作气奔向大江。而那些留在水洼里的鱼儿，却只是让这股水流稍稍往前带出了一小步而已，大江离它们依旧遥不可及。而干旱却以无法阻挡的步伐占领了这片土地。

面对已然干涸的河床，只有跳入大江的鱼儿知道：机遇，曾经来过。

【心理点睛】

世界上，只有强者才能掌握自己的命运，就像故事中的大鱼一样，以永不屈服的斗志昂扬的精神和毅力，克服了种种困难，奔入大海，拥有自由，使得生命得以延续。所谓斗志，是做自己命运的主宰时，不朝秦暮楚，不被眼前的困难吓倒，不半途而废，不浅尝辄止，不功亏一篑。持之以恒是一种斗志，一种精神。

强者有哪些共同的条件呢？斗志！大多数强者只有平常的智慧和能力，可是他们在完成一项工作时，在遭受重大挫折时，在工作极其繁重时，却有超乎常人的耐心和毅力。如果你有这种品质并能加以培养的话，那么你一定能找到最适合的工作，并在其中出人头地，成为强者。任何人在向理想目标奋进的过程中，都难免会遇到各种阻力和重重困难，在这种情况下斗志是最难能可贵的。斗志是一种毅力，一种精神。世界上没有任何精神能够代替斗志。才干不能，有才干的失败者多如过江之鲫；天才不能，“天才无报偿”已成为一句俗话，唯有斗志才能征服一切。

斗志总是有代价的，总是有价值的。你在奋斗时需要有耐心，有斗志，成功就展现在你眼前。一切都由你自己的斗志去实现。

坚持不懈，就是“韧”，就是顽强的毅力。有斗志不仅是希望学有所成的人必须具有的精神，也是干一切事情所应有的科学态度。伟大的生物学家达尔文就说过：“我所完成的任何科学工作，都是通过长期的考虑、忍耐和勤奋得来的。”

做强者，首先是做精神上的强者，做坚忍不拔、威武不屈的人。世间不存在人无法克服的艰难和困苦，在你面临绝境行将没顶时，当你气喘吁吁甚至筋疲力尽时，你只要再坚持一下、奋力拼搏一下，困难就会被你征服了，你就会坚强许多。

恐惧并不值得恐惧

【哈佛心语】

唯一值得恐惧的是恐惧本身。

——富兰克林·罗斯福

【故事殿堂】

英国皇家学会要为大名鼎鼎的琼斯教授选拔科研助手，这个消息让年轻的装订工人法拉第激动不已，他赶忙到规定地点去报了名。但临近选拔考试的前一天，法拉第却被意外地告知，他的考试资格被取消，因为他是个普通工人。

法拉第听后愣了，他气愤地赶到选拔委员会去理论，但委员们傲慢地嘲笑说：“没办法，一个普通的装订工人想到皇家学院来，除非你能得到琼斯教授的同意！”法拉第犹豫了。如果不能见到琼斯教授，自己就没有机会参加选拔考试。但一个普通的书籍装订工人要想拜见大名鼎鼎的皇家学院教授，他会理睬吗？

法拉第顾虑重重，但为了自己的人生梦想，他还是鼓足了勇气站到了琼斯教授家的大门口。教授家的门紧闭着，法拉第在门前徘徊了很久。

犹豫再三，终于，教授家的大门，被一颗胆怯的心叩响了。

院里没有声响，当法拉第准备第二次叩门的时候，门“吱呀”一声，开了。一位面色红润、须发皆白、精神矍铄的老者正注视着法拉第，“门没有锁，请你进来。”老者微笑着对法拉第说。

“教授家的大门整天都不锁吗？”法拉第疑惑地问。

“干吗要锁上呢？”老者笑着说，“当你把别人关在门外的时候，也就把自己关在了屋里。我才不想做这样的傻瓜呢。”这位老者就是琼斯教授。他将法拉第带到屋里坐下，聆听了这个年轻人的叙说后，写了一张纸条递给法拉第，说：

“年轻人，你带着这张纸条去，告诉委员会的那帮人说我已经同意了。”

经过严格而激烈的选拔考试，书籍装订工法拉第出人意料地成了琼斯教授的科研助手，走进了英国皇家学院那高贵而华美的大门。

【心理点睛】

恐惧是每个人在自己的成长过程中都会遇到的现象，它常常会限制一个人的自主性，减少生活的欢乐，妨碍个人的成长。因此，一个心理健全的青年应当摆脱恐惧的枷锁，以年轻人应有的血气和胆量去面对任何艰难危险的事情，努力做最好的自己。不要逃避人生，不要妄自菲薄。要拿出勇气，前进不止。

放弃依靠的力量

【哈佛心语】

人的命运，主要掌握在自己手中。

——培根

【故事殿堂】

林肯总统有一个异姓兄弟名叫詹斯顿，他曾经是个游手好闲、好吃懒做的人，经常写信向林肯借钱。林肯想了很多办法来教育他，下面是林肯写给詹斯顿的一封信：

亲爱的詹斯顿：

我想我现在不能答应你借钱的要求。每次我给你一点儿帮助，你就对我说，“我们现在可以相处得很好了。”但过不多久我发现你又没钱用了。你之所以这样，是因为你的行为上有缺点。这个缺点是什么，我想你是知道的。你不懒，但你毕竟是个游手好闲的人。我怀疑自从上次见到你后，你是否辛勤地劳动过一整天。你并不完全讨厌劳动，但你不肯多做，这仅仅是因为你觉得从劳动中得不到什么东西。

这种无所事事浪费时间的习惯正是整个困难之所在。这对你是有害的，对你的孩子们也是极为不利的，你必须改掉这个习惯，以后他们还有更长的生活道路，养成良好习惯对他们来说，更为重要。他们从一开始就保持着勤劳的良好习惯，这要比他们从懒惰习惯中改正过来要容易得多。

现在，你的生活需要用钱，我的建议是，你应该去劳动，全力以赴地通过劳动赚取报酬。

让父亲和孩子们照管你家里的事——备种、耕作。你去做事，尽可能地多挣些钱，或者还清你欠的债。为了保证你劳动有一个合理的优厚报酬，我答应从今天起到明年5月1日，你用自己的劳动每挣1元钱或抵消1元钱的债务，我愿另外给你1元。

这样，如果你每月做工挣10元，就可以从我这儿再得到10元，那么你做工一月就净挣20元了。你可以明白，我并不是要你到圣·路易斯市的加利福尼亚的铅矿、金矿去，我是要你就在家乡卡斯镇附近做你能找到的有最优厚待遇的工作。

如果你愿意这样做，不久你就会还清债务，而且你会养成一个不再负债的好习惯，这岂不更好？反之，如果我现在帮你还清了债，明年你又会照旧背上一大笔债。你说你几乎可以为七八十元钱放弃你在天堂里的位置，那么你把你天堂里位置的价值看得太不值钱了，因为我相信如果你接受我的建议，工作四五个星期就能得到七八十元。你说如果我把钱借给你，你就把地抵押给我，如果你还不了钱，就把土地的所有权交给我——简直是胡说！如果你现在有土地还活不下去，你没有土地又怎么过活呢？你一直对我很好，我也并不想对你刻薄。相反，如果你接受我的忠告，你会发现它对你比10个80元还有价值。

你的哥哥
林肯
1848年12月24日

【心理点睛】

我们虽然可以靠父母和亲戚的庇护而成长，因爱人的相伴而得到幸福；但是无论怎样，人生归根结底还是要靠自己。

一个人应当学会在社会中自立，不能太依赖别人的帮助。依靠别人的帮助维持生活只能满足你的一时之需，但真正要在社会中生存下去，还是要靠你自己的力量。

何况依赖他人是心理幼稚与不成熟的标志，哈佛人最欣赏有主见的人。勇敢去创造自己的新生活吧，放弃依靠，你会发现原来你可以飞得更高。

做有主见的人

【哈佛心语】

每一种缺点都或多或少地假扮成美德，每一种缺点都从这种伪装的相似中得到好处。

——拉布吕耶尔

【故事殿堂】

一名哈佛欧洲文学系的学生苦心撰写了一篇小说，请一位驻校作家评点。因为作家正患眼疾，学生便将作品读给作家听。当读到最后一个字的时候，学生停了下来。作家问道："结束了吗？"听语气似乎意犹未尽，渴望着下文的继续。结果，简单的一句追问竟然煽起学生的激情，他立刻灵感喷发，马上接续道："没有啊，下文部分内容更精彩。"他以自己都难以置信的构思叙述下去。

到达一个段落，作家又似乎难以割舍地问："结束了吗？"

小说一定摄魂勾魄，让人欲罢不能！学生变得更兴奋、更激昂、更富创作激情了。他不可遏止地一而再、再而三地接续、接续……最后，电话铃声骤然响起，打断了学生的思绪。

电话是找作家有急事的。作家便匆匆准备出门。"那么，没读完的小说呢？其实你的小说早该收笔，在我第一次询问你是否结束的时候，就应该结束。何必画蛇添足、狗尾续貂？该停就停，看来，你还没把握情节脉络，尤其是缺少决断。决断是当作家的根本；否则，绵延逶迤，拖泥带水，如何能够打动读者呢？"

学生追悔莫及，自认性格过于受外界左右，作品难以把握，恐不是当作家的料。

不久以后，这名年轻人遇到另一位作家，羞愧地谈及往事，谁知作家惊呼：你的反应如此迅捷、思维如此敏锐、编造故事的能力如此强盛，这些正是成为作家的天赋呀！假如正确运用，作品一定能脱颖而出。

【心理点睛】

“横看成岭侧成峰，远近高低各不同。”凡事绝难有统一定论，无论谁的“意见”都可以拿来作为参考，但永不可代替自己的“主见”，不要因为他人的论断而束缚了自己前进的步伐。追随你的热情、你的心灵，它们将带你实现梦想。

遇事没有主见的人，就像墙头草，东风东倒，西风西倒，没有自己的原则和立场，不知道自己能干什么，会干什么，自然与成功无缘。

歇在路边的失败者

【哈佛心语】

累了就歇在路边的人是不会得到胜利的。

——尼克松

【故事殿堂】

在哈佛大学，我们从校训上就可看出他们对于古老的希腊文明的敬仰与传承。不用说，“与柏拉图为友”的柏拉图故事在哈佛校园里一定是为学子们所津津乐道的。

开学第一天，苏格拉底对学生们说：“今天咱们只学一件最简单也是最容易的事。每人把胳膊尽量往前甩，然后再尽量往后甩。”说着，苏格拉底示范了一遍。“从今天开始，每天做 300 下。大家能做到吗？”

学生们都笑了。这么简单的事，谁会做不到呢？过了一个月，苏格拉底问学生们：“每天甩手 300 下，哪些同学在坚持着？”有 90% 的同学骄傲地举起了手。又过了一个月，苏格拉底又问，这回，坚持下来的学生只剩下 80%。

一年过后，苏格拉底再一次问大家：“请告诉我，最简单的甩手运动还有哪几位同学坚持了？”这时，整个教室里，只有一人举起了手。这个学生就是后来成为古希腊另一位大哲学家的柏拉图。

【心理点睛】

往往世间最容易的事也是最难做的事，最难的事也是最容易做的事。说它容易，是因为只要愿意做，人人都能做到；说它难，是因为真正能做到并持之以恒的，终究只是极少数人。半途而废者经常会说“那已足够了”“这不值”“事情可能会变坏”“这样做毫无意义”，而能够持之以恒者会说“做到最好”“尽全力”“再坚持一下”。要知道，巨大的成功靠的不是力量，而是韧性，竞争也常常是持久力的竞争。

自己设计命运

【哈佛心语】

我让旁人去嘀咕，自己却干自己认为有益的事。我巡视了自己领域中的事，认清了我的目标。

——歌德

【故事殿堂】

在哈佛大学的东亚研究所，有一位来自中国的教授正和同学们一道分享他的童年趣事：小学六年级的时候，我考试得了第一名，老师送我一本世界地图，我好高兴，跑回家就开始看这本世界地图。很不幸，那天轮到我为家人烧洗澡水。我就一边烧水，一边在灶边看地图，当看到埃及地图的时候，想到埃及很好，有金字塔，有埃及艳后，有尼罗河，有法老王，有很多神秘的东西，心想长大以后如果有机会，我一定要去埃及。

我看得正入神的时候，突然有一个大人从浴室冲出来，胖胖的，围一条浴巾，用很大的声音跟我说：“你在干什么？”我抬头一看，原来是爸爸。我说：“我在看地图。”爸爸很生气，说：“火都灭了，还看什么地图！”我说：“我在看埃及的地图。”只见爸爸跑过来，“啪啪”给了我两个耳光，然后说：“赶快生火，看什么埃及地图。”打完后，他又朝着我的屁股踢了一脚，把我踢到火炉的旁边去，用很严肃的表情跟我讲：“我保证，你这辈子不可能到那么遥远的地方去，赶快生火。”

我当时看着爸爸，愣住了，心想：“他怎么给我这么奇怪的保证？真的吗？我这一生真的不可能去埃及吗？”20 年后，我第一次出国去的就是埃及。我的朋友都问我到埃及干什么，那时候还没开放观光，出国是很难的。我说：“因为我的生命不能被别人设定。所以我要去埃及旅行。”

有一天，我坐在金字塔前面的台阶上，买了张明信片寄给爸爸。我写道：“亲爱的爸爸：我现在在埃及的金字塔前面给你写信。记得小时候，你曾打过我两个耳光，还踢了我一脚，保证我一辈子都不能到这么远的地方来，现在我就坐在这里给你写信。”写信的时候，我感触很深。爸爸收到明信片时，跟妈妈说：“哦！这是哪一次打的，怎么那么有效？一脚踢到埃及去了。”

【心理点睛】

你是自己的设计师，成龙还是成虫全在于自己。

如果将自己的发展依赖于别人的定位，而没有自己的人生目的，没有自我实现的欲求，就不可能做出一番事业。你的人生，要靠自己去雕琢。你要选择自己的生活道路，确定人生的目标，也就是为自己“人生道路怎么走”“朝着什么方向走”“最终要达到什么目的”进行设计。

被别人设定，并且照着别人的设定去做的人，他的人生注定只能平淡无奇、碌碌无为。只有对自己的人生充满激情和幻想的人，才会不断地超越自己，达到一个又一个高峰，人生也因此而绚丽多彩、跌宕多姿。

努力的力量

【哈佛心语】

勇敢地走你自己认为正确合理的道路。

——罗曼·罗兰

【故事殿堂】

诺贝尔化学奖的获得者奥托·瓦拉赫曾被认为是成才无望的“笨学生”。瓦拉赫在读中学时，父母为他选择了主修文学。不料一个学年结束以后，老师为他写下了这样的鉴定："瓦拉赫很用功，但过分拘泥，这样的人即使有完美的品德，也很难在文学上有所作为。"无奈之下，父母只好在尊重儿子的意见基础之上，让他改学油画。可瓦拉赫既不善于构图，又不长于润色，对艺术的理解力也不够敏锐，成绩在班上是倒数第一，得到的评语更是令人感到难堪："非常遗憾，你在绘画艺术方面表现的素质令人失望，将来恐怕难有造诣。"

面对如此"笨拙"的学生，绝大部分老师认为他将难有作为。只有化学老师认为他做事一丝不苟、耐心专一，具备做好化学实验应有的品格，建议他试学化学，瓦拉赫接受了化学老师的建议。从此，瓦拉赫的潜能被激活了，智慧的火花迸发出耀眼的光芒。昔日同学眼中的"丑小鸭"终于变成了日后的"白天鹅"。

【心理点睛】

所谓天才，就是努力的力量。

和奥托·瓦拉赫一样，每个人身上都蕴含着特殊的才能，只要我们能够找准自己内心的"宝藏"，努力挖掘，勇敢尝试，那么，我们就能够取得令人称赞的成绩。

每个人出生的时候，上帝都在他心中放了一块无价之宝。在哈佛大学的心理学系教授常说的一句话是：宝贝若是放错了地方便是废物。所以请一定要找到你的长处，经营你的优势，自己去搜寻人生的宝藏。

掌　握

【哈佛心语】

勇敢是与深思和决断为伍的。

——约翰·昆西·亚当斯

【故事殿堂】

科莱特在1973年考进哈佛大学，经常坐在他身边的同学是一个18岁的美国青年。大二那年，这位小伙子邀科莱特一起退学，他决定去开发Bit财务软件，想找科莱特一起合作。不过科莱特拒绝了，因为他好不容易来到这里求学，怎么可以轻易退学？更何况那项系统的研发才刚起步，墨尔斯博士也只是教了一点儿皮毛而已。

所以，他认为要开发Bit财务软件，必须读完大学的全部课程才行。

10年后，科莱特终于成为哈佛大学Bit领域的高手，而那位退学的小伙子也在这一年挤进了美国亿万富翁的行列。

当科莱特拿到博士学位之时，那位曾经同窗的青年则已经晋升为美国第二大富豪。

在1995年，科莱特终于认为自己具备足够学识、可以研究并开发Bit财务软件时，那位小伙子已经绕过Bit系统，开发出Eip财务软件，而且在两周之内这个软件便占领了全球市场。这一年，他成为世界首富，他的名字叫作比尔·盖茨。

【心理点睛】

勇气的有无与成就的大小是成正比的。一些踌躇满志的青年本来可以取得更大的成就，但是他们不敢冒险，于是选择中规中矩地生活。

财富与荣耀从来就是冒险家的专利，一个人如果没有足够的魄力，那么如何能够成就一番惊天动地的伟业呢？人的命运都是自己选择的结果，我们就是自己的雕塑师，想塑造什么形象都掌握在我们自己的手中。

风中的木桶

【哈佛心语】

要完成目的，与其做长久的忍耐，不如下异乎寻常的苦功容易些。

——布留伊艾尔

【故事殿堂】

迈克是哈佛医学院的一名黑人学生，小时候他曾因为自己的种族而自卑沮丧，为了改变这种状况，他父亲为他讲了下面这则故事。

一个黑人小孩在他父亲的葡萄酒厂看守橡木桶。每天早上，他用抹布将一个个木桶擦拭干净，然后将它们一排排整齐地摆放好。可令他生气的是：往往一夜之间，风就把他排列整齐的木桶吹得东倒西歪。

小男孩很委屈地哭了。父亲抚摸着男孩的头说："孩子，别伤心，我们可以想办法征服风。"

于是，小男孩擦干眼泪，坐在木桶旁边想啊想啊，想了半天，他终于想出了一个办法。他去井里挑来一桶一桶清水，然后把它们倒进空空的橡木桶里，然后他就忐忑不安地回家睡觉了。

第二天，天刚蒙蒙亮，小男孩就匆匆爬了起来，他跑到放桶的地方一看，那些木桶一个一个排放得整整齐齐，没有一个被风吹倒的，也没有一个被吹歪的。

小男孩高兴地笑了，他对父亲说："木桶要想不被风吹倒，就要加重自己的重量。"男孩的父亲赞许地笑了。

【心理点睛】

男孩终于想到了让木桶不倒的方法，毫无疑问，这个方法会让他终生受益。

人的潜能是无限的，无论人生达到了怎样的高度，总有上升的空间，所以应该不断地提升自己。毕竟，人生路上不会永远一帆风顺，要想使自己立于不败之地，办法只有一个，即提升自己。只有不断增强自己的能力，才能与风雨搏击。

要不断增强自己的能力，每个人就要重视学习，如果每天进步一点，就没有什么能阻挡抵达成功的步伐。成功与失败的距离其实并不遥远，很多时候，它们之间的区别就在于你是否每天都在提高你自己。现实生活中有许多人，尽管他们的资质很好却一生平庸，很大的原因就是他们不求上进。一个人的知识储备越多，才能越丰富，生活才能越充实。自强不息、追求进步的精神，是一个人卓越超群的标志，更是一个人成功的征兆。

在狂风中屹立不倒的参天大树必然有庞大的根系，它们的每条根须都深深地扎进土地中，向大地汲取能量。所以，如果想在狂风中保持站立的姿势，就应该不断加固自己的根基。

需要我们牢记在心的是，虽然我们控制不了风，控制不了世界上的许多东西，但是我们可以改变自己，改变我们自身的能力和我们的思维。提升自我的能力，这是一个人不被打败的唯一方法。与其浪费时间去改变世界，不如完善自我。

先信任自己

【哈佛心语】

对自己都不信任，还会信任什么真理。

——莎士比亚

【故事殿堂】

小泽征尔是享誉世界的交响乐指挥家，在哈佛音乐系的课堂上，他也是常被哈佛人津津乐道的人物之一。

在一次世界优秀指挥家大赛的决赛中，他按照评委会给的乐谱指挥演奏，但是，在气势恢宏的音乐中，他那敏锐的耳朵却听出了不和谐的声音。起初，他以为是乐队演奏出了错误，就要求大家停下来重新演奏，但是同样的怪音还是发出了，尽管它是那么细微，不仔细听几乎听不出来。

小泽征尔又一次要求乐队停下来。这次，他觉得应该是乐谱有问题，并向在场的评委会专家们提出了这个疑义。这么重要的比赛，对评委会专家提供的乐谱表示怀疑，这种现象还是第一次出现。面对专家的坚持，小泽征尔又很慎重地指挥乐队演奏了一次。这次，他再次相信了自己的耳朵。面对一大批音乐大师和权威人士，他斩钉截铁地大声说："不！一定是乐谱错了！"话音刚落，评委席上的评委们立即站起来，全体报以热烈的掌声，并祝贺他摘取了世界指挥家大赛的桂冠。

原来，这是评委们精心设计的一道试题，他们故意在乐谱中制造了一个小错误，以此来检验指挥家的音乐才能。自信勇敢的小泽征尔没有迷信权威，他只忠实于音乐本身，从而取得了成功。

【心理点睛】

小泽征尔的故事告诉我们，只有充分肯定自己，不畏权威的挑战，才能最终摘取胜利的桂冠！一个人除非自己有信心，否则不能带给别人信心：有自信的人，方能使人信服。自信的人敢于坚持自己的主张，即使在权威和众人面前，也会坚信自我，而不会迷失自己。

给自己一面旗子

【哈佛心语】

信仰是人生的动力。

——列夫·托尔斯泰

【故事殿堂】

一天晚上，一位名叫杰克的青年站在一条河边，一脸忧郁。

原来，这天是他30岁生日，可他不知道自己是否还有活下去的必要。因为杰克从小在福利院长大，身材矮小，长相也不漂亮，讲话又带有浓厚的法国乡下口音，所以他一直很瞧不起自己，认为自己是个既丑又笨的乡巴佬，即使连最普通的工作都不敢去应聘，没有工作，也没有家。

就在杰克徘徊于生死之间的时候，与他一起在福利院长大的好朋友汤姆兴冲冲地跑过来对他说："杰克，告诉你一个好消息！"

"好消息从来就不属于我。"杰克仍然是一脸悲戚。

"不，我刚刚从收音机里听到一则消息。拿破仑曾经丢失了一个孙子。播音员描述的相貌特征，与你丝毫不差！"

"真的吗，我竟然是拿破仑的孙子？"杰克一下子精神大振。联想到爷爷曾经以矮小的身材指挥着千军万马，用带着泥土芳香的法语对别人发出威严的命令，他顿感自己矮小的身材同样充满力量，讲话时的法国口音也带着几分高贵和威严。

第二天一大早，杰克满怀信心地来到一家大公司应聘。

20年后，已成为这家大公司总裁的杰克，查证出自己并非拿破仑的孙子，但这早已不重要了。

【心理点睛】

榜样的力量是无穷的。朋友的一句话，帮杰克找回了自信，从而改变了他一生的轨迹。当你觉得自卑和沮丧的时候，不妨为自己找一个伟人来做榜样。这样可以帮你走出自卑的阴影，重新找回自信和勇气。

黑气球也能升空

【哈佛心语】

有信心的人，可以化渺小为伟大、化平庸为神奇。

——萧伯纳

【故事殿堂】

美国著名心理医生基恩博士一次在哈佛演讲时，讲起他小时候经历过的一件触动心灵的事：

一天，几个白人小孩正在公园里玩，这时，一位卖氢气球的老人推着货车进了公园。白人小孩一窝蜂地跑了过去，每人买了一个，兴高采烈地追逐着放飞在天空中色彩艳丽的氢气球。在公园的一个角落躺着一个黑人小孩，他羡慕地看着白人小孩在嬉戏，他不敢过去和他们一起玩，因为他很自卑。当白人小孩的身影消失后，他才怯生生地走到老人的货车旁，用略带恳求的语气问道："您可以卖一个气球给我吗？"老人用慈祥的目光打量了他一下，温和地说："当然可以，你要什么颜色的？"小孩鼓起勇气回答："我要一个黑色的。"脸上写满沧桑的老人惊诧地看了看黑人小孩，给了他一个黑色的氢气球。

黑人小孩开心地拿过气球，小手一松，黑色气球在微风中冉冉升起，在蓝天白云的映衬下形成了一道别样的风景。

老人一边眯着眼睛看气球上升，一边用手轻轻地拍了拍黑人小孩的后脑勺，说："记住，气球能不能升起，不是因为它的颜色、形状，而是气球内有没有充满氢气。一个人的成败不是因为种族、出身，关键是你的心中有没有自信。"

那个黑人小孩便是基恩博士。

【心理点睛】

生活对于任何人都非易事，我们必须要有坚忍不拔的精神，最重要的是，我们要对自己有信心。我们必须相信，自己对一件事情具有天赋的才能，并且无论付出任何代价，都要把这件事情完成。当事情结束的时候，你会发现：只要你的信念能够坚持住的话，没有人能使你倒下。

美国的一个教育专家做了一个实验，将一个学习成绩较差班级的学生当作学习优秀班的学生来对待，而将一个优秀学生的班级当作问题班来教，一段时间下来，发现原来成绩相差很远的两班学生，在试验结束后的总结测验中平均成绩相差无几。原因就是差班的学生受到不明真相的老师对他们所持信心的鼓励（老师以为他所教的是一个优秀班），学习积极性大增；而原来的优秀班学生受到老师对他们怀疑态度的影响，自信心被挫伤，以致转变学习态度，影响了学习成绩，从这个实验可以看出，我们需要自信就如同种子需要阳光一样重要。

主动迎接挑战

【哈佛心语】

信心是又弱又细的线，很容易拉断；但在灰心的时候，它也能将你抛向高空，使你重获生机。

——威尔逊

【故事殿堂】

哥伦布年轻的时候曾经当过海盗，这不是值得惊奇的事。因为当年一些良好的家庭都愿意把孩子送到海盗船上去工作，使孩子可以增长一点儿见闻，经历一点儿人生磨难，而且还可以多赚一点儿钱。在他们看来，这种事情只要不被官方捉住，也就无所谓羞耻与卑贱，要是不幸地被逮着了，也只好自叹命运不济了。当哥伦布还在求学的时候，他偶然读到一本毕达哥拉斯的著作，知道地球是圆的，他就牢记在脑子里。经过很长时间的思索和研究后，他大胆地提出，如果地球真是圆的，他便可以经过极短的路程而到达印度了。自然，许多有常识的大学教授和哲学家们都耻笑他的这种观点；因为，他想向西方行驶而到达东方的印度，岂不是痴人说梦吗？他们告诉他：地球不是圆的，而是平的，然后又警告道，他要是一直向西航行，他的船将驶到地球的边缘而掉下去……

这不是等于走上自杀之路吗？

然而，哥伦布对这个问题却自信满满，只可惜当时他家境贫寒，没有钱让他去实现这个冒险的理想，他想从别人那儿得到一点儿钱，助他成功。但一连空等了 17 年，还是无人资助，所以，他决定不再向这个“理想”努力了。因为令他忧虑和失望的事情太多了，结果他的头发也完全变白了——虽然当时他还不到 50 岁。

灰心的哥伦布，这时只想进西班牙的修道院去度其后半生。正在这时候，罗马教皇却怂恿西班牙皇后伊莎贝露帮助哥伦布。教皇先送了 65 元给哥伦布，算是路费；但他自觉衣服过于褴褛，便用这些钱买了一套新装和一匹驴子，然后起程去见伊莎贝露，沿途穷得竟以乞讨糊口。皇后赞赏他的理想，并答应赐给他船只，让他去从事这种冒险的工作。但令哥伦布感到为难的是，水手们都怕死，没人愿意跟随他走，于是哥伦布鼓起勇气跑到海滨，找到了几位水手，先向他们哀求，接着是劝告，最后用恫吓的手段逼迫他们去。一方面他又请求女皇释放了狱中的死囚，允许他们如果冒险成功，就可以免罪恢复自由。一切都准备妥当。1492 年 8 月，哥伦布率领三艘船，开始了一个划时代的航行。刚航行没几天，就有两艘船破了，接着又在几百平方公里的海藻中陷入了进退两难的险境。他亲自拨开海藻，才使得船能够继续航行。在浩瀚无垠的大西洋中航行了六七十天，也不见大陆的踪影，水手们都失望了，他们要求返航，否则就要把哥伦布杀死。哥伦布兼用鼓励和高压手段，总算说服了船员。

也许是天无绝人之路，在继续前进中，哥伦布忽然看见有一群飞鸟向西南方向飞去，他立即命令船队改变航向，紧跟这群飞鸟。因为他知道海鸟总是会飞向有食物和适于它们生活的地方，所以他预料到附近可能有陆地。果然很快发现了美洲新大陆。

当返回欧洲报喜的时候，他们又遇上了四天四夜的大风暴，船只面临沉没的危险。在十分危急的时候，他想到的是如何使世界得知他的新发现，于是，他将航行中所见到的一切写在羊皮纸上，用蜡布密封后放在桶内，准备在船毁人亡后，使自己的发现能够留在人间。

不过，哥伦布很幸运，最后竟然脱离了危险，胜利返航了。无须赘言，哥伦布如果没有不怕困难、不怕牺牲、勇往直前的冒险精神，“新大陆”能被早日发现吗？毫无疑问，答案是否定的。

哥伦布的探险成功了。

可惜，哥伦布至死都不知道自己发现的是美洲新大陆，他还以为，自己只不过是发现了一条到达印度的新航路而已，所以把美洲称呼为“印度”。

哥伦布无畏、勇敢和敢于冒险的精神，值得我们学习。当水手们畏惧退缩的时候，只有他还要勇往直前；当水手们恼羞成怒警告他再不折回，便要叛变杀了他时，他的答复还是那一句话：“前进啊！前进啊！前进啊！”

【心理点睛】

生命从本质上说就是一次探险，不是主动地迎接风险的挑战，便是被动地等待风险的降临。

的确，人的一生会充满许多坎坷、许多愧疚、许多迷惘、许多无奈，稍不留神，就会被自己营造的囚塔所监禁。心理学认为，每个人对自己或多或少都带有一些不恰当的认识，自卑就是因为进行过多的自我否定而产生的自惭形秽的情绪体验，是认为自己在某些方面不如他人的自我意识和自己瞧不起自己的消极心理，是由主观原因和客观原因共同造成的。

人的自卑心理来源于心理上一种消极的自我暗示，即“我不行”“不可能”等，对自己的能力、学识、品质等自身因素做出的自我评价过低，在日常生活中表现出行为畏缩、瞻前顾后、心理的承受能力脆弱、经不起较强的刺激、谨小慎微、多愁善感等。在自卑心理的作用下，遇到困难、挫折时往往会出现焦虑、泄气、失望、颓丧的情感反应。一个人如果做了自卑的俘虏，不仅会影响身心健康，还会使聪明才智和创造能力得不到很好的发挥，使人觉得自己难有作为。

有一种自卑叫自信

【哈佛心语】

我力量的真正源泉，是暗中的、永远不变更的对未来的信心，甚至不只是信心，而是确信。

——杜·伽尔

【故事殿堂】

尼克在大学时曾经被公认为全班最胆小、最怕事的人。大学毕业时，大家挥手告别，许多人预言：即使10年后相聚，他不会有什么大作为，只会是个普通的人，过着普通的生活。

10年很快就过去了，全班的同学又重聚在一起。当年许多意气风发、指点江山的同学如今被生活改变成了一言不发的旁观者；许多才华横溢的同学也在繁忙和庸碌的生活中失去了当年的锐气，变得倦怠消极。而尼克——那个被公认将是最大的失败者，还是和当年一样平凡得如一粒尘土，不出众、不显眼，也不高谈阔论。

当聚会达到高峰的时候，每人依次上台讲述自己的现状和理想，还有对目前生活的满意程度。大多数人目前的生活状况都不如当年跨出校门时理想，对目前生活满意者几乎没有。

尼克上台后平静地说道："我目前拥有数家公司，总资产上亿元，远远超出当年走出校门时的理想。如果说还有什么遗憾的话，那就是我认为与那些我所欣赏的成功者相差还很遥远。是的，无论是在学校还是走向社会，我一直很自卑，感觉每个人都有特长，都比我强。所以我要努力学习每一个人的特长，并且丢掉自己的缺点。但是我发现，无论我如何努力也总是无法赶上所有的人，所以我就一直自卑下去。因为自卑，我把远大理想一直埋在心底，努力做好手头的每一件小事；因为自卑，我把所有伟大目标转化成向别人学习的一点点的进步。进步一点儿，有一点儿战胜自卑的理由，同时又会发现一个自卑的借口。这样，永远让自己处在自卑之中，我就获得了源源不断的前进动力。"

在一阵长时间的沉默之后，那些曾经骄傲自信、现在却平庸的人忽然之间明白了自己之所以失败是因为过于自信。因为过于自信，他们看不到别人的优点，不肯向别人虚心请教；因为过于自信，他们总是把目光盯在高处，而不知道低下头来埋头苦干，这样自信就成了自负，成为他们前进路上的绊脚石。

【心理点睛】

心理学家认为，每个人心中或多或少都会有一点儿自卑。自卑在一定程度上可以转化为前进的动力。许多伟人的成就都和自己早年的自卑经历有关，尼克的成功说明了这样一个道理，当一个人把自卑化成了谦虚，转化成了自己上进的动力时，自卑又何尝不是自信呢？

正视自己的价值

【哈佛心语】

切莫垂头丧气，即使失去了一切，你还握有未来。

——奥斯卡·王尔德

【故事殿堂】

法国著名作家大仲马在成名之前，是个生活潦倒、无所事事的青年。有一次，他跑到巴黎去拜访他父亲的一位朋友，请他帮忙找个工作。

他父亲的朋友问他："你能做什么？"

"没有什么了不得的本事，老伯。"

"数学精通吗？"

"不行。"

"你懂物理吗，或者历史？"

"什么都不知道，老伯。"

"会计呢？法律如何？"

大仲马羞愧地低下了头，第一次知道自己的知识实在太贫乏了，便说："我真惭愧，现在我一定要努力补救我的这些不足。我相信不久之后，我一定会给老伯一个满意的答复。"

他父亲的朋友对他说："可是，你要生活啊！将你的住处留在这张纸上吧。"大仲马无可奈何地写下了他的住址。他父亲的朋友笑着说："你终究有一样长处，你的名字写得很好呀！"你看，大仲马在成名前，也曾有过认为自己一无是处的时候。然而，他父亲的朋友却发现了他的看似并不是什么优点的优点——把名字写得很好。

【心理点睛】

生活中，特别是不自信的人往往会把优秀的标准定得太高，而对自身的优点却视而不见。事实上，每个人都不是一无是处的，每个人身上都有独特的天赋，如果你能够正视自己的价值，发现自己的优势，你就能够在自信中充分挖掘出自身的潜能。

信念的力量

【哈佛心语】

生活中没有信念的人，犹如一个没有罗盘的水手，在浩瀚的大海里随波逐流。

——但丁

【故事殿堂】

1989年发生在美国洛杉矶一带的大地震，在不到4分钟的时间里，30万人受到伤害。在混乱和废墟中，一个年轻的父亲安顿好受伤的妻子，便冲向他7岁的儿子的学校。可当他到达的时候，展现在他眼前的情景却是：那个昔日充满孩子们欢声笑语的漂亮的三层教室楼已变成一堆废墟。

他顿时感到眼前一片漆黑，大喊："阿曼达，我的儿子！"跪在地上大哭了一阵后，他猛地想起自己常对儿子说的一句话："不论发生什么，我总会跟你在一起！"他坚定地挺起身，向那片看起来毫无希望的废墟走去。

他每天早上送儿子上学，知道儿子的教室在楼的一层左后角，他疾步走到那里，开始动手挖掘。

在他清理挖掘时，不断有孩子的父母急匆匆地赶来，当看到这片废墟的时候，他们痛哭并大喊："我的儿子！""我的女儿！"哭喊过后，他们绝望地离开了，有些人上来拉住这位父亲，劝说："太晚了，他们已经死了。"

"这样做无济于事，回家去吧！"

"冷静些，你要面对现实。"

这位父亲双眼直直地看着这些好心人，问道："你是不是来帮助我的？"没人给他肯定的回答，他便继续埋头接着挖。

救火队长挡住他："太危险了，随时可能发生爆炸。请你离开。"

这位父亲问："你是不是来帮助我的？"

警察走过来："你很难过，难以控制自己，可这样不但不利于你自己，对他人也有危险，马上回家去吧。”

“你是不是来帮助我的？”

人们都摇头叹息地走开了，认为他精神失常了。

其实，这位父亲心中只有一个念头：“儿子在等着我。”

他挖了8小时、12小时、24小时、36小时，没人再来阻挡他。他满脸灰尘，双眼布满血丝，浑身上下到处是血迹。到第38小时，他突然听见底下传出孩子的声音：“爸爸，是你吗？”

是儿子的声音！父亲大喊：“阿曼达！我的儿子！”

“爸爸，真的是你吗？”

“是我，是爸爸！我的儿子！”

“我告诉同学们不要害怕，说只要我爸爸活着就一定会来救我们，因为他说过‘无论发生什么，我总会跟你在一起！’”

“你现在怎么样？有几个孩子活着？”

“我们这里有14个同学，都活着，我们都在教室的墙角。房顶塌下来架了个大三角形，我们没被砸着。我们又饿、又渴、又害怕，现在好了。”

父亲大声向四周呼喊：“这里有14个孩子，都活着！快来人！”

【心理点睛】

故事的奇迹结局让人觉得庆幸，也为信念能产生如此大的力量而感到惊叹。

其实决定你是否处于最佳状态的因素便是你的信念。当你的心灵只为一种可能的结果盘踞时，将会产生一种魔力。你的思考过程和整个神经系统会将一切力量都凝聚于产生这个结果上。

能利用心灵力量让自己的表现更好吗？当然可以。你可以重复地告诉自己——“我能做到！我能做到！我能做到！”且在重复这句话的同时，也要想象着你所想达到的表现水准。不要让任何相反的念头窜入你的心里！忘掉它们！胜利者永远只想着胜利。

信念会在许多方面以化学方式影响我们的心理和生理，让我们更确定成功的到来。我们的心理和生理会呈现的最佳状态包括：进取心更强、更为专注，注意力更为集中、更大的力量、更多的精力以及追求胜利的坚强意志和决心。

相信自己会失败的人，总是绝对相信不好的结果一定会发生，所以他们并不缺乏信心，他们的错误在于总是将自己的满腔信心放在不想要的事情上！唯有我们所信的思想最后才会落实在我们的生活中，这是因为潜意识只接受我们所相信的事物。若想了解我们自己现在拥有哪些坚定的信念，我们只需好好去检视各个生活层面——我们的健康、家庭、职业、朋友、活动以及所拥有的事物等。

我们的信念是非常重要的。它代表了我们在过去针对自己及世界，以及我们期望或不期望做的事所做的决定。只要我们不去挑战这些信念，它们的影响就会继续出现在我们的生活中，继续控制我们的思想，并且主导我们的行为，进而决定我们的实际表现。

了不起的信心

【哈佛心语】

发明家全靠一股了不起的信心支持，才有勇气在不可知的天地中前进。

——巴尔扎克

【故事殿堂】

哈代是个发明家，但他周围的朋友和同事都认为他是个满脑子充满怪念头的“傻瓜”。当发现电影的原理之后，他便从电影胶片的转盘中产生了灵感：他让胶卷上的画面每次只向前移动一格，以便老师能够有充足的时间来详细阐述画面里的内容。

这个想法让哈代受到不少嘲笑，但是他并没有因此而退缩；相反，他继续经过反复试验之后，终于成功地实现了让画面与声音同步进行的目标，创造了“视听训练法”。

另外，作为一名游泳运动员，哈代曾经两度入选美国奥运会游泳代表队，也曾经连续三届获得“密西西比河十英里马拉松赛”的冠军。哈代在游泳的时候，觉得大家在比赛时使用的游泳姿势不好，决心加以改变。

但是，当他把想法告诉教练时，教练认为他的想法太过荒唐，立刻加以拒绝。一位游泳冠军也告诫他不要冒险尝试，以免不小心被淹死。

当然，哈代还是没有理会他们的告诫，仍然不断地挑战传统游泳的姿势，最后终于发明了自由泳，成为现在国际游泳比赛的标准姿势之一。

【心理点睛】

不要怕被称为傻瓜，有时候真理只站在少数人这边。要坚信自己内心的想法，并努力去实现它，而不是盲目听从他人的意见。如果你认为你做的事情值得坚持，那么就要有为它背负一切的勇气。

压倒俗世

【哈佛心语】

你，正如你所思。

——爱默生

【故事殿堂】

在美国的一次移民浪潮中，有个卢森堡家庭要移民美洲。他们非常穷困，于是辛苦工作，省吃俭用 3 年多，终于攒够钱买了去美洲的船票。当他们被带到甲板下睡觉的地方时，全家人认为整个旅程中他们都要待在甲板下；而他们也确实是这么做的，仅吃着自己带上船的少量面包和饼干充饥。

一天又一天过去了，他们以充满嫉妒的目光看着头等舱的旅客在甲板上吃着奢华的大餐。最后当船快要停靠到爱丝岛的时候，这家人中的一个小孩生病了，父亲去找服务人员并且说："先生，求求你，能不能赏我一些剩菜剩饭，好给我的小孩吃？"

服务人员回答说："为什么这么问，这些餐点你们也可以吃啊。"

"是吗？"父亲回答说，"你的意思是说，整个航程里我们都可以吃得很好？"

"当然，"服务人员以惊讶的口吻说，"在整个航程里，这些餐点也供应给你和你的家人，你的船票只是决定你睡觉的地方，并没有决定你用餐的地点。"

【心理点睛】

没有经过你的同意，任何人都不能贬低你。贫穷不是灵魂卑贱的理由，人性尊严的高贵可以压倒俗世的一切。只有你自己挺直了腰杆，别人才会高看你一眼。

Chapter 4

第四章

积极心态

忧虑与人心紧密相关，在诗人想象的世界中，石有灵气，云有深意，水有柔情。但它们都没有心。但人则不同，人有了心，就有了忧虑。忧虑虽然不可避免，但是我们可以让自己减少忧虑，多点儿快乐。要想让自己成为开心快乐的人，就要记着随时将懊恼、忧虑、遗憾拒之门外，将以往的痛苦抛诸脑后。这样，你才能满怀希望地走向未来。

自己招来的忧伤是最大的忧伤。

——哈佛大学中国政治学教授　裴宜理

智者的坚定不过是把焦虑深藏于心的艺术。

——哈佛企业管理学教授　斯蒂芬·布莱德利

哈佛精英之约翰·昆西·亚当斯

约翰·昆西·亚当斯（1767—1848），是美国第二任总统约翰·亚当斯的长子。1788 年，毕业于哈佛大学。哈佛为他提供了当时最好的教育，而跟随父亲在外经历的增多，更使他成为天然的政治家。他 20 岁就成了有名的外交官，出使欧洲多年，熟悉欧洲事务。1817 年，门罗总统上台以后，亚当斯被任命为国务卿，协助起草《门罗宣言》，解决了与英国的许多纠纷，从西班牙手中取得了佛罗里达，被认为是美国历史上“最有成就的国务卿之一”。

1825 年，约翰·昆西·亚当斯成为美国第一位继承父业的总统。他样样出众，一位哈佛教授称他是哈佛有史以来最有才华的学生。追随父亲步入政界后，他将父亲的座右铭作为自己的人生准则。老亚当斯让儿子按照 17 世纪清教徒式的道德准则行事，告诫他：“我的孩子，你的人生目标应是追求道德，因为它们是永存的。”正是这些忠告才塑造了这个才华出众的年轻人像他父亲一样具有卓越的性格。可以说，他的母校哈佛一直是他的灵魂归宿。

最大的快乐是健康

【哈佛心语】

没有什么比健康更让人快乐的了，虽然他们在生病之前并不曾觉得那是最大的快乐。

——柏拉图

【故事殿堂】

有一位年轻的汽车销售经理，摆在他面前的本是一条洒满阳光的大道，然而他的情绪却非常消沉。他认为自己要死了！他甚至已经提前为自己选购了墓地，并为自己的葬礼做好了一切准备。实际上，他只是经常感到呼吸急促，心跳加快，喉咙梗塞。医生劝他多休息，泰然处理生活琐事，退出他热爱的汽车销售事业。

这位销售经理在家里休息了一段时间，但是由于恐惧，他心里仍不安宁。他的呼吸变得更加急促，心跳得更快，喉咙仍然梗塞。这时他的医生劝他到科罗拉多州去度假。

科罗拉多州虽有使人拥有健康体魄的气候、壮丽的高山，但仍不能使这位销售经理摆脱陷入恐惧的状态。一周后，他回到家里。他觉得死神即将降临。

“打消你的猜疑！”一位朋友告诉这位销售经理，“如果你到明尼苏达州罗契斯特市的梅欧兄弟诊所，你可以彻底弄清病情，而不会失去什么。立即行动！”按照建议，他的一位亲戚开车将他送到了罗契斯特市。实际上，他很害怕自己会死于途中。

梅欧兄弟诊所的医生给他做了全面检查。医生告诉他：“你的症结是吸进了过多的氧气。”他笑起来说：“那太愚蠢了，我怎样对付这种情况呢？”

医生说：“当你感觉到呼吸困难、心跳加快的时候，你可以向一个纸袋里呼气，或暂且屏住气息。”医生递给这位销售经理一个纸袋，他就遵医嘱行事。结果他的心跳和呼吸变得正常了，喉咙也不再梗塞了。当离开这个诊所时，他变成了一个愉快的人。

此后，每当他的疾病症状发生时，他总是屏住呼吸一会儿，使身体各部分正常发挥功能。几个月以后，他不再恐惧，病症也随之消失。其实，他的病症主要是心病。

这件事发生在几十年前。从那以后，他再也没有找医生看过病。

【心理点睛】

哈佛医学院的教授们一致认为：心理不健康是导致身体不健康的主要因素。很多人身体不舒服时，就总怀疑自己得了病，整天陷入恐慌之中。其实，大多时候，这只是些小病或者根本没有病，只不过是心病而已。心病还需心药医，不要猜疑自己的健康，要保持健康的心理状态，心病自然会被消除。

赎回自己的梦想

【哈佛心语】

命运往往是由人自己创造的，每个人都是自身的设计师。

——培根

【故事殿堂】

芝加哥市有一位名叫赛尼·史密斯的中年男子，向当地法院递交了一份诉状，要求赎回自己去埃及旅行的权利。因为它涉及的内容非同寻常，立即引起了人们的极大关注。

事情发生在40年前，当时赛尼·史密斯只有6岁，在威灵顿小学读一年级。有一天，品德课老师玛丽·安小姐给学生们布置作业，让大家说出自己未来的梦想，全班24名同学都非常积极和踊跃，尤其是赛尼，他一口气说出了两个：一个是拥有一头属于自己的小母牛，另一个是去埃及旅行。

当玛丽·安小姐问到一个名叫杰米的男孩时，不知怎么搞的，他一下子没想出自己未来的梦想，因为他想到的别人都说了。为了让杰米也拥有一个自己的梦想，玛丽·安小姐建议杰米向同学购买一个。于是，在老师的见证下，杰米用3美分向拥有两个梦想的赛尼买了一个。由于赛尼当时太想拥有一头自己的小母牛了，于是就把第二个梦想——“去埃及旅行”卖给了杰米。

40年过去了，赛尼·史密斯已是人到中年，并且在商界小有成就。40年来，他去过很多地方，如瑞典、丹麦、希腊、沙特、中国、日本，然而他从来没有去过埃及。难道他没想过去埃及吗？不，他想过。据他说，自从卖掉去埃及的梦想之后，他就从来没忘记过这个梦想。但是，作为一个虔诚的基督徒，他不能去埃及，因为他已经把这个梦想卖掉了。

现在，他和妻子打算到非洲去旅行，在设计旅行线路时，妻子提议埃及的金字塔是重点观光项目。赛尼·史密斯这次实在是忍无可忍了，他决定赎回那个梦想，因为他觉得只有这样，他才能心安理得地踏上那片土地。

令人遗憾的是，赛尼·史密斯没有如愿以偿。经联邦法院认定，那个梦想已经价值3000万美元，赛尼·史密斯要想赎回必然倾家荡产。其中的缘由，从杰米的答辩状中便可略知一二了。

杰米是这样说的——“在我接到史密斯先生的律师送达的副本时，我正在打点行装，准备全家一起去埃及，这好像是我一口回绝史密斯先生要求赎回那个梦想的理由。其实，真正的理由不是我们正准备去埃及，而是这个梦想本身的价值。

“小时候我是个穷孩子，穷到不敢拥有自己的梦想。然而，自从我在玛丽·安小姐的鼓励下，用3美分从史密斯先生那里购买了这个梦想之后，我彻底改变了。我的心灵变得富有了，我不再淘气，不再散漫，不再浪费自己的光阴，我的学习有了很大进步。我之所以能考上华盛顿大学，我想完全得益于这个梦想，因为我想去埃及。

“我的儿子现在在斯坦福大学读书，我想也是得益于这个梦想，因为从小我就告诉他，我有一个梦想，那就是去埃及，如果你能获得好的成绩，我就带你去那个美丽的地方。我想他就是在埃及金字塔的召唤下，走入斯坦福大学的。现在我在芝加哥拥有6家超市，总价值超过2500万美元。我想，如果没有那个去埃及旅行的梦想，我是绝对不会拥有这些财富的。

“尊敬的法官和陪审团的各位女士、先生们，我想，假如这个梦想属于你们，你们也一定会认为它已经融入你们的生命之中，已经和你们的生活、你们的命运紧密相连在一起了。你们也一定会认为，这个梦想就是你们的无价之宝。”

要花3000万美元赎回一个曾经以3美分卖出去的梦想，在有些人看来也许没有必要，或者说根本不值得。然而，赛尼·史密斯却发誓说，哪怕花两个3000万，也要将那个梦想赎回。因为，现在他才明白，人的一生中最珍贵的东西就是梦想。

【心理点睛】

每当我们谈论起自己的梦想时，总会有人迎面给我们泼一盆冷水。有时候，我们真的会被这些外来的压力吓倒，对自己产生怀疑，以为自己的梦想不过是对生活不切实际的美丽幻想。所以，很多人在听过别人的否定和打击的话语之后，便渐渐不敢发出自己的声音了，甚至将自己的梦想掩藏了起来或是就此放弃。可是也有一些人，不会因为别人的冷嘲热讽而放弃自己的追求，他们心中始终有这样一个信念，那就是：成功的花是由强烈的暴风雨培养而成的。只有经历过艰辛的人，才会更加懂得成功的甘甜。

梦想无论怎么模糊，总是潜伏在我们心底，使我们的心境永远得不到宁静。要知道，没有什么事情是不经过努力就能轻易实现的。梦想和现实之间，总有那么一段距离。因此，永远不要出卖自己的梦想，正视它，直到这些梦想成为事实。

有趣的烦恼

【哈佛心语】

人活着总是有趣的，即便是烦恼也是有趣的。

——亨利·门肯

【故事殿堂】

自负的人总是把自己看得很重要，但事实上，有时候即使少了其中的某一个人，事情往往可以做得一样好。所以，自负的人往往会成事不足，败事有余。我们要切记这样一个道理：自负是失败的前兆。在第二次世界大战中，涌现出许多杰出人物。麦克阿瑟就是一位值得人们记住的杰出将军。美国前总统尼克松曾这样评价过麦克阿瑟："麦克阿瑟是美国的一个巨人，一个体现了传奇人物的一切矛盾和对比的传奇式人物。他是善于思考的知识分子，又是威风凛凛、自负的军人；他是专制者，又是民主主义者；他天生口才好，演说时感染力很强，丘吉尔式的雄辩可以鼓舞千百万人——也使大多数自由派无招架之力。"

麦克阿瑟出生将门，他的父亲曾经担任入侵菲律宾的美军司令。麦克阿瑟毕业于美国著名的西点军校。

第一次世界大战时，麦克阿瑟担任美军第 42 师参谋长，晋升上校军衔。他所在的师在欧洲战场战斗了大约 4 个月，因战功卓著，成为赫赫有名的部队。

1925 年，麦克阿瑟被提升为少将，他是当时美国陆军中最年轻的将军。1930 年，50 岁的麦克阿瑟出任美国陆军参谋长，成为美国历史上最年轻的参谋长。他所创造的奇迹，更体现在他在第二次世界大战中的杰出表现。

在太平洋战役中，他提出了独特的"蛙跳战术"，即向几个重要目标的国家发动跳跃式进攻，集中兵力，打开一条通向日本东京的道路。当时，美国海军作战部部长欧内斯特·金和太平洋战区司令尼米兹都不同意他的计划。

麦克阿瑟没有顾及自己的处境和上下级的关系，坚持他的"蛙跳战术"，并获得了极大的成功。

二战后，麦克阿瑟对日本的政治、经济进行了大刀阔斧的改革，也取得了成就。

作为美国历史上杰出的五星上将，麦克阿瑟当之无愧是优秀的人物。第二次世界大战中，他出任远东盟军统帅，以过人的胆识、坚强的意志，取得了令世人瞩目的战绩和荣誉。战争中，麦克阿瑟具有叱咤风云、运筹帷幄的韬略，有临危不惧、亲临战场、出生入死的战争经历。在实际工作中，他也有狂妄自大、唯我独尊的一面。他的狂傲自负、恃才傲物使他很难处理好上下级的关系，以致最后断送自己的前途。当他和艾森豪威尔一起竞选美国总统时，应该说凭着他的经历、战绩和他在美国人心目中的形象地位，他应该获胜，但最终人们选择了艾森豪威尔。从这点来看，人们更希望他们的总统是一位稳健的人物，他们放弃了因自负性格而不断引起争议的麦克阿瑟。

【心理点睛】

俗话说“满招损，谦受益”，骄傲自满的人在人生的旅途中很容易因为小小的成功而自我膨胀，一旦自我膨胀，他便会很快迷失方向，而此时，失败也就离他不远了。

骄傲自满是我们前进中的绊脚石，它就像有色眼镜一样，使我们看不到别人的闪光点，自以为是、止步不前。骄傲自大的人会在自己与外界之间树起一道无形的“城墙”，让人与外界产生隔膜，这使人变得狭隘、自私、目中无人，如井底之蛙，看不到更广阔的世界。

骄傲是对自己缺乏信心的表现。自信与自傲，有时只有一线之差。高傲并不是自尊或自信，而是过度的自我意识使然。有一位哲学家说：“一个人若种植信心，他会收获品德。”一个人若种下骄傲的种子，他必收获众叛亲离的果子，甚至带来不可预知的危险。此外，高傲也是脆弱的表现，并且很不幸的，它是自卑的一种常见变相。高傲的人喜欢摆架子，抬高自己，装腔作势。

人因自谦而成长，因自满而堕落。成功固然值得自豪，然而自傲就是自暴，自满就是自弃。如果成功之后，只知自我陶醉，迷失于成果之中停滞不前，那就是为自己的成就画了句号。富兰克林说过：“骄傲是一个人要除掉的恶习。”

成功常在辛苦日，败事多因得意时。切记不要老想着出风头。一个人的成绩都是在他谦虚好学、俯下身子扎实肯干的时候取得的，一旦骄气上升、自满自足，那么他必然会停止前进的脚步。

把烦恼忘记

【哈佛心语】

借着遗忘过去和投入别人的兴趣当中，我忘记了忧虑。

——杰克·德姆西

【故事殿堂】

威廉是个事业有成的中年人。年轻时候的打拼给他的家庭、事业都奠定了坚实的基础，但他总觉生活空虚，感到彷徨而无奈，而且这种状态呈现出日渐严重的趋势，到后来不得不去看医生。医生听完了他的陈诉，说："我开几个处方给你试试！"于是给他开了四帖药放在药袋里，并对他说："你明天9点钟以前独自到海边去，不要带报纸、杂志，不要听广播，到了海边，分别在上午9点、中午12点、下午3点和5点依序各服用一帖药，你的病就可以治愈了。"

威廉对医生所开的药方半信半疑，但第二天他还是依照医生的嘱咐来到海边，一走近海边，尤其在清晨，看到广阔的大海，心情便会随之开朗起来。9点整，他打开第一帖药服用，里面没有药，只写了两个字"聆听"。他真的坐下来听风的声音，慢慢地他仿佛听到自己心跳的节拍与大自然的节奏合在一起。他已经很多年没有如此安静地坐下来聆听了，所以，此时他感觉到整个身心都得到了清洗。

到了中午，他打开第二个处方，上面写着"回忆"两字。他开始从聆听外界的声音转回来，回想起自己童年到少年的无忧无虑，想到青年时期创业的艰辛，想到父母的慈爱、兄弟朋友的友谊等等，生命的力量与热情重新从他的内心燃烧起来。

下午3点，他打开第三帖药，上面写着"检讨你的动机"。他仔细地想起早年创业的时候，是为了服务人群，热诚地工作；等到事业有成了，则只顾赚钱，失去了经营事业的喜悦；为了自身利益，则失去了对别人的关怀。想到这里，他已深有所悟。到了黄昏的时候，他打开最后的处方，上面写着"把烦恼写在沙滩上"。他走到离海最近的沙滩，写下"烦恼"两个字，一波海浪，立即淹没了他的"烦恼"，洗得沙滩上一片平坦。

【心理点睛】

生活节奏的加快常常让人们感到无所适从，忙碌的生活和工作让人不堪重负，然而一旦静下来却又会感到空虚和失落。

虽然精神家园比物质家园重要得多，但是很多人却出于各种原因，不肯对精神家园多费心思。那些类似恐惧、烦恼、焦虑、不安等消极念头一旦成为精神家园的建材，那么它们便可能发霉、腐烂，我们的心灵世界也就岌岌可危了。

所以，为了保持心灵家园的纯洁，我们必须选择勇敢、乐观、积极，并且及时进行“精神扫除”。清扫心灵不像日常生活中扫地那样简单，它充满着心灵的挣扎与痛苦。不过，你可以告诉自己：每天扫一点儿，每次的清扫，并不表示这就是最后一次。而且，没有人规定你必须一次扫完。但你至少要经常清扫，及时丢弃或扫掉拖累你心灵的东西。此外，你还需要学会及时调适自己的心理，给自己一个空间，让自己静一静，在心里留下快乐，忘掉忧伤。

不要和自己过不去

【哈佛心语】

不要预期烦恼，或者为可能永远不会发生的事情担心，要保持快乐。

——富兰克林·罗斯福

【故事殿堂】

哈佛曾有一位年轻人，一天觉得自己好像生病了，就去图书馆借了本医学手册，要看看该怎样治好自己的病。当他读完介绍癌症的内容时，方才明白，自己患癌症已经好几个月了。他当时被吓住了，呆呆地坐了好几分钟。

后来，他想知道自己到底还患有什么病，就依次读完了整本医学手册。这下可明白了，除了没有患得膝盖积水症之外，其他什么病都有！

他去图书馆时，觉得自己是个幸福的人；而当他走出图书馆时，却被自己营造的“心理牢笼”所禁锢，完全变成了全身都有病的老人。

他决心去找医生，一见到医生，他就说：“亲爱的朋友！我不给你讲我有哪些病，只说一下没有什么病。我的命不会长了！我只是没有害膝盖积水症。”

医生给他做了诊断，坐在桌边，在纸上写了些什么就递给了他。他顾不上看处方，就把它塞进口袋里了，立刻去买药。赶到药店，他匆匆把处方递给药剂师，药剂师看了一眼，就退给他说：“这是药店，不是食品店，也不是饭店。”

他很惊奇地看了药剂师一眼，拿回处方一看，原来上面写的是：煎牛排一份，啤酒一瓶，6 小时一次。10 英里路程，每天早上一次。

他照做了，一直健康地活到今天。

这位年轻人幸亏治疗及时，否则一定会被自己营造的“心理牢笼”所囚禁，最后非真得病不可。

【心理点睛】

有些人总是担心自己的身体会出毛病，时间长了，就会真的成为一种心理疾病。人的许多生理疾病都是由心理不健康造成的，所以不要胡乱猜测你的健康。拥有良好的心态是身体安康的先决条件。

失去是另一种获得

【哈佛心语】

愉快的笑声——这是精神健康的可靠标志。

——亨利·詹姆斯

【故事殿堂】

有一位住在深山里的农民，经常感到环境艰险，难以生活，于是便四处寻找致富的好方法。

一天，一位从外地来的商贩给他带来了一样好东西，尽管在阳光下看上去那只是一粒粒不起眼的种子。但据商贩讲，这不是一般的种子，而是一种叫作“苹果”的水果的种子，只要将其种在土壤里，两年以后，就能长成一棵棵苹果树，结出数不清的果实，拿到集市上，可以卖好多钱！

欣喜之余，农民急忙将苹果种子小心收好，但脑海里随即涌现出一个问题。

既然苹果这么值钱、这么好，会不会被别人偷走呢？于是，他特意选择了一块荒僻的山野来种植这种颇为珍贵的果树。

经过近两年的辛苦耕作，浇水施肥，小小的种子终于长成了一棵棵茁壮的果树，并且结出了累累的硕果。

这位农民看在眼里，喜在心中。虽然因为缺乏种子的缘故，果树的数量还比较少，但结出的果实肯定可以让自己过上好一点儿的生活。

他特意选了一个吉祥的日子，准备在这一天摘下成熟的苹果，挑到集市上去卖个好价钱。

当这一天到来时，他非常高兴，一大早，他便出发了。

但当他气喘吁吁爬上山顶时，心里猛然一惊，那一片红灿灿的果实，竟然被外来的飞鸟和野兽们吃了个精光，只剩下满地的果核。

想到自己这几年的辛苦劳作和热切期望，他不禁伤心欲绝，大哭起来。他的财富梦就这样破灭了。在随后的岁月里，他的生活仍然艰苦，只能苦苦支撑下去，一天一天地熬日子。

不知不觉之间，几年的光阴如流水一般逝去。

一天，他偶尔之间又来到了这片山野。当他爬上山顶后，突然愣住了，因为在他面前出现了一大片茂盛的苹果林，树上结满了累累的果实。

这会是谁种的呢？在疑惑不解中，他思索了好一会儿才找到了一个出乎意料的答案。

原来，这一大片苹果林都是他自己种的。

几年前，当那些飞鸟和野兽在吃完苹果后，就将果核吐在了旁边，经过几年的生长，果核里的种子慢慢发芽生长，终于长成了一片更加茂盛的苹果林。

现在，这位农民再也不用为生活发愁了，这一大片林子中的苹果足可以让他过上温饱的生活。

只不过，他转念一想，如果当年不是那些飞鸟和野兽吃掉了这一小片苹果树上的苹果，今天肯定没有这样一大片苹果林了。

【心理点睛】

生活中，一扇门如果关上了，必定有另一扇门打开。失去了这种东西，必然会在其他地方会得到补偿。关键是，你要有乐观的心态，相信有失必有得。要舍得放弃，要正确对待你的失去，失去才能得到，有时失去也就是另一种获得。

学会治疗忧愁

【哈佛心语】

行动是治疗忧愁唯一的方法。

——刘易斯

【故事殿堂】

12岁的凯莉是一个穷人家的孩子。她们家住在一个又乱又脏的街区，居住在附近的大多也是穷困的人，这里的人对周围脏乱的环境早已经习以为常了。

凯莉的爸爸有时能找到点儿活干，有时为找工作而奔波。他们的屋子多年没有油漆粉刷了，院子里连自来水也没有，街上的住户只好到街角的水栓那儿去提水。街上的景象也很萧条：没有人行道，没有路灯，街道一头的铁路线给这儿增添了更多的嘈杂声和尘土。

春天来了，别的街上去学校读书的小姑娘们都穿上了漂亮的新衣裳。但是，凯莉仍然穿着那件她已穿了整整一冬的脏罩衫。别人猜测，也许她只有这一身衣服可以穿。

凯莉的老师见此，深深地叹了口气，心想：多好的小姑娘啊！凯莉学习很用功，她懂礼貌，见了人总是笑眯眯的。可惜，她的脸从来也不洗，还有一头蓬乱的头发。

一天，老师对凯莉说："明天你来上学以前，请你为我洗洗你自己的脸，好吗？"老师看得出，她是个漂亮的小姑娘。

第二天，凯莉洗干净了脸，还把头发梳得整整齐齐。放学时，老师又对她说："好孩子，让妈妈帮你洗洗衣服吧。"

可是，凯莉还是每天穿着那身脏衣服来上学。

"难道是她的妈妈不喜欢她？"老师内心猜测着。于是，老师买了一套美丽的蓝色连衫裙送给了凯莉。

凯莉接过老师送给她的这个礼物，又惊又喜，飞快地向家里跑去。

第二天，凯莉穿着那套美丽的衣服来上学了，显得既干净又整齐，兴高采烈地对老师说："我妈妈看我穿上这身新衣服，嘴巴都张大了。爸爸出门去找工作了。"

凯莉的爸爸看到穿着新衣衫的女儿时，他不禁暗暗说："真没想到，我的女儿竟这么漂亮！"当全家人坐下吃饭时，他又吃了一惊：桌子上铺了桌布！以前，家里的饭桌上从来没用过桌布。他不禁问："这是为什么？"

"我们要整洁起来了。"他的妻子说，"又脏又乱的屋子与我们这个干净漂亮的小宝贝太不相称了。”

晚饭后，凯莉的妈妈就开始擦洗地板，爸爸站在一旁看了会儿，不声不响地拿起工具，到后院修理院子的栅栏去了。第二天晚上，全家人开始在院子里开辟一个小花园。

第二个星期，邻居开始关心地看着凯莉家的变化。接着，他们也开始油漆自己那十多年未曾动过的房屋了。

这两家人的活动引起了更多人的注意，于是，有人向政府、教会和学校呼吁：应该帮助这条没有人行道、没有自来水的街上的居民，他们的境况这样糟，可是他们仍然在尽力创造一个美好的环境。

几个月后，又脏又乱的街道简直焕然一新了。修了人行道，安上了路灯，院里接上了自来水。

凯莉穿上她的新衣服的6个月后，凯莉家所住的街区已经是住着友好的、可敬的人们的整洁街道了。这个变化作为奇迹被人们越传越远。

当老师送给一个小女孩一套蓝色的新衣裳时，怎么可能料到会出现这种奇迹呢？

【心理点睛】

凯莉的故事告诉我们，一个人要改善自己的心态和处境并不困难。只要积极改善自我，迈出自我改善的第一步，接下来的情况就会变得越来越顺利。

抑郁的林肯

【哈佛心语】

世界上最奇怪的事情是，小小的烦恼，只要一开头，就会渐渐地变成比原来厉害无数倍的烦恼。

——马克·吐温

【故事殿堂】

这是一则在哈佛教育学院心理学系无人不知、无人不晓的著名故事。

有一名中年男子在他患抑郁症期间说了一段震撼人心的话：

“现在我成了世界上最可怜的人。如果我个人的感受能平均分配到世界上每个家庭中，那么，世上将不再会有一张笑脸，我不知道自己能否好起来，我现在这样真的很无奈。对我来说，或者死去，或者好起来，别无他路。”

这名中午男子就是亚伯拉罕·林肯，作为美国第 16 任总统，林肯也未能幸免于抑郁症的折磨，并且这种绝望曾经困扰过他很长时间。虽然林肯能够预见自己的未来，知道自己会成为最受世人景仰的总统之一，但这丝毫不能减少他的抑郁。抑郁症是如此之顽固，它甚至可以毫无阻拦地闯入人们的生活，无论这个人拥有怎样的成就、社会地位、教育水平、财富、宗教信仰或文化。任何人都有患上抑郁症的可能性。

抑郁症困扰世人已经有很长一段时间了，早在两千多年前的著作中就曾有人提及抑郁症患者，这些抑郁症患者中有很多是历史名人，包括国家元首、艺术家、作家、神职人员和科学家。当然，还有普通人。然而，幸运的是林肯最终走出了抑郁的状态，否则我们也不会看到后来一位名垂青史的伟大总统了。

【心理点睛】

对于有抑郁心态的人，所有这些怜悯都不能穿透他的那道把自己和世人隔开的墙壁。在这道封闭的墙内，人不仅容易拒绝别人——哪怕是极微小的帮助，而且还会用各种方式来惩罚自己。在这座抑郁的牢狱里，拥有抑郁心态的人同时充当了双重角色：受难的囚犯和残酷的罪人。正是这种特殊的心理屏障——“隔离”，把抑郁感和通常的不愉快感区别了开来。尽管在抑郁的牢狱里你是孤独的，但抑郁也不单纯是孤独感，它还是一种隔离，这种隔离改变了你对周围环境的正常感觉。

抑郁被称为“心灵流感”。作为当代社会的一种普遍情绪，抑郁并没有引起人们足够的重视，而且较长时间的抑郁会让人感到悲观失望、心智丧失、精力衰竭、行动缓慢。患了抑郁症的人长期生活在阴影之中无力自拔，只有积极调整自己的心态，才能走出抑郁的阴霾，重见灿烂的阳光。

思虑过多快乐会少

【哈佛心语】

一个人的思虑过多，就会失去做人的快乐。

——莎士比亚

【故事殿堂】

哈佛大学音乐系的学子们都熟知下面这位巨人的心灵挣扎史，他就是柴可夫斯基。

柴可夫斯基代表着19世纪末的作曲家，他是浪漫主义运动最后阶段的悲观主义者。

彼得·伊里奇·柴可夫斯基是个忧郁症患者和忧郁狂——不论他愿不愿意承认——直到死前几个月，他还未能适应自己的天性。

有人说柴可夫斯基的音乐是痛苦的，而他的这些痛苦与他抑郁、痛苦的生命经历是有密切关系的。童年时的柴可夫斯基就已经表现出了忧郁、敏感、性格内向的特质，据他的家庭教师芳妮回忆说："他极其敏感，所以我必须小心地对待他，一点儿小事也会深深伤他的心。他像瓷器那样脆弱，对于他，根本不存在处罚的问题，对别的孩子来说根本不当回事的批评和责备，也会使他难过半天。"

从青年时代起，他那敏感脆弱的性格就使他深切地感觉到现实社会并不像他所希望的那样。他的怀疑主义和他那宿命论的思想，使他在落日的余晖里孤寂地去寻找对人生的妥协，音乐成了他蜗居斗室进行自我拯救的唯一生存方式。

在柴可夫斯基的一生中，他的生活有种种不如意，种种波折让他忧郁不堪，而忧郁又让他更加走向痛苦。当他面临几次精神崩溃时，都曾想到了自杀。在令人厌烦的社交活动中，忧郁像鬼魂般死死地与他纠缠。这种性格自然会表现在他的音乐创作上。他总能写出一些让人眼泪汪汪的调子和伤感情怀的旋律。这种又酸又苦的忧伤和哀愁，影响了他中后期的许多作品。然而，忧郁症在某种情形之下会转化为与症状完全相反的狂躁症倾向。这种反差极大、两极摆动的精神断裂，间接地造成柴可夫斯基音乐中的许多断裂。很多作品中的一些优美旋律常常被粗暴地打断，接踵而来的往往是跌跌撞撞、迅疾跳跃的不稳定音型。过去的评论家只认为他不善于构造交响的逻辑大厦，只是听凭他的情绪系列的相互交替，而且把这种交替变成性格上的对比。实际上，这并不是音乐结构的问题，而是音乐家的心理程序对作品程序的一种投射；是一种失去自我控制的断裂，而非局部和局部之间技巧性的衔接问题。尤其是在他的晚年作品中，我们分明能感觉到那种渗透在响亮中的空虚，那种紧张中的惶恐，那种狂躁中的沮丧，那种虚假镇定中真正的绝望！

【心理点睛】

忧郁就好像透过一层黑色玻璃看一切事物。无论是考虑你自己，还是考虑世界或未来，任何事物看来都处于同样的阴郁而暗淡的光线之下。柴可夫斯基的忧郁人生和创作让我们不得不回想自己的过去，记忆中充满着一连串的失败、痛苦和亏损，而那些你曾经认为是成就或成功的事情以及你的爱情和友谊，现在看来都一文不值了。你的回忆已经染上了忧郁的色彩。一旦戴上这副黑色的滤光镜，你就再也不能在其他光线下观察任何事物了。

成功的人生应当是快乐的，而快乐的心灵则必定是要健康的，因此甩掉忧郁的纠缠则是我们的共同目标。

重视现在

【哈佛心语】

人的一生最重要的不是期望模糊的未来，而是重视手边清楚的现在。

——威廉·奥斯勒

【故事殿堂】

剑桥郡的世界第一名女性打击乐独奏家伊芙琳·格兰妮说：“从一开始我就决定：一定不要让其他人的观点阻挡我成为音乐家的热情。”

她生长在苏格兰东北部的一个农场，从 8 岁起她就开始学习钢琴。随着年龄的增长，她对音乐的热情与日俱增。但不幸的是，她的听力却在渐渐下降，医生们断定是由于难以康复的神经损伤造成的，而且断定到 12 岁她将彻底耳聋。

尽管如此，她对音乐的热爱却从未停止过。

她的目标是成为打击乐独奏家，虽然当时并没有这类音乐家。为了演奏，她学会了用不同的方法“聆听”其他人演奏的音乐。她只穿着长袜演奏，这样她就能通过她的身体和想象感觉到每个音符的震动，她几乎用她所有的感官来感受着她的整个声音世界。

她决心成为音乐家，而不是耳聋的音乐家，于是她向伦敦著名的皇家音乐学院提出了申请。

因为以前从来没有一个耳聋学生提出过申请，所以一些老师反对接收她入学。但是她的演奏征服了所有老师，她顺利地入了学，并在毕业时获得了学院的最高荣誉奖。

从那以后，她就致力于成为第一位专职的打击乐独奏家，并且为打击乐独奏谱写和改编了很多乐章，因为那时几乎没有专为打击乐而谱写的乐谱。

至今，她作为独奏家已经有十几年的时间了，因为她很早就下了决心，不会仅仅由于医生诊断她完全变聋而放弃追求，因为医生的诊断并不意味着她的热情和信心不会有结果。

【心理点睛】

对生活充满热情的人都拥有积极的心态、积极的精神状态。在人群中，热情是用一种极富感染力的表达方式来表示对别人的支持。拥有热情的人，无论碰到什么事情，都能够以积极的心态去面对、去行动。

热情的源泉来自对生活的热爱和信赖，它可以通过各种方式表现出来。只要我们用积极和宽容的态度对待生活，由衷地欣赏、热爱并赞美我们所见到的每一个人和每一件事，我们周围的人就能体会到我们的热情。

热情的人总是面对朝阳，远离黑暗。因而，他们不仅性格光辉灿烂，而且命运也是充满阳光，即使是在危难之时，他们也总是能转危为安。因为不仅命运之神青睐他们，人们也愿意把友谊奉送给感染自己的人，热情像是真善美的使者，热情的人就像一只吉祥的鸟儿，传递给人间幸运的福音。当代生活中，存在一种惊人的事实，证明了当代生活的错误。哈佛大学医学院的一项调查显示，在美国医院里半数以上的病床都被精神病人占据着，而这些人大多是因为不堪忍受生活的重负而精神崩溃的。可是，如果他们谨奉箴言“不要为明天的事忧虑”，谨记威廉·奥斯勒的话“人只能生存在今天的房间里”，就能成为一个快乐的人，满意地度过一生。总之，不要为明天的事烦恼，明天自有明天的事。只要全力以赴地过好今天就行了。

仁慈的报酬

【哈佛心语】

如果人想自人生中得到任何快乐，就不能只想到自己，而应为他人着想，因为快乐来自你为别人、别人为你。

——德莱塞

【故事殿堂】

一个周末的晚上，松树堡的寡妇正和她5个年幼的儿女围坐在火堆旁。虽然和孩子们说笑着，但她心里却愁云密布。在这个广阔却寒冷的世界里，她没有一个朋友，没有任何人可以依靠。这一年来，她一个人用瘦弱的双手支撑着整个家庭，她感到很累、很孤单。

如今正值寒冬，森林早已披上了洁白的银装，北风吹得松枝哗哗作响，连她的小屋也颤动起来。屋内的火堆上正烤着一条青鱼，这是她们全家仅有的一点儿食物。当她看到孩子们欢笑的脸庞时，心里便充满了无限凄楚和焦虑。是的，她相信上帝一直保佑着她，并了解她的疾苦和贫困，她也知道上帝曾经答应帮助那些孤儿寡母，而上帝绝不会食言，可她现在仍然感到万分的凄苦和无助。

几年之前，上帝带走了她最大的儿子。他离开家庭，到遥远的地方去寻找宝藏，从此便杳无音讯，再没回来过。不久，上帝又派死神带走她的伴侣和依靠——丈夫。但她从来都没有沮丧过。她艰辛地劳动，不仅供养着自己的孩子，还不时地帮助其他穷人。

懒惰的人只要还能够生存，就能忍受着贫穷。而自私的人即使在寒冬中也不会受到考验，因为他的情感不会因此而感到痛苦，心灵也不会因别人而感到悲伤。只要在闹市之中，即便是最无助的人也还怀有希望，因为面对痛苦，仁爱还没有完全收回她同情的双手。

可是松树堡的这位寡妇却丝毫感受不到人类的仁爱，上面所说的一切都不能给予她安慰。她如今只能无奈地弯下身，将最后的食物分给孩子们。这时，一股神奇的激情忽然鼓舞了她，她的脑海中浮现出考珀优美的诗句：

“上帝不会通过简单的感觉便下判断，

我们应该坚信他是仁慈的；

在他眉头紧锁的严肃后面，

是一张仁爱和微笑的脸庞。”

她刚把这最后的食物放在桌上，就听到一阵敲门声和狗叫声。全家的注意力都被吸引了过来，孩子们争先恐后地跑去开门。门口站着一位十分疲倦的旅人，他衣衫褴褛，但十分健康。旅人走进屋，请求留宿一夜，并想要一些吃的。他说：“我一整天滴水未进了。”寡妇听了十分难过，现在她心里关心的不只是自己的事了。她毫不犹豫地把最后一点儿食物分了一份给旅人，并微笑着告诉孩子们：“我们绝不会因为这小小的善举而被遗弃，也绝不会因此陷入更深的困苦之中。”

旅人于是来到桌子旁，当他发现盘中的食物少得可怜时，抬头惊奇地看着这一家人：“天哪，你们就只有这点儿食物吗？”他叫道，“但却仍然把它分给一个陌生人？你们真是太善良了。可是，”他继续问，“你们慷慨地分给我最后一点儿食物，这些可怜的孩子不是就要忍饥挨饿吗？”

“是啊！”寡妇忽然泪流满面，“可我还有一个儿子，如果他还没有被上帝带走的话，现在不知在世界的哪个角落。我如此待你，也祈祷别人能如此待他。上帝的仁爱遍施大地，像他保佑以色列人那样，他同样会保佑我们。就是此刻，我的儿子可能也在四处流浪，和你一样疲惫饥饿，我只希望他能被一户人家所收留，即使这户人家和我们一样的贫困。因此我又怎能背叛上帝，不真诚地收留你呢？”

寡妇刚说完话，旅人便激动地跑过去抱住了她。“上帝果真使你的儿子被一个善良的家庭所收留，并且赐予了他财富，使他能感谢真诚收留他的人：我的妈妈！哦，亲爱的妈妈！”原来旅人正是寡妇多年未见的大儿子，他刚从印度归来。为了给家人一个惊奇，他隐藏了自己的身份。当然，这是一份最令人感动、也最令人快乐的惊喜。

【心理点睛】

故事中的女主人给我们上了一堂人生哲理课，她向我们展现了人性中的善和美，使得我们感悟到：善行必有善报。

人活着应该有助于人，真诚待人，只有这样，才能得到别人的帮助和尊敬，才能感到真正的快乐。一位哲学家一次问他的学生们：“世界上最可爱的东西是什么？”学生听了，便争先恐后地站起来回答。最后一个学生回答道：“世界上最可爱的东西是善。”那位哲学家说：“的确，你所说的‘善’这个字中包含了他们所有的答案。因为善良的人，对于自己，他能够自安自足；对于别人，他则是个良好的伴侣、可亲的朋友。”

善良、诚恳、坦率、慷慨都是人类宝贵的财富，这种财富要比拥有千万的家产有价值得多。而且有这种财富的人，即使没有一分钱的资本，也照样能做出伟大的事业来。如果一个人能够大彻大悟，尽力去为他人服务，他的生命将来也必定会有惊人的发展。人生的美德没有再比和气、善良来得更宝贵了。

给别人以帮助和鼓励，自己不但不会有损失，反而会有所收获。通常，一个人给别人的帮助和鼓励越多，从别人那儿得到的收获也就越多。而那种吝啬的人，对他人不表同情、不予赞助，无异会使自己陷于孤独无助的境地。有时说几句鼓励的话，就可以造就许多的成功者，也就大大地有利于世界。

世界上到处有着给那些爱人者、助人者建立的纪念碑，如果这纪念碑不是用大理石或古铜建成的，而是建立在他人的心中，尤其是被受助者和被感动者的心中，那么给人留下的感悟、感动会更多更深。如此说来，善良能给予人们莫大的收获。

冲破心理的牢笼

【哈佛心语】

紧张是一种习惯，放松也是一种习惯。

——戴尔·卡耐基

【故事殿堂】

一个人在他二十多岁时被人陷害，在牢房里待了10年。后来冤案告破，他终于走出了监狱。出狱后，他开始了几年如一日的反复控诉、咒骂："我真不幸，在最年轻有为的时候遭受冤屈，在监狱里度过本应最美好的一段时光。那样的监狱简直不是人居住的地方，狭窄得连转身都困难。唯一的细小窗口里几乎看不到阳光，冬天寒冷难忍，夏天蚊虫叮咬……真不明白，上帝为什么不惩罚那个陷害我的家伙，即使将他千刀万剐，也难以解我心头之恨啊！"

75岁那年，在贫病交加中，他终于卧床不起。弥留之际，牧师来到他的床边："可怜的孩子，去天堂之前，忏悔你在人世间的一切罪恶吧……"

牧师的话音刚落，病床上的他声嘶力竭地叫喊起来："我没有什么需要忏悔，我需要的是诅咒，诅咒那些施予我不幸命运的人……"

牧师问："您因受冤屈在监狱待了多少年？离开监狱后又生活了多少年？"他恶狠狠地将答案告诉了牧师。

牧师长叹了一口气："可怜的人，您真是世上最不幸的人，对您的不幸，我真的感到万分同情和悲痛！他人囚禁了您区区10年，而当您走出监牢本应获取永久自由的时候，您却用心底的仇恨、抱怨、诅咒囚禁了自己整整50年！"

【心理点睛】

很多时候，一个人没有获得成功，原因往往很简单，那就是他们陷入了自己编织的"心理牢笼"之中不能自拔。

如果你渴望成功，那么在任何时候，你都不要被自己编织的"心理牢笼"困住。

分享喜悦

【哈佛心语】

不应嫉妒天才人物，就像不应嫉妒太阳一样。

——尤·邦达列夫

【故事殿堂】

19世纪初，肖邦从波兰流亡到巴黎。当时匈牙利钢琴家李斯特已蜚声乐坛，而肖邦还只是个默默无闻的小人物。然而李斯特对肖邦的才华却深表赞赏。怎样才能使肖邦在观众面前赢得声誉呢？李斯特想了一个妙法：那时在演奏钢琴时，往往要把剧场的灯熄灭，一片黑暗，以便使观众能够聚精会神地听演奏。李斯特坐在钢琴面前，当灯一灭，就悄悄地让肖邦过来代替他演奏。观众被美妙的钢琴演奏征服了。演奏完毕，灯亮了。人们既为出了这位钢琴演奏的新星而高兴，又对李斯特推荐新秀深表钦佩。

法国作家拉罗什富科曾说："生来就具有某些伟大品质的人的最可靠标志是生来就没有嫉妒。"每一个埋头专注于自己事业的人，是没有工夫去嫉妒别人的，而凡是好嫉妒的人常常不能把精力集中到自己的生活和工作中，而是投入一些与自己的生活和工作无关紧要的小事中。比如，这个人的生活作风，这个人的学识，这个人的穿衣戴帽，甚至这个人脸上的几颗雀斑、头上的一根白发，一旦这些方面被人发现了，那些发现的人便会为此而兴奋不已，并且会故作大惊小怪地议论纷纷：哈哈，原来他也不过如此呀！原来他……嫉妒的人在对别人的不断打击中寻找乐趣，以求内心平衡，而他们自己的生活却因此而搞得一团糟。正如古希腊哲学家德谟克利特所说："嫉妒的人常自寻烦恼，这是他自己的敌人。"与其说是别人的成功妨碍了他，倒不如说是他自己的关注点发生了偏离，自愿从生活轨道上滑落而自毁前程。

罗素在谈到嫉妒时曾说："嫉妒尽管是一种罪恶，它的作用尽管可怕，但并非完全是一个恶魔。它的一部分是一种英雄式的痛苦的表现，人们在黑夜里盲目地摸索，也许走向一个更好的归宿，也许只是走向死亡与毁灭。要摆脱这种绝望，寻找康庄大道，文明人必须像他已经扩展了他的大脑一样，扩展他的心胸。他必须学会超越自我，在超越自我的过程中，学得像宇宙万物那样逍遥自在。"

【心理点睛】

嫉妒是来自地狱的一块嗞嗞作响的灼煤，它像一条蛆虫一样蛀蚀和毁害着他人和自己。

芸芸众生中，总有一些人虽然技不如人，却对别人的成绩嗤之以鼻，"妒人之能，幸人之失”，从而上演了一场场丑陋的嫉妒闹剧。在现实生活中，因为别人评上了比自己高的职称而指桑骂槐，因为某人得到领导的厚爱而愤愤不平，因为别人的生活条件比自己好而郁郁寡欢的大有人在，这给本已不太平静的生活平添了几多烦恼和些许纷扰。

每个人都是凡人，遇到事情时难免会产生嫉妒，但是杰出的人往往能用理性去抑制嫉妒，在难免产生嫉妒的时候，用它去刺激自己努力，而不是阻挠对方努力。但是那些被嫉妒之火燃烧而迷乱理智的人，往往会被内心这种疯狂的激情消耗掉，使他人和自己两败俱伤。

深谋远虑

【哈佛心语】

人生如下棋，深谋远虑者获胜。

——巴克斯顿

【故事殿堂】

哈佛国际事务学教授安东尼·塞奇常常谈起这个真实的故事，用以警惕人们远离贪婪。1856 年，俄亥俄州的亚历山大商场发生了一起盗窃案，共失窃 8 只金表，损失 16 万美元，在当时，这是一个相当庞大的数目。

就在案子尚未侦破的时候，纽约商人罗森到此地批货，随身携带了 4 万美元现金。当他到达下榻的酒店后，先办理了贵重物品的保存手续，接着将钱存进了酒店的保险柜中，随即出门去吃早餐。

在咖啡厅里，他听见邻桌的人在谈论前阵子发生的金表盗窃案，因为是当时的新闻，所以这个商人并没有太在意。

中午吃饭时，他又听见邻桌的人谈及此事，他们还说有人用 1 万美元买了两只金表，转手后净赚 3 万美元，其他人纷纷投以羡慕的眼光说：“如果让我遇上，不知道该有多好！”

然而，罗森听到后，却怀疑地想：“哪有这么好的事？”

到了晚餐时间，金表的话题居然再次在他耳边响起，等到他吃完饭，回到房间后，忽然接到一个神秘的电话：“你对金表有兴趣吗？老实跟你说，我知道你是做大买卖的商人，这些金表在本地并不好脱手，如果你有兴趣，我们可以商量看看，品质方面，你可以到附近的珠宝店做一下鉴定，如何？”

罗森听到后，不禁怦然心动，他想这笔生意可获取的利润比一般生意要优厚许多，所以他便答应与对方会面详谈，结果以 4 万美元买下了传说中被盗的 8 只金表中的 3 只。

但是第二天，他拿起金表仔细观看后，却觉得有些不对劲，于是他将金表带到熟人那里鉴定，没想到鉴定的结果是，这些金表居然都是假货，全部加起来只值2000元而已。直到这帮骗子落网后，商人才明白，从他进酒店那一刻起，这伙骗子就盯上了他，而他一整天听到的金表话题也是他们故意设计的。歹徒的计划原本是，如果第一天罗森没有上当，接下来，他们还会通过许多花样诱骗他，直到他掏出钱为止。

因为贪私而迷失方向的人比比皆是，因为贪图而丧失天良的人也随处可见。贪欲不仅可怕，也是导致许多人失败的原因。

【心理点睛】

的确，人的私心、贪婪常使人跌倒，重重地跌在自己恶念的祸害里。

事实上，我们拥有的并不少，而仅仅因为欲望太多就感到不满足，甚至憎恨别人拥有的或期望比别人拥有更多，以致心里产生忧愁、愤怒和不平衡。欲望太多，就会导致心理贫穷！

可是，总是有一批又一批人前赴后继地使自己去追赶欲望的战车，纵然气喘吁吁也不得歇脚。不断膨胀的物欲、工作、责任、人际交往、金钱几乎占据了现代人全部的空间和时间，许多人每天忙着应付这些事情，几乎连吃饭、喝水、睡觉的时间都没有。

人不能没有欲望，没有欲望就没有前进的动力；但人也不能有贪欲，因为贪欲是无底洞，你永远也填不满它，贪欲只会给你带来无穷无尽的烦恼和麻烦。

在当代社会，如何控制好自己心中的欲望，不仅关系到我们将要走的每一段人生，更关系到我们每日的心情。生命属于个人，每个人都有权设计自己的生活和人生道路。所有的心愿只要符合法律和道德的要求，都应该受到尊重。

但是我们必须明白：在生命的过程中，一切物质及肉体都是不可靠的奴仆，想让自己的人生得以升华，就必须放下这些本性之外的东西，去追求生活本身的淳朴，这样才能活得惬意、活得洒脱。诚如托尔斯泰所说的那样——欲望越少，人生就越幸福。同理，我们也可以说欲望越多，就越容易致祸。一个追求简单而又善于放松自己的懒人常常能拥有充实的人生。一个人如果追求复杂而奢侈的生活，那么苦难便没有尽头，贪欲无度就会烦恼不断，毫无快乐可言。古往今来，多少人欲壑难填，多少人被贪婪打败。所以，生活中我们一定要减轻欲望，懂得舍弃，只有这样才能从贪婪中解脱，从而获得心里安宁。

带着自己的态度

【哈佛心语】

即使开始时怀有敌意的人，只要抱着真心和诚意去接触，就一定能换来好意。

——池田大作

【故事殿堂】

一位老人每天都要坐在路边的椅子上，向开车经过镇上的人打招呼。有一天，他的孙女在他身旁陪他聊天。这时有一位游客模样的陌生人在路边四处打听，看样子想找个地方住下来。

陌生人从老人身边走过，问道：“请问大爷，住在这座城镇还不错吧？”

老人慢慢转过来回答：“你原来住的城镇怎么样？”

陌生人说：“在我原来住的地方，人人都很喜欢批评别人。邻居之间常说别人的闲话，总之那地方住得很不舒服。我真高兴能够离开，那不是个令人愉快的地方。”摇椅上的老人对陌生人说：“那我得告诉你，其实这里也差不多。”

过了一会儿，一辆载着一家人的大车在老人旁边的加油站停下来，准备加油。车子慢慢转进加油站，停在老先生和他孙女坐的地方。

这时，父亲从车上走下来，向老人说道：“住在这个城镇不错吧？”老人没有回答，又问道："你原来住的地方怎样？"父亲看着老人说："我原来住的城镇每个人都很亲切，人人都愿帮助邻居。无论去哪里，总会有人跟你打招呼，说谢谢。我真舍不得离开。"老人看着这位父亲，脸上露出和蔼的微笑说："其实这里也差不多。"

车子重新启动了。那位父亲向老人说了声谢谢之后驱车离开。等到那家人走远，孙女抬头不解地问老人："爷爷，为什么你告诉第一个人这里很可怕，却告诉第二个人这里很好呢？"老人慈祥地看着孙女说："不管你搬到哪里，你都会不自觉地带着自己的态度，其实，那个地方可怕或可爱，全在于你自己！"

【心理点睛】

在日常交际中，我们对待别人的态度直接影响别人对我们的态度。当你抱怨自己周围人际冷漠，觉得处处有人与自己作对时，不妨反省一下自己平时的态度和行为，看看问题是不是出在自己身上。

一切都会过去

【哈佛心语】

忧愁、顾虑和悲观，可以使人得病；积极、愉快、坚强的意志和乐观的情绪，可以战胜疾病，也可以使人强壮和长寿。

——巴甫洛夫

【故事殿堂】

斯蒂文·凯尔曼是一位理性与睿智的教授，他在哈佛大学担任肯尼迪政治学院的教授，同时还任过克林顿政府采购计划中心主任一职。他最喜欢讲一个古希腊国王的故事。

古希腊有一位国王，拥有至高无上的权势、享用不尽的荣华富贵，但他过得并不快乐。他可以主宰自己的臣民，却难以操控自己的情绪，种种莫名其妙的焦虑和忧郁时不时地会让他感到闷闷不乐、寝食难安。

于是，他召来了当时最负盛名的智者苏菲，要求他找出一句人间最有哲理的箴言，而且这句浓缩了人生智慧的话必须有一语惊心之效，能让人胜不骄、败不馁，得意而不忘形、失意而不伤神，无论遇到什么情况，都能始终保持一颗平常心。苏菲答应了国王，条件是国王将佩戴的那枚戒指交给他。几天后，苏菲将戒指还给了国王，并再三劝告他："不到万不得已，别轻易取出戒指上镶嵌的宝石；否则，它就不灵验了。"

没过多久，邻国大举入侵，国王率部拼死抵抗，但最终整个城邦沦陷于敌手。于是，国王四处亡命。

有一天，为逃避敌兵的搜捕，他藏在河边的茅草丛中，当他掬水解渴，猛然看到自己的倒影时，不禁伤心欲绝——谁能相信如今这个蓬头垢面、衣衫褴褛的人就是那个曾经气宇轩昂、威风凛凛的国王呢？

就在他双手掩面欲投河轻生之际，他想到了戒指。他急切地抠下了上面的宝石，只见宝石里侧镌刻着一句话——这也会过去！

顿时，国王的心头重新燃起希望的火花。从此，他忍辱负重、卧薪尝胆，重招旧部，东山再起，最终赶走了外敌，赢回了王国。

而当他再次返回王宫后，所做的第一件事便是将"这也会过去"这句五字箴言，镌刻在象征王位的宝座上。

后来，他被誉为最有智慧的国王而名垂青史。据说，在临终之际，他特意留下遗嘱：死后，双手空空地露出灵柩之外，以此向世人昭示那句五字箴言。

【心理点睛】

普希金说，一切都是暂时的，转瞬即逝……因此，当身处顺境时，要学会惜福与感恩；身处逆境时，要学会坚忍和等待，要相信逆境只是暂时的。告诉自己：这也会过去，一切都将会过去。

幸福的味道

【哈佛心语】

不懂知足、感恩的人是永远不会得到快乐的。

——林肯

【故事殿堂】

从前，有一个人他生前善良且热心助人，所以死后升上天堂，做了天使。他做了天使之后，仍时常到凡间去帮助人，希望感受到幸福的味道。

一天，他遇见一个农夫，农夫的样子看起来非常苦恼，他向天使诉说：“我家的水牛病死了，没有它帮忙犁田，我怎能下田作业呢？”

于是天使赐他一头健壮的水牛，农夫很高兴，天使在他身上感受到了幸福的味道。

又一天，他遇见一个男人，男人显得非常沮丧，他向天使诉说：“我的钱被骗光了，没有盘缠回乡。”

于是天使给他银两做路费，男人很高兴，天使在他身上感受到了幸福的味道。

又一天，他遇见一个诗人，诗人年轻、英俊、有才华且富有，妻子貌美而温柔，但他却过得不快活。

天使问他：“你不快乐吗？我能帮你吗？”

诗人对天使说：“我什么都有，但只欠一样东西，你能够给我吗？”

天使回答说：“可以。你要什么，我都可以给你。”

诗人两眼直直地看着天使说：“我要的是幸福。”

这下把天使难倒了，天使想了想，说：“我明白了。”

然后把诗人所拥有的都拿走了。

天使拿走诗人的才华，毁去他的容貌，夺去他的财产和他妻子的性命。

天使做完这些事后便离去了。

一个月后，天使再回到诗人身边的时候，诗人饿得半死，衣衫褴褛地躺在地上挣扎。

于是，天使把他的一切都还给了他。然后，又离去了。

半个月后，天使再去看诗人。

这次，诗人搂着妻子，不停地向天使道谢。

因为，他得到幸福了。

【心理点睛】

幸福是什么？一千个人就会有一千种答案。幸福本没有绝对的定义，在梭罗看来，也许淳朴的生活就是幸福，在林肯总统看来幸福也许是国家的安定团结……你的幸福就是你此刻拥有的一切，人应当懂得感恩和知足。

快乐的法则

【哈佛心语】

我主张快乐。快乐生健康，健康生快乐；乐观会使人进步，会使事业成功。忧患生疾病，疾病生忧患。

——威廉 · 詹姆斯

【故事殿堂】

她已经 92 岁高龄了，身材娇小但仪态自若，并略带几分矜持。她每天早晨都在 8 点钟前穿戴完毕，头发做成时髦的样式，面部的妆容也十分精致完美，而实际上她已经双目失明。今天，她要被送进养老院。她 70 岁的丈夫前不久去世了，现在她不得不住进养老院。

在养老院的大厅等候了数小时，当有人告诉她，她的房间已准备就绪时，她脸上露出了甜甜的笑容。她转动步行器进入电梯，护士对她那小小的房间进行了一番描述，包括挂在窗户上镶有小圆孔的窗帘。

“我真喜欢！”她说道，流露出的热情简直和一个 8 岁的孩子得到一只新的小狗一样。

“琼斯夫人，您还没有看到房间……”

“这和看不看没有什么关系，”她回答，“快乐是你事先决定好的。我喜欢不喜欢我的房间并不取决于家具是怎样安排的，而在于我怎样安排我的想法。我已经决定喜欢它……”

“这是我每天早晨醒来后做的决定：我可以选择接受变化，并且在种种变化中寻找最佳；我还可以选择担忧那些可能永远不会发生的‘假如’。我可以整天躺在床上，琢磨我身体哪些部分不灵了，给我带来这样或那样的困难；我也可以从床上起来，对我身体还有许多部位能工作心怀感激。每一天都是一份礼物，只要我睁开眼睛，我就决定不去总想那些已经‘发生在我身上’的事情，而是专注于我已使之发生的事情，我有 5 条简单易行的快乐法则：(1) 心中不存憎恨。(2) 脑中不存担忧。(3) 生活简单。(4) 多点儿给予。(5) 少点儿期盼。”

【心理点睛】

多么睿智的老人，从不给自己“找不快乐”，这要求她的胸襟多么宽广、豁达。每个人都有自己的想法，怎么想是由自己决定的。同样，每个人都有自己的快乐，想不想快乐也是由自己决定的。自己的想法由自己来安排，自己的快乐也由自己来安排，这样才能拥有快乐的生活。

心里装着别人

【哈佛心语】

没有善良——一个人给予另一个人的真正发自肺腑的温暖，就不可能有精神的美。

——苏霍姆林斯基

【故事殿堂】

“今天，我一定要断然拒绝他们的要求。”出门之前，卡尔森太太在心里对自己说道。

天下着很大的雨，到处都是水。卡尔森太太之所以冒雨出门，是为了把眼前这件事尽快处理完。

卡尔森太太平时以乐善好施而出名。她经常捐东西给那些遭到天灾人祸的人，或买很多衣料送给本市的贫民。可是，这次的事情跟往常相比，性质大不相同，使她无法像平时那样爽口答应。虽然是为了贫苦无依的孤儿们着想，但要她捐出祖传的土地来建造孤儿院，她实在无法同意。她对世世代代传下来的那片土地有着深厚的感情，何况她年事已高，此后生活的主要收入来源就靠那块土地了。这是跟她此后的生活有直接关系的事情。说得严重一点儿，她若失去这块土地，她的生活马上就会受到影响。

“不管对方如何恳求，也不能起一丁点儿同情心，否则……”想着，想着，卡尔森太太的脚步就越来越快了。

雨越来越大，风也吹得越来越起劲了。过了没多久，她便到了目的地，推开大门，走了进去。由于下雨，走廊上到处都湿湿的。她在门口想寻找拖鞋来穿上。

“请进！”这时候，随着一个甜美的声音，女办事员玛丽笑容可掬地站在了卡尔森太太面前。玛丽看到地板上没有拖鞋了，立刻毫不犹豫地脱下自己的拖鞋给卡尔森太太穿。

“真抱歉，所有拖鞋都被别人穿走了。”玛丽小姐诚恳地说道。

卡尔森太太看到玛丽小姐的袜子踏在地板上，刹那间就湿了。

卡尔森太太被玛丽小姐的举动感动了。在这一瞬间，卡尔森太太明白了施予的真正含义。她想："平时，我被大家称为慈善家，可是，我做的慈善行为到底是什么？我捐出来的，全是自己不再使用的旧东西，或者是捐出一些多余的零用钱罢了。而真正的施予应该像这位小姐一样，拿出对自己来说最重要的东西，那才有莫大的价值呀！"

突然，卡尔森太太心中有了180度的大转变——她决心捐出那块祖传的土地给这个慈善机构，为可怜的孩子们建立设备完善的孤儿院。

卡尔森太太对办事员玛丽说："好温暖的拖鞋。"

玛丽脸红了，不好意思地说："对不起，我一直穿着，所以……"

卡尔森太太连忙打断她的话："不，不，我没有怪你的意思，我是说，你的心令人感到温暖，也让我明白了许多！"

卡尔森太太向她投以亲切的微笑，然后，朝着募捐办公室疾步走去……

【心理点睛】

真正的爱心和施予，需要付出真情与真心，要真诚地关怀别人。只有心里时刻装着别人的人，才能给别人以最贴心的帮助。

学会付出

【哈佛心语】

越成功的人，为别人付出的东西也越多，给别人太阳，自己也会得到阳光。

——戴尔 · 卡耐基

【故事殿堂】

有一个人在沙漠中旅行，不慎迷失了方向。

两天后，难以忍受的干渴几乎摧毁了他的生存意志。沙漠就像一座极大的火炉要蒸干他的血液。绝望中的他却意外地发现了一幢废弃的小屋。他拼尽了最后的气力，才拖着疲惫不堪的身子爬进堆满枯木的小屋。他定睛一看，枯木中隐藏着一架抽水机，他立刻兴奋起来，拨开枯木，上前抽水。但抽了好长时间，也没能抽出半滴水来。

绝望再次袭上心头，他颓然坐地，却看见抽水机旁有个小瓶子，瓶口用软木塞堵着，瓶上贴了一张泛黄的纸条。上面写着：你必须用水灌入抽水机之后才能抽水！不要忘了，在你离开前，请再将瓶子里的水装满！

他拔开瓶塞，看着那瓶救命的水，早已干渴的内心立刻爆发了一场生死决战：我只要将瓶里的水喝掉，虽然能不能活着走出沙漠还很难说，但起码能活着走出这间屋子！倘若把瓶中这些救命的水倒入抽水机内，或许能得到更多的水；但万一抽不上水，我恐怕连这间小屋也走不出去了……

最后，他把整瓶水全部灌入那架破旧不堪的抽水机，接着用颤抖的双手开始抽水……结果，水真的涌了出来！他痛痛快快地大喝一顿，然后把瓶子装满，用软木塞封好，又在那泛黄的纸条后面写上：相信我，真的有用。

几天后，他终于穿过沙漠，来到绿洲。每当回忆起这段生死历程的时候，他总要告诫后人：在取得之前，要先学会付出。

【心理点睛】

在渴望得到别人的关怀时，首先要先学会付出。当你尝试着主动向身边的人伸出关爱之手时，你也会得到别人更多的关爱。

献出你的爱

【哈佛心语】

我们结交朋友的方法，是给他以好处。当我们真的给他人以恩惠时，我们不是因为得失而这样做，乃是由于我们慷慨而这样做，并不后悔。

——伯利克

【故事殿堂】

在英国有位孤独的老人，无儿无女，又体弱多病，他决定搬到养老院去。老人宣布出售他漂亮的住宅。因为这是一所有名的住宅，所以购买者闻讯蜂拥而至。住宅的底价是8万英镑，但人们很快就将它炒到了10万英镑，而且价钱还在不断攀升。老人深陷在沙发里，目光看起来是那么忧郁。是的，要不是健康状况不好的话，他是不会卖掉这栋陪他度过大半生的住宅的。

一个衣着朴素的青年来到老人面前，弯下腰，低声说："先生，我也想买这栋住宅，可我只有1万英镑。""但是，它的底价就是8万英镑，"老人淡淡地说，"而且现在它已经升到10万英镑了。"青年并不沮丧，他诚恳地说："如果您把住宅卖给我。我保证会让您依旧生活在这里，和我一起喝茶、读报、散步，相信我，我会用整颗心来照顾您！"

老人站起来，挥手示意人们安静下来，说道："朋友们，这栋住宅已经有新主人了，就是这个小伙子。"

青年不可思议地赢得了经济上的胜利，梦想成真。

【心理点睛】

世界上最强大的不是坚船利炮，而是仁慈的爱心。故事中的小伙子拥有善良仁慈的心，因而得到老人的青睐而成为住宅的主人。

在人的一生中，无法避免困难和问题：物质上需要帮助、支持；精神上需要理解、鼓励；兴趣上需要满足、发挥……如果我们能想他人之所想，急他人之所急，及时给他人以物质和精神的帮助和安慰，那么在他心里就会产生巨大的震撼力，而对自己则会减掉许多原来无法扔掉的精神负担。

给予，即是爱；占有、获取，并不是爱的本质。只有心甘情愿的付出、尽心竭力的奉献、不需偿还的给予才是爱。给予的方式并不相同：有条件的，无条件的；有限的，无限的；忘我的，为我的；精神的，物质的；等价的，不等价的；先予后取的，先取后予的。精神的东西，理解与鼓励；物质的东西，互相馈赠。

只要自己先献出一点儿爱，生活就会增添一分光彩。只要人人献出一点儿爱，那么整个社会将会因此而变得更加温馨与幸福！

给予周围人

【哈佛心语】

慈悲不是出于勉强，它像甘露一样从天降下尘世，它不但给幸福于受施的人，也同样给幸福于给予的人。

——莎士比亚

【故事殿堂】

有一天，杰克在海滩上散步，忽然看见远处有一个人在往海里扔什么东西。走近看时，才发现原来是一位当地的土著老人在沙滩上拾起一些海星，然后把它们用力地扔到海里去，并且重复不停地扔。

杰克对老人的做法感到很奇怪，他不解地对老人说："晚上好！老爷爷，我不明白你究竟在干什么。"

老人对杰克说："我在把这些海星送回海里。"

"你把它们送回海里干什么呢？"杰克问道。

老人说："现在正是退潮时候，海滩上的这些海星全是被潮水冲到岸上来的，如果我不把它们送回去，它们自己肯定回不去，到时候这些海星就会因缺氧而死掉的！"

杰克说："噢，我明白了。可是这里的海星成千上万，别说你一个一个拾了，就是数也得数好长时间，你有能力把它们全部送回大海吗？即使你真能做到，试想，这海岸有许多海滩，凭你个人的力量，你又怎能把它们都送回去呢？你这样做收效甚微啊！"

那位老人微笑着，继续拾起另一个海星，一边抛一边说："但最起码我改变了这个海星的命运啊！"

【心理点睛】

一个人的善举往往会改变另一个人甚至更多人的命运。也许只是一件微不足道的小事，却能够为别人带来很大的帮助。因此，不要放弃自己对他人小小的帮助，一个人的爱心就是在这一点一滴的小事中逐渐积累起来的。

爱心通常还意味着付出。一个从不准备为别人付出的人，最终得到的只能是痛苦和孤独。朋友间的幸福快乐更多地存在于慷慨地给予之中，而不是斤斤计较。因为“不行春风，难得秋雨”！不但给予他人，也要善于给予。只要善于给予，那么就会发现自己能够给予别人的东西实在是太多了。为别人奉献自己，牺牲时间，也是一种给予；为别人的幸运和成功而欢呼，也是一种给予；能从别人的立场出发，看事物，容许别人有自己的意见和特色，也是一种给予；谨慎——避免鲁莽的言行，耐心——倾听别人的倾诉，同情——分担别人的悲痛等，这都是一种给予。

生活中我们应该保持仁爱之心，保持对真、善、美的追求。地位、财富固然重要，但真正使人获得永久尊重和帮助的还是那颗善良的心。把你无私的爱献给周围的人——父母、同学、朋友以及那些陌生人，这样不管你有什么梦想，他们也会帮你实现。

尊重他人的选择

【哈佛心语】

不尊重别人感情的人，最终只会引起别人的讨厌和憎恨。

——戴尔·卡耐基

【故事殿堂】

在一次交战中，年轻的亚瑟国王被邻国的士兵抓获。邻国的国王十分欣赏亚瑟的勇敢和才华，没有杀他，并承诺只要亚瑟能回答一个非常难的问题，就还亚瑟以自由。亚瑟有一年的时间来思考这个问题。如果一年的时间还不能给出答案，亚瑟就会被处死。这个问题是：女人真正想要的是什么？

但总比死亡要好得多，亚瑟接受了国王的问题——在一年的最后一天给他答案。

亚瑟回到自己的国家，开始征求答案：公主、妓女、牧师、智者、宫廷小丑，他问了所有人，但没有人可以给他一个满意的答复。人们告诉他去请教一个老女巫，只有她才知道答案。但是人们又警告他，女巫的收费非常高，她昂贵的收费在全国是出了名的。

一年的最后期限快到了，亚瑟别无选择，只好去找女巫。女巫答应回答他的问题，但他必须首先接受她的交换条件：和亚瑟王最高贵的圆桌武士之一——他最亲近的朋友——加温结婚。亚瑟王惊骇极了，看看女巫：驼背，丑陋不堪，只有一颗牙齿，身上发出臭水沟般难闻的气味，而且经常制造出猥亵的声音。他从没有见过如此不和谐的怪物。他拒绝了，他不能强迫他的朋友娶这样的女人而让自己背负沉重的精神包袱。

加温知道这个消息后，对亚瑟说："我同意和女巫结婚，没有比拯救亚瑟王的生命和保存圆桌会议更重要的事了。"于是女巫回答了亚瑟的问题：女人真正想要的是主宰自己的命运。亚瑟便得救了。

来看看加温和女巫的婚礼吧，这又是一场怎样的婚礼呀！亚瑟为此而深感痛苦与自责。然而加温却一如既往地谦和，而女巫却在庆典上表现出她最坏的行为，让所有人都感到厌恶和恶心。

新婚之夜来临了：加温依然坚强地面对可怕的夜晚，走进新房。那是怎样一幅景象在等待着他呀！一位他从没见过的美丽少女半躺在婚床上！加温惊呆了，问她到底是怎么回事。美女回答说，当她是个丑陋的女巫时，加温待她非常好，于是她决定在一天中有一半的时间是美丽的，让加温选择让她在白天呈现可怕的一面，还是夜晚呈现美少女的一面。

那么加温想要她在白天或夜晚的哪一面呢？

多么残酷的问题呀！加温开始思考他的困境：在白天向朋友们展现一个美丽的女人，而在夜晚，在他自己的屋子里，面对一个又老又丑如幽灵般的女巫呢；还是选择白天拥有一个丑陋的女巫妻子，却在晚上与一个美丽的女人共度良宵？

最后，加温没有做出任何选择，只是淡淡地对妻子说："既然女人最想要的是主宰自己的命运，那么就由你自己决定吧。"于是女巫选择白天夜晚都是美丽的。

【心理点睛】

理解与尊重他人正体现了一个人的善良所在。然而，在生活中却有很多人喜欢别人按照自己的意愿去生活，而不管此人愿意与否。事实上，当你在交往中试着替别人考虑，理解并尊重别人的意愿时，你将得到更多。

不要攀比

【哈佛心语】

只有认为自己是幸福的人才能享受到幸福。

——约翰逊

【故事殿堂】

一天，上帝突发奇想："假如让现在世界上的每一位生存者再重新活一次的话，他们会做出怎样的选择呢？"于是，上帝授意给世界众生发一份问卷，让他们填写。当问卷收回后，上帝大吃一惊，请看他们各自的回答：

猫："假如让我再活一次，我要做一只鼠。现在，我偷吃主人一条鱼，会被主人打个半死。可是老鼠呢，可以在厨房里翻箱倒柜，大吃大喝，人们对它却无可奈何。"

鼠："假如让我再活一次，我要做一只猫。吃皇粮，拿官饷，从生到死由主人供养，时不时地还有我们的同类给它送鱼、送虾，很自在。"

猪："假如让我再活一次，我要当一头牛。生活虽然苦点儿，但名声好。我们似乎是傻瓜、懒蛋的象征，连骂人也都要说'蠢猪'。"

牛："假如让我再活一次，我愿做一头猪。我吃进去的是草，挤出来的是奶，干的却是力气活，有谁给我评过功、发过奖呢？做猪多快活，吃罢睡，睡罢吃，长得肥头大耳，生活赛过神仙。"

鹰："假如让我再活一次，我愿做一只鸡，渴了有水，饿了有米，住的有房，还受主人保护。而我们呢，一年四季漂泊在外，风吹雨淋，还要时刻提防冷枪暗箭，活得多累呀！"

鸡："假如让我再活一次，我愿做一只鹰，可以翱翔天空，任意捕兔捉鸡。而我们除了生蛋、报晓外，每天都过得胆战心惊，怕被捉被宰，惶惶不可终日。"

最有意思的是人的答卷。

不少男人的答案一律填写为："假如让我再活一次，我要做一个女人，可以撒娇、可以邀宠、可以当妃子、可以当公主、可以当太太、可以当妻妾……最重要的是可以支配男人，让男人拜倒在自己的石榴裙下。"

不少女人的答卷一律填写为："假如让我再活一次，我一定要做个男人，可以蛮横、可以冒险、可以当皇帝、可以当王子、可以当老爷、可以当父亲……最重要是可以驱使女人。”

上帝看完后，气不打一处来："这些家伙只知道盲目攀比，却不懂得彼此之间都有各自的优缺点，太不知足了。”他把所有答卷撕碎，喝道："一切照旧！”

【心理点睛】

现实生活中，每个人都习惯于拿自己和别人做比较：与邻居比、与朋友比、与亲戚比，甚至与兄弟姐妹爱人比。越比越不平衡，越不平衡越生气，“人比人会气死人”就是这种攀比心理的真实写照。

爱默生，这位毕业于哈佛的伟大作家，告诉人们“生活不是攀比，幸福源自珍惜”这一朴素而深刻的道理。如果你能体会到每个人的生命都有欠缺，你就不会再与他人做无谓的比较了，反而会更加珍惜自己拥有的一切。

考验人性的苹果

【哈佛心语】

友谊的支柱是尊敬与依赖之心，是永不背叛朋友的诚实，以及为了崇高的理想而共同冲破苦难的勇气。

——池田大作

【故事殿堂】

有一天，两位患难与共、形同兄弟的朋友在大沙漠中迷失了方向，面临着死亡。这时，一位老人出现了："我的孩子，前面一棵树上有两个苹果，吃下那个大的，就能抗拒死亡，走出沙漠；而那个小的，只能令你苟延残喘，最终还是会极痛苦地死去。”

两个朋友向前走了一段路，果然发现了一棵树，也发现了树上的两个苹果。可是，他们谁也不去碰那个会给一个人带来生命之光的果子。

夜深了，两个好朋友深情地凝视着对方，他们都相信这是他们的最后一晚。

当太阳从沙漠的一端再次升起的时候，其中一位朋友醒了过来，他发现，另一位不在了，而树上只剩下了一个干干巴巴的小苹果。他失望了，不是因为死亡，而是因为朋友的背叛。他悲愤地吃下了这个苹果，继续向前方走去。

大约走了半个多小时，他看见了倒在地上的朋友，朋友已经停止呼吸了，只见他的手上紧紧握着一个更小的苹果。

【心理点睛】

在无利害观念之外，互相尊敬似乎是友谊的另一要点。

什么是真正的友谊？一个人为了朋友能够舍弃自己的性命，只为把生的希望留给他，这是多么诚挚而稀有的真情。

一位伟大的哲人曾说过："想要我为一个朋友去死，这并不困难。难的是找不到值得我一死的友人。"如果有幸在尘世间寻觅到一份真挚的友谊，真要感慨一句："夫复何求！"最伟大的爱是怎样的？恐怕也不过如此吧。

每天送给自己一个希望

【哈佛心语】

人生的真正快乐，是致力于一个自认为是伟大的目标。

——萧伯纳

【故事殿堂】

有一位医生医术精湛，生活幸福美满。不幸的是，一向身体很健康的他有一天突然被诊断患有癌症。这对他可谓当头一棒。他一度情绪低落，但是他最终不但接受了这一事实，而且心态也为之一变，变得更宽容、更谦和、更懂得珍惜拥有的一切。在勤奋工作之余，他从没有放弃过与病魔搏斗。就这样，他已平安度过了好几个年头。有人惊讶于他的事迹，就问他是什么神奇的力量支撑着他。这位医生笑盈盈地答道：是希望。每天早晨，我都给自己一个希望，希望我能多救治一个病人，希望我的笑容能温暖每个人。这位医生不但医术高明，做人的境界也很高。

【心理点睛】

每天给自己一个希望，就是给自己一个目标，给自己增加一份信心。希望是什么？是引爆生命潜能的导火索，是激发生命激情的催化剂。每天给自己一个希望，我们将活得生机勃勃、激情澎湃，哪里还有时间去叹息、悲哀，将生命浪费在一些无聊的小事上。

每天给自己一个希望，我们就能够满怀勇气地面对生活，而不是将时间花费在无尽的悲哀和苦闷上。生命有限但希望无限，每天给自己一个希望，我们就能够拥有丰富多彩的人生。

坚持自己的意志

【哈佛心语】

思想自由是一个人所能得到的唯一的、最珍贵的自由。

——高尔基

【故事殿堂】

弗兰克是一位犹太裔心理学家，第二次世界大战期间，他被关押在纳粹集中营里受尽了折磨。父母、妻子和兄弟都死于纳粹之手，唯一的亲人是他的妹妹。当时，他本人常常遭受严刑拷打，随时面临死亡的危险。

有一天，他赤身独处囚室时，忽然悟出了一个道理：就客观环境而言，我受制于人，没有任何自由；可是，我的意识是独立的，我可以自由地决定外界刺激对自己的影响程度。弗兰克发现，在外界刺激和自己的反应之间，他完全能够选择如何做出反应的自由与能力。于是，他靠着各种各样的记忆、想象与期盼不断地充实自己的生活和心灵。他学会了心理调控，不断磨炼自己的意志，他的自由心灵早已超越了纳粹的禁锢。

这种精神状态感召了其他囚犯。他协助狱友在苦难中找到了生命的意义，找回了自己的尊严。弗兰克后来这样写道：

“每个人都有自己特殊的工作和使命，他人是无法取代的。生命只有一次，不可重复，实现人生目标的机会也只有一次。然而，最可贵的是，一个人可以自由地选择自己的思想，无论是身陷囹圄还是行将就木，他都能够按照自己的意志自由地决定外界对自己的影响。”

在弗兰克生命中最痛苦、最危难的时刻，在弗兰克精神行将崩溃的临界点，他靠自己的顿悟，靠成功的心理调控，不仅挽救了自己，而且挽救了许多患难与共的生命。

【心理点睛】

无法选择的是境遇，而不是我们的态度。真正的自由取决于你的内心，而不是外部条件。无论处于什么样的环境，你都可以自由地决定外部条件对自己的影响程度。

与过去道别

【哈佛心语】

世上的事情最好是一笑了之，不必用眼泪去冲洗。

——泰戈尔

【故事殿堂】

第二次世界大战期间，一位名叫伊莉莎白·妮可的女士在庆祝盟军在北非获胜的那一天收到了一份电报，她的侄儿——她最爱的人死在了战场上。她无法接受这个事实，她决定放弃工作，远离家乡，把自己永远藏在孤独和眼泪之中。

正当她清理东西准备辞职的时候，忽然发现了一封信，那是她侄儿在她母亲去世时写给她的。信上这样写道：“我知道你会撑过去。我永远不会忘记你曾教导我的：不论在哪里，都要勇敢地面对生活。我永远记着你的微笑，像男子汉那样，能够承受一切的微笑。”她把这封信读了一遍又一遍，似乎侄儿就在身边，用炽热的眼神看着她：“您为什么不照您教导我的去做？”

妮可打消了辞职的念头，一再对自己说：我应该把悲痛藏在微笑下面继续生活，因为事情已经这样了，我没有能力改变它，但有我能力继续生活下去。

【心理点睛】

如果你的过去有太多悲伤、不快，如果你不能做到遗忘，那就掩埋、封存，不要时刻惦念它、触摸它，让它静静地安于心灵一隅。

怀旧是种病

【哈佛心语】

唯一的命运不要想得太复杂，生存是义务，哪怕只有一刹那。

——歌德

【故事殿堂】

一个夏天的下午，在洛杉矶的一家中国餐厅里，奥里森·科尔在等待着，他感到沮丧而消沉。由于他在工作中有几个地方出现错误，使他没有做成一个相当重要的项目。即使在等待一位最珍视的朋友时，他也不能像平时一样感到快乐。

他的朋友终于从街那边走了过来，他是一名了不起的精神病医生，同时也在哈佛医学院做客座教授。医生的诊所就在附近，科尔知道那天他刚刚和最后一名病人谈完话。

“怎么样，年轻人，”医生不加寒暄就说，“什么事让你不痛快？”对他这种洞察心事的本领，科尔早就不意外了，因此他就直截了当地告诉他使自己烦恼的事情。然后，医生说：“来吧，到我的诊所去。我要看看你的反应。”

医生从一个硬纸盒里拿出一卷录音带，塞进录音机里。“在这卷录音带上，”他说，“一共有三个来看我的人所说的话。当然我没有必要说出他们的名字。我要你注意听他们的话，看看你能不能挑出支配这三个案例的共同因素，只有四个字。”他微笑了一下。

在科尔听起来，录音带上这三个声音的共同特点是不快乐。第一个是男人的声音，显示他遭到了生意上的损失或失败。第二个是女人的声音，因为照顾寡母的责任感，以至于一直没能结婚，她心酸地诉说自己错过了很多结婚的机会。第三个是一位母亲，因为她十几岁的儿子和警察有了冲突，而她一直在自责。

在这三个声音中，科尔听到他们一共六次用到四个文字："如果，只要。"

"你一定大感惊奇，"医生说，"你知道我坐在这张椅子上，听到过成千上万用这几个字做开头的内疚的话。他们不停地说，直到我让他们停下来。有的时候我会让他们听刚才你听的录音带，我对他们说：'如果，只要你不再说'如果''只要'，我们或许就能把问题解决掉！"医生伸伸他的腿。"用'如果''只要'这四个字的问题，"他说，"是因为这几个字不能改变既成的事实，却能使我们面朝着错误的方面，向后退而不是向前进，并且只是浪费时间。最后如果你用这几个字成了习惯，那这几个字就很可能变成阻碍你成功的真正的障碍，成为你不再努力的借口。"

"现在就拿你自己的例子来说吧。你的计划没有成功。为什么？因为你犯了一些错误。那又有什么关系，每个人都会犯错误，错误能让我们吸取教训。但是在你告诉我你犯了错误而为这个遗憾、为那个懊悔的时候，你并没有从中学到什么。"

"你怎么知道？"科尔带着一点儿辩护地说。

"因为，"医生说，"你没有脱离过去式，你没有一句话提到未来。从某些方面来说，你十分诚实，你内心里还以此为乐。我们每个人都有一点不太好的毛病，喜欢一再讨论过去的错误。因为不论怎么说，在叙述过去的灾难或挫折的时候，你还是主要角色，你还是整个事情的中心人……"

在医生的开导下，科尔终于意识到，自己沉浸在过去错误的阴影中，还没有真正走出错误，并用积极上进的态度去改变现在的处境。医生告诉科尔，他患上了严重的"怀旧病"，而采用"如果""只要"这类字眼是"怀旧"病的重要特征。

应该说，一个人适当怀旧是正常的，也是必要的，但是一味地沉湎于过去而无法正视现在和将来，就会陷入病态。

【心理点睛】

每个人都应当谨记：昨天就像使用过的支票，明天则像还没有发行的债券，只有今天是可以马上使用的现金。今天是我们正拥有的财富，无度地挥霍和无端地错过，都是对生命的浪费。

世上再也没有什么比今天更真实了。不要回避今天的真实与琐碎，走脚下的路，唱心底的歌，把头顶的阳光编织成五彩的云裳，遮挡雨雪风霜。每一个日子都向人们敞开，让花朵与微笑回归你疲惫的心灵，让欢乐成为今天的中心。如果有荆棘刺破你匆匆的脚底，那也是今天最真实的苦痛。

只有把持今天，才能感知生活的快乐无边。

寄往天堂的信

【哈佛心语】

适度的悲伤是对死者应有的情分，过分的哀戚是摧残生命的仇敌。

——莎士比亚

【故事殿堂】

彼得是个快乐的邮递员，他十分喜爱自己的工作，并且也做得非常好。凡地址不详或字迹不清的死信，经他辨认试投，几乎无不一一救活。彼得每天下班回家，总会把一天内开心的事情讲给妻子听；晚饭后，他会带着妻子和一对儿女到屋外散步。他的生活像一片晴空，没半点儿云影。

可是在一个晴朗的早晨，他的小儿子病了。医生赶到，一筹莫展。第二天，孩子就死了。紧跟着，彼得的心也死了。他此后的生活就像一封地址不详的死信，失却了寄托。他每天早早起床，出门上班，走路像个梦游者。他坐在办公桌前，默默办公，下班回到家，默默吃饭，吃完饭，早早上床。可他的妻子知道，他常常整夜整夜地看天花板。

妻子看在眼里，急在心里，对丈夫百般安慰但总是不见效。

圣诞节近了，周围的欢乐气氛也不能冲淡这一家的悲哀。本来是年初便跟弟弟一起翘首盼望年尾的安，也变得沉默寡言。

一天，彼得坐在屋子里分发一堆信件。他捡起一个用彩色纸做成的信封，只见上边用蓝铅笔写着“寄交天堂奶奶收”几个大字。——真是来无头去无尾！彼得轻轻叹口气，正要顺手丢到一旁，但“寄交天堂”的字样似乎触动了他的心。他拆开信，信上写道：

“亲爱的天堂奶奶：

弟弟死了，爸爸妈妈很难过。妈妈说好人死了到天堂，弟弟跟奶奶在一起。弟弟有玩具吗？弟弟的木马我也不骑了，积木我也不玩了，我藏起来了，怕爸爸看见伤心。爸爸烟也不抽了，话也不说了。我爱听故事，也不要爸爸讲了，让他早点儿睡。有一次，我听见妈妈说：‘只有主能解救他。’奶奶，主在哪里呢？我一定要找他，请他来解救爸爸的痛苦，让爸爸仍旧抽烟斗、讲故事。

安”

这天下班时，街灯已经亮了。彼得快步回家，也没注意自己的影子一会儿在前、一会儿移后，因为他把头抬起来向前看了。他踏上门阶，没有马上推门，而是静静地站在门外，他整理了一下自己的衣服和头发，缓缓地呼出一口气，他要让自己的家人重新看到自己脸上久违的笑容。

【心理点睛】

人有悲欢离合，月有阴晴圆缺。人生难免会遭遇生死离别，但是，我们不能让自己长久地沉湎于悲伤的忧郁之中，而要尽快摆脱忧郁的心理，恢复到正常的生活之中。

这一切都会过去

【哈佛心语】

用特写镜头看生活，生活是个悲剧；但用长镜头看生活，生活则是个喜剧。

——卓别林

【故事殿堂】

有一次，著名演员拉莎·贝诺在坐船时遇到风暴袭击，不幸在甲板上滚落，足部受了重伤。当她被推进手术室面临锯腿的厄运时，突然大声地念起自己演过的一段台词。记者们以为她是为了缓和一下自己的紧张情绪，可她说：“不是的，是为了给医生和护士们打气。你瞧，他们看起来是不是显得太严肃了呢？”

拉莎·贝诺在面对无法抗拒的灾难时，没有怨天尤人，没有抱怨命运不公。

相反，她勇敢地跳出悲伤、焦虑的圈子，重新燃起生活的激情。一句“他们看起来是不是显得太严肃了呢”这样的话，便将她心中的情绪转换器调整到了最佳状态！拉莎手术圆满成功后，她虽然不能再演戏了，但她还能演讲，她那充满生命热情的演讲，使她的戏迷再次为她鼓掌。

【心理点睛】

面对无法改变的不幸和自己无能为力的事，一味地悔恨和抱怨是无济于事的，这时不妨提醒自己忘掉忧伤，因为无论是顺境还是逆境，一切都将过去。

过去不等于未来

【哈佛心语】

我们判断个人的情况，不能只看开头，还应该看到结尾。

——伊索

【故事殿堂】

1920年，美国田纳西州的一个小镇上，有个中国小姑娘出生了，妈妈只给她取了个小名叫“小芳”。由于她是个私生子，人们明显都很歧视她，这种歧视一直伴随她长大。直到小芳13岁那年，镇上来了一位牧师，这位牧师改变了她的人生。

小芳破天荒地第一次鼓起勇气偷偷溜进了教堂，牧师的一番话深深地震撼了她。第一次听过后，就有了第二次、第三次，一直到后来的那一次。小芳听得入迷而忘记了时间，当教堂的钟声响起时，她已经来不及离开了。她被堵在人群后面，低着头慢慢往前移动。

突然，一只手搭在了她的肩上，她惊慌地顺着这只手臂看过去，正是牧师。“你是谁家的孩子？”牧师温和地问道。这句话是她十多年来最害怕听到的，它仿佛一支烧红的烙铁，直刺在小芳的心上。

人们停止了走动，几百双惊愕的眼睛一起注视着小芳，教堂里静得连根针掉在地上都听得见。小芳完全惊呆了，她不知所措，眼里含着泪水。

这个时候，牧师脸上浮起慈祥的笑容，说：“噢——知道了，我知道你是谁家的孩子——是上帝的孩子。”

牧师抚摸着小芳的头说：“这里所有人都和你一样，都是上帝的孩子！过去不等于未来——无论你过去怎么不幸，这都不重要。重要的是你对未来必须充满希望。孩子，人生最重要的不是你从哪里来，而是你要到哪里去。只要你对未来保持希望，你现在就会充满力量。不论你过去怎样，那都已经过去了。只要你调整心态，明确目标，乐观积极地行动，那么成功就会属于你的。”

顿时，教堂里爆发出热烈的掌声——掌声就是理解、是歉意、是承认、是欢迎。压抑心灵的陈年冰封整整13年了，而如今被“博爱”瞬间融化，小芳终于感动得不能自已，眼泪夺眶而出。从此，小芳变了。40岁那年，小芳荣任田纳西州州长。之后，她弃政从商，成为全球赫赫有名的成功人物。67岁时，她出版了自己的回忆录《攀越巅峰》。在书的扉页上，她写下了这样一句话：过去不等于未来！

【心理点睛】

小芳由人人看不起的私生子变为叱咤政商两界的成功人士，是什么让她脱胎换骨，发生了翻天覆地的变化呢？是心态！积极的心态让她能够准确地把握未来，把握自己的命运。无论你的过去是如春花般千娇百媚，还是如秋草般枯败，它们都不是决定你未来的因素。

不要浪费眼泪

【哈佛心语】

不要把新掉的眼泪浪费在昔日的忧伤中。

——欧里底得斯

【故事殿堂】

凯特马上就要结婚了。她为自己设计了一袭美丽的新娘礼服，她到丝绸店买了一些丝绸，那是象牙色绣着金色花朵的缎子。她花了很多时间去缝制这件新嫁衣，她的母亲来参加婚礼的时候，这件衣服差不多快完成了。

她的母亲是个专制的人。她坚持自己的女儿一定要穿纯白色的新娘礼服，而不许有任何花样。丈夫汉斯认为凯特应当为自己辩解，因为毕竟这是她自己的婚礼，她有权利穿她喜欢的礼服。凯特是个坚持己见、从不退缩的人，所以当她表现得毫不在意的时候，反而令丈夫大惑不解了。

后来，汉斯提及这件事情，凯特微笑着对丈夫说："亲爱的，人生中有些事不必太在乎，这只不过是件衣服而已。只要我们从此成为一家人，就算穿上面粉袋举行婚礼，我也十分快乐。"

婚礼的日子终于到了，凯特穿上了纯白色的礼服，那天她给了汉斯一个重要的教训。很不幸的是，他耗费了好几年的光阴才理解这个教训。

后来，当汉斯的女儿朱莉结婚时，他希望她能穿上那件金色的新娘装向凯特致敬。可惜的是，朱莉离家出走了，甚至没告诉他就结婚了。汉斯很生气，他甚至好几个月都不跟朱莉说话。历经很长时间他才恍然大悟，他也不过和凯特的母亲一样头脑顽固不灵——终究，那不过是件衣服而已。

奇怪的是，凯特从未保留她在婚礼当天真正穿的那件白纱礼服。有位朋友需要一件新娘礼服时，凯特就把那件礼服割爱，并且告诉朋友不必还她了。然而，金色的礼服她却小心翼翼地珍藏着。在她心目中，这件金色的礼服才是她的结婚礼服。她偶尔会试穿一下，不过大部分时间都是珍藏在盒子中，搁置在衣橱的最上层。

【心理点睛】

不要为了光鲜的外表而耿耿于怀，为其忧伤大可不必，生活中我们真正需要的是什么？是珍藏于心底的幸福。

关上身后的门

【哈佛心语】

只有一条路可以通往快乐，那就是停止担心超乎我们意志力之外的事。

——艾匹特塔斯

【故事殿堂】

曾任英国首相的劳合·乔治有一个习惯——随手关上身后的门。有一天，乔治和朋友在院子里散步，他们每经过一扇门，乔治总是随手把门关上。“你有必要把这些门关上吗？”朋友很是纳闷。

“哦，当然有这个必要，”乔治微笑着说，“我这一生都在关我身后的门。你知道，这是必须做的事。当你关门时，也将过去的一切留在了后面，不管是美好的成就，还是让人懊恼的失误，然后，你又可以重新开始。”

朋友听后，陷入了沉思。

“我这一生都在关我身后的门！”多么经典的一句话！漫步人生，我们难免会经历一些风吹雨打，心中多少要留下些许心痛的回忆。我们需要总结昨天的失误，但我们不能对过去的失误和不愉快耿耿于怀。伤感也罢，悔恨也罢，都不能改变过去，不能使你更聪明、更完美。如果总是背着沉重的怀旧包袱，为逝去的流年感伤不已，那只会白白耗费眼前的大好时光，也就等于放弃了现在和未来。

【心理点睛】

要想让自己成为开心快乐的人，就要记着随时将懊恼、忧虑、遗憾拒之门外，将以往的痛苦抛诸脑后。这样，你才能充满希望地走向未来。

挖掘潜力

【哈佛心语】

人总是在承受压力的时候，才能显现出自己的潜力。

——戴尔·卡耐基

【故事殿堂】

一位生物学教授曾和他的学生们做过这么一个实验。实验人员用很多铁圈将一个小南瓜整个箍住，以观察南瓜在成长过程中会对这个铁圈产生多大的压力。实验之初他们估计南瓜最多能够承受 500 磅的压力。

等过了一个月之后，实验人员对南瓜承受的压力进行了测试，实验表明南瓜承受了 500 磅的压力；实验到了第二个月时，南瓜已经承受了 1500 磅的压力；到了第三个月南瓜承受的压力已经达到 2000 磅，这时研究人员必须对铁圈进行加固，以免南瓜将铁圈撑开。最后，当南瓜承受了超过5000磅的压力时，瓜皮开始破裂，此时实验无法进行下去了。实验人员于是拆下铁圈，当他们打开南瓜，却发现它已经无法食用，因为南瓜的内瓤充满了一层层坚韧而牢固的植物纤维。

原来南瓜要吸收充足的养分才能突破限制它生长的铁圈。最震撼人心的是它所有的根系都往不同的方向伸展开去，整个瓜园的土壤与资源都被它的根系控制了。南瓜为了自己的生存和发展，已经超出了常规的生长能力，竭尽了所能，而它生长过程中所爆发出来的力量更是让所有实验人员震惊不已。

【心理点睛】

每个人内心承受压力的潜能都是无法估量的。只要你能够勇敢面对压力，注意调节，积极应对，那么再大的压力也不能把你击垮。

卸下你的负担

【哈佛心语】

太多的欲望是人生的锁链。

——列夫·托尔斯泰

【故事殿堂】

有一个流浪汉在看不见尽头的路上长途跋涉，他背着一大袋沉重的沙子，他身上缠着一根装满水的粗管子，两只手分别拿着两块大石头，脖子上用一根旧绳子吊着一块大磨盘，脚腕上系着一条生锈的铁链，铁链上拴着一个大铁球，头上还顶着一个已腐烂发臭的大南瓜。这个流浪汉一步一挪地吃力地走着，每走一步，脚上的铁链就发出哗哗的响声。他呻吟着，他抱怨他的命运如此艰难，他抱怨疲倦在不停地折磨着他。

正当他头顶烈日艰难前行时，迎面走过来一位农夫。农夫问："喂，疲倦的流浪人，为什么你自己不将手里的石头扔掉呢？"

"我真蠢，"流浪汉明白了，"我以前怎么没想到呢？"他扔掉了石头，觉得轻松了许多。

不久，他在路上又遇到一位少年。少年问他："告诉我，疲倦的流浪汉，你为什么不把头上的烂南瓜扔了呢？你为什么要拖着那么重的铁链子呢？"

流浪汉答道："我很高兴你能给我指出来。我没意识到我在做什么事。"他解开脚上的铁链子，把头上的烂南瓜朝着路边摔得稀烂。他又觉得轻松了许多。但当他继续往前走，他又感到了步履的艰难。

后来，有一位老人从田里走来，见到流浪汉十分惊异："啊，我的孩子，你扛了一口袋沙子，可一路上有的是沙子；你带了一根大水管，可你瞧，路旁就有一条清亮的小溪，它已伴随着你走了很长一段路了。"听到这些话，流浪汉又解下了大水管，倒掉了里面已经变了味的水，然后把口袋里的沙子倒进一个洞里。突然他看到了脖子上还挂着磨盘，意识到正是这东西使他不能直起腰来走路。于是他解下磨盘，把它远远地扔进河里。他卸掉了所有负担，在傍晚凉爽的微风中寻找住宿之处。

【心理点睛】

生命之舟需要轻载。生活本身就是一份责任和承担，是绝不轻松的，如果再加上额外的不必要的心理负担，压力就会更大了。因此，我们应当学会放下心理负担的包袱，轻松简单地面对生活。

不要担心小事

【哈佛心语】

生命太短促了，不要再为小事烦恼。

——狄士雷

【故事殿堂】

一个美好的晚上，心情美好的庶务官伊凡·德米特里·切尔维亚科夫坐在剧院第二排座椅上，正拿着望远镜观看轻歌剧《科尔涅维利的钟声》。他看着演出，感到无比幸福。

可是，突然间他的眉头紧皱起来，眼睛直往上翻，呼吸停住了……他放下望远镜，低下头，便"阿嚏"一声。切尔维亚科夫毫不慌张，掏出小手绢擦了擦脸，而且像一位讲礼貌的人那样，举目看看四周，以确定他的喷嚏是否溅着什么人了。但这时，他不由得慌张起来。因为他看到坐在他前面第一排座椅上的一个小老头，正用手套使劲擦他的秃头和脖子，嘴里还在不停地嘟哝着什么。切尔维亚科夫认出这个人正是三品文官布里扎洛夫将军，他在交通部门任职。

“我的喷嚏溅着他了！”切尔维亚科夫心想，“他虽说不是我的上司，是别的部门的，不过这总不妥当。应当向他赔个不是才对。”

切尔维亚科夫咳嗽一声，身子向前探去，凑着将军的耳朵小声说：“务请大人原谅，我的唾沫星子溅着您了……我出于无心……”

“没什么，没什么……”

“看在上帝的分上，请您原谅。要知道我……我不是有意的……”

“哎，请坐下吧！让人听嘛！”

切尔维亚科夫有点儿心慌意乱了，他傻笑了一下，开始继续望着舞台。他看着演出，但已不再像刚才那样感到幸福了。他开始惶惶不安起来。

幕间休息时，他走到布里扎洛夫跟前，在他身边走来走去，终于克制住胆怯心情，嗫嚅道：“我溅着您了，大人……务请宽恕……要知道我……我不是有意的……”

“哎，够了！……我已经忘了，您怎么老提它呢！”将军说完，不耐烦地撇了撇下嘴唇。“他说忘了，可是他那眼神多凶！”切尔维亚科夫暗想，不时怀疑地瞧他一眼。“连话都不想说了。应当向他解释清楚，我完全是无意的……这是自然规律……否则他会认为我故意啐他。他现在不这么想，过后肯定会这么想的！……”

回家后，切尔维亚科夫把自己的失态告诉了妻子。妻子觉得他对所发生的事表现得过于轻率。她先是吓着了，但后来听说布里扎洛夫是“别的部门的”，也就放心了。

“不过你还是去一趟赔礼道歉的好，”她说，“他会认为你在公共场合举止不当！”“说得对呀！刚才我道过歉了，可是他有点儿古怪……一句中听的话也没说。再者也没有时间细谈。”

第二天，切尔维亚科夫穿上新制服，刮了脸，去找布里扎洛夫解释……走进将军的接待室，他看到里面有许多请求接见的人。将军也在其中，他已经开始接见了。询问过几人后，将军抬眼看着切尔维亚科夫。

“昨天在‘阿尔卡吉亚’剧场，倘若大人还记得的话，”庶务官开始报告，“我打了一个喷嚏，无意中溅了……务请您原……”

“什么废话！……天知道怎么回事！”将军扭过脸，对下一名来访者说：“您有什么事？”“他不想说！”切尔维亚科夫脸色煞白，心里想道，“看来他生气了……不行，这事不能就这样放下……我要跟他解释清楚……”

当将军接见完最后一名来访者，正要返回内室时，切尔维亚科夫一步紧跟上去，又开始嗫嚅道：“大人！倘若在下胆敢打搅大人的话，那么可以说，只是出于一种悔过的心情……我不是有意的，务请您谅解，大人！”

将军摆出一副哭丧脸，挥一下手。“您简直在开玩笑，先生！”将军说完，进门后便不见了。“这怎么是开玩笑？”切尔维亚科夫想，“根本不是开玩笑！身为将军，却不明事理！既然这样，我再也不向这个好摆架子的人赔不是了！去他的！我给他写封信，再也不来了！真的，再也不来了！”

切尔维亚科夫这么思量着回到家里。可是最后给将军的信却没有写成。想来想去，怎么也想不出这信该怎么写比较好。只好次日又去向将军本人解释。“我昨天来打搅了大人，”当将军向他抬起疑问的目光，他开始嗫嚅道，“我不是如您讲的是来开玩笑的。我来是向您赔礼道歉，因为我打喷嚏时溅着您了，大人……说到开玩笑，我可从来没有想过。在下胆敢开玩笑吗？倘若我们真开玩笑，那样的话，就丝毫谈不上对大人的敬重了……谈不上……”

“滚出去！！”忽然间，脸色发青、浑身打战的将军大喝一声。

“什么，大人？”切尔维亚科夫小声问道，他吓呆了。

“滚出去！！”将军顿着脚，又喊了一声。

切尔维亚科夫感到肚子里有什么东西被碎了。什么也看不见，什么也听不着，他一步一步退到门口。他来到街上，步履艰难地走着……他懵懵懂懂地回到家里，没脱制服就倒在长沙发上，后来就……死了。

【心理点睛】

很多事情并不像我们想象的那么严重，很多压力也是无中生有，纯属想象。如果你总是疑神疑鬼，放不下心，一件小事也足以搅得你寝食难安。

让不可能死亡

【哈佛心语】

勇气减弱了命运的打击。

——德谟克利特

【故事殿堂】

贝勒夫人是阿肯色州一所乡村中学的文学教师，她性情活泼、和蔼可亲，深受学生爱戴。

有一天，她为学生们上了一堂别开生面的课。她让学生们在纸上写出自己做不到的事。

所有的学生都全神贯注地埋头在纸上写着。一个10岁的女孩，她在纸上写了“我无法完整地背出太长的课文”“我不会骑脚踏车”“我不知道怎样才能让别人喜欢我”等。她已经写完了半张纸，但她却丝毫没有停下来的意思，仍然在认真地写着。每个学生都很认真地在纸上写下了一些句子，述说着他们做不到的事情。贝勒夫人也正忙着在纸上写着她不能做到的事情，像“我不知道如何才能让孩子的家长都来”“我不知道怎样帮助玛丽提高她对数学的兴趣”等。

大约过了10分钟，大部分学生已经写满了一整张纸，有的已经开始写第二张了，“同学们，写完一张纸就行了，不要再写了”。这时，贝勒夫人用她那习惯的语调宣布了这项活动的结束。学生们按照她的指示，把写满了他们认为自己做不到的事情的纸对折好，然后按顺序依次来到老师的讲台前，把纸投进一个空的鞋盒里。

等所有学生的纸都投完以后，贝勒夫人把自己的纸也投了进去。然后，她把盒子盖上，夹在腋下领着学生走出教室，沿着走廊向前走。走着走着，队伍停了下来。贝勒夫人走进杂物室，找了一把铁锹。然后，她一只手拿着鞋盒，另一只手拿着铁锹，带着大家来到运动场最边远的一个角落里，开始挖起坑来。

学生们你一锹我一锹地轮流挖着，10分钟后，一个3英尺深的坑洞就挖好了。他们把盒子放了进去，然后又用泥土把盒子完全覆盖上。这样，每个人的所有“不能做到”的事情都被深深地埋在了这个“墓穴”里，埋在了3英尺深的泥土下面。

这时，贝勒夫人注视着围绕在这块小小的“墓地”周围的31个十多岁的孩子们，神情严肃地说：“孩子们，现在请你们手拉着手，低下头，我们准备默哀。”学生们很快互相拉着手，在“墓地”周围围成了一个圆圈，然后都低下头来静静等待着。“朋友们，今天我很荣幸能够邀请到你们前来参加‘我不能’先生的葬礼。”贝勒夫人庄重地念着悼词，“‘我不能’先生在世的时候，曾经与我们的生命朝夕相处，您影响并改变着我们每个人的生活；有时甚至比任何人对我们的影响都要深刻。您的名字几乎每天都要出现在各种场合。当然，这对于我们来说是非常不幸的。”“现在，我们已经把您安葬在了这里，并且为您立下了墓碑，刻上了墓志铭，希望您能够安息。同时，我们更希望您的兄弟姊妹‘我可以’‘我愿意’，还有‘我立刻就去做’等能够继承您的事业。虽然他们不如您的名气大，没有您的影响力强，但是他们会对我们每一个人，甚至对全世界都将产生更加积极和深远的影响。”“愿‘我不能’先生安息吧，也祝愿我们每个人都能够振奋精神，勇往直前！阿门！”

接下来，贝勒夫人带着学生又回到了教室。大家一起吃着饼干、爆米花，喝着果汁，庆祝他们越过了“我不能”这个心结。作为庆祝的一部分，贝勒夫人还用纸剪成一个墓碑，上面写着“我不能”，中间则写上“安息吧”，下面则写着这天的日期。

贝勒夫人把这个纸墓碑挂在教室里。每当有学生无意说出“我不能……”这句话的时候，她只要指着这个象征死亡的标志，孩子们便会想起“我不能”先生已经死了，进而去想出积极的解决方法。

【心理点睛】

面对生活中的困境，很多人都被“不可能”这三个字囚禁着，不敢正视现实中的困难和挑战，导致自身的潜能不能得到充分的发挥。面对问题，我们不妨试着把自己的“我不能”埋进坟墓，用积极的心态来面对一切，这样很多困难就可以迎刃而解。

没有什么不可以

【哈佛心语】

命运并不存在于一小时的决定中，而是建筑在长时间的努力、考验和默默无闻的工作基础上。

——罗曼·罗兰

【故事殿堂】

1968年，在墨西哥奥运会的百米赛场上，美国选手海恩斯撞线后，激动地看着运动场上的计时牌。当指示器打出9.9秒的字样时，他摊开双手，自言自语地说了一句话。

后来，有一位叫戴维的记者在回放当年的赛场实况时再次看到海恩斯撞线的镜头，这是人类历史上第一次在百米赛道上突破10秒大关。看到自己破纪录的那一瞬，海恩斯一定说了一句不同凡响的话，但这一很明显的新闻点，竟被现场的四百多名记者疏忽了。

因此，戴维决定采访海恩斯，问问他当时到底说了一句什么话。

戴维很快地找到海恩斯，问起当年的情景，海恩斯竟然毫无印象，甚至否认当时说过什么话。

戴维说："你确实说了，有录像带为证。"

海恩斯看完戴维带去的录像带，笑了。他说："难道你没听见吗？我说：'上帝啊，那扇门原来是虚掩的。'"

谜底被揭开后，戴维对海恩斯进行了深入采访。

自从欧文斯创造了10.3秒的成绩后，曾有一位医学家断言，人类的肌肉纤维所承载的运动极限，不会超过每秒10米。

海恩斯说："30年来，这一说法在田径场上非常流行，我也以为这是真理。但是，我想自己至少应该跑出10.1秒的成绩。每天，我以最快的速度跑5公里，我知道百米冠军不是在百米赛道上练出来的。当我在墨西哥奥运会上看到自己9.9秒的纪录后，惊呆了。原来，10秒这个门不是紧锁的，而是虚掩的，就像终点那根横着的绳子一样。"

后来，戴维专门对此撰写了一篇报道，填补了墨西哥奥运会留下的一个空白。不过，人们认为它的意义不仅限于此，海恩斯的那句话为我们留下的启迪更为重要。

【心理点睛】

我们心中唯一的限制，就是我们为自己设置的局限。高度并非无法超越，只是我们无法超越自己思想的限制，没有人束缚我们，只是我们自己束缚了自己。

活出自我

【哈佛心语】

每个人都知道别人在评判自己时会有误差，而没有意识到自己在评判别人时也会出现误差。

——莫洛亚

【故事殿堂】

米勒太太年纪轻轻就已经是有作品出版的作家了，可是仍然举止笨拙，常常感到自卑。她有点儿胖，总是觉得衣服穿在别人身上比较好看。她在赴宴会之前要打扮好几个小时，可是一走进宴会厅就会感到自己一团糟，总觉得人人都在对她评头论足，在心里耻笑她。

一天晚上，米勒太太忐忑不安地去赴一个普通朋友的宴会，在门外碰见另一位年轻女士。

“你也是要进去的吗？”

“大概是吧，”她扮了个鬼脸，“我一直在附近徘徊，想鼓起勇气进去，可是我很害怕。我总是这样子的。”

“为什么？”米勒太太在灯光照映的门阶上看着她，觉得她很好看，比自己好得多。“我也害怕得很。”米勒太太坦言，她们都笑了，不再那么紧张。她们走向前面人声嘈杂、情况不可预知的地方。米勒太太的保护心理油然而生。

“你没事吧？”她悄悄问道。这是她生平第一次心不在自己而在另一个人身上。这对她自己也有帮助，她们开始和别人谈话，米勒太太开始觉得自己是这群人中的一员，不再是局外人。

回家时，米勒太太和她的新朋友谈起各自的感受。

“你觉得怎么样？”

“我觉得比先前好，米勒太太。”

“我也如此，因为我们并不孤独。”

米勒太太想：这句话说得真对！我以前觉得孤立，认为世界其余的人都自信十足，可是如今遇到了一个和我同样自卑的人，之前我让不安全感吞噬了，根本不会去想别的，现在我得到了另一个启示：会不会有很多人看来意兴高昂，谈笑风生，但实际上心中也忐忑不安？

米勒太太想起本地报馆那个态度无礼的编辑来，那个编辑似乎总是对她不冷不热，问他问题，他只草草答复，米勒太太觉得他永远不和自己的目光接触，她总觉得他不喜欢自己。现在，米勒太太怀疑会不会是他怕自己不喜欢他？

第二天去报馆时，米勒太太深吸一口气，对那位编辑说：“你好，安德森先生，见到你真高兴！”

米勒太太微笑抬头。以前，她习惯一面把稿子丢在他桌上，一面低声说道：“我想你不会喜欢它。”这次米勒太太改口道：“我真希望你喜欢这篇稿子，你的工作一定非常吃力。”“的确吃力。”那位编辑叹了口气。米勒太太没有像往常那样匆匆离去，而是坐了下来。他们互相看看。米勒太太发现他不再是那个咄咄逼人的编辑，而是个头发半秃、其貌不扬、头大肩窄的男人。办公桌上摆着他妻儿的照片，米勒太太问起他们，那位编辑露出了微笑，严峻而带点儿悲伤的嘴变得柔和起来。米勒太太感到他们两人都自在多了。

【心理点睛】

一个人应当勇于活出自我，不要因为太在意别人的眼光而使自己生活在痛苦和压抑之中。事实上，当你对于别人对自己不欢迎的看法（多数是我们自己假想的）过于敏感时，当你太在意别人的想法时，你就会为自己的交际带来很多不必要的心理负担。

Chapter 5

第五章

感谢苦难

生命并不像我们想象的那样，总是充满阳光和坦途，也会遇到狂风暴雨和曲折。面对挫折，一定要让自己保持积极乐观的心态，告诉自己，“这没什么大不了的”。从挫折的阴影中走出，它就会成为你迈向成功的新起点。无论在什么样的艰难困苦之中，我们都要保持乐观向上的精神，这样，我们就能战胜来自生活中的种种打击。

卖汉堡包并不会有损于你的尊严。你的祖父母对卖汉堡包有不同的理解，他们称它为“机遇”。

——哈佛学子　比尔·盖茨

自古以来的伟人，大多是抱着不屈不挠的精神，从逆境中挣扎奋斗过来的。

——哈佛学子，美国副总统　戈尔

哈佛精英之海伦·亚当斯·凯勒

海伦·亚当斯·凯勒（Helen Adams Keller，1880 年 6 月 27 日—1968 年 6 月 1 日），是美国一位残障教育家。她生于美国亚拉巴马州，父亲亚瑟是位南方邦联老兵。她在 19 个月大时，因为一次高烧导致失明及失聪。后来借着她的导师——波士顿柏金斯盲人学校师安妮·沙利文（Anne Sullivan）的努力，她学会了说话，并开始和其他人沟通。1898 年，海伦·凯勒考入了哈佛大学附属剑桥女子学校。1900 年秋，再考进哈佛大学的拉德克利夫女子学院。1904 年，海伦·凯勒成功取得文学学士学位。从 1902 年 4 月开始，她又在沙利文老师的帮助下，开始在美国的一家杂志上连载她的自传《我的一生》（又译《我生活的故事》）（*The Story of My Life*）。第二年结集出版后轰动了美国文坛，甚至被誉为 1902 年世界文学上最重要的两大贡献之一。

海伦·凯勒的作品还有：1908 年—1913 年著《我的天地》（又译作《我生活中的世界》）、《石墙之歌》、《冲出黑暗》。1929 年著《我的后半生》（也译作《中流——我以后的生活》）。1953 年美国上映海伦·凯勒生活和工作的纪录片《不可征服的人》。1955 年著《老师：安妮·沙利文·梅西》。

1933 年海伦荣获坦普尔大学荣誉学位。1955 年，她荣获哈佛大学的荣誉学位，成为历史上第一个受此殊荣的妇女。马克·吐温称她和拿破仑是 19 世纪最杰出的两个人物。

从海伦童年时起，每一任美国总统都邀请她到白宫做客，她还被政府称为全美 30 名为国家做出突出贡献的杰出人士之一。1964 年，荣获美国总统亲自颁发的“自由奖”，并被誉为美国的高级公民。1959 年，联合国在全球发起以她的名字命名的“海伦·凯勒”运动，以资助世界各地的聋盲儿童。1960 年，描写她成长经历的剧本《奇迹的创造者》获普利策奖，并被拍成电影。同年，美国海外盲人基金会在海伦 80 岁生日那天，宣布颁发“国际海伦·凯勒奖金”，以奖励那些为盲人公共事业做出杰出贡献的人。

1971 年，国际狮子会的国际理事为了纪念海伦·凯勒不屈不挠的精神，宣布将每年 6 月 1 日定为“海伦·凯勒纪念日”。而在这天，环球的狮子会均会举办与视力相关的服务性活动。

海伦传奇而充满斗志的一生都是对哈佛坚毅精神的精彩演绎。

被克服的困难就是胜利

【哈佛心语】

被克服的困难就是胜利的契机。

——丘吉尔

【故事殿堂】

1995年，法国记者尚多朋克突然心脏病发作，导致四肢瘫痪，而且丧失了说话的能力。被病魔袭击后的尚多朋克躺在医院的病床上，头脑清醒，但是全身所有器官当中，只有左眼还可以活动。

可是，他并没有被病魔打倒，虽然口不能言、手不能写，但他还是决心要把自己在病倒前就开始构思的作品完成并出版。

出版商便派了一个叫门迪宝的笔录员来做他的助手，每天工作6小时，给他的著述做笔录。

尚多朋克只会眨眼，所以就只有通过眨动左眼与门迪宝来进行沟通，逐个字母地向门迪宝背出他的腹稿，然后由门迪宝抄录出来。门迪宝每次都要按顺序把法语的常用字母读出来，让尚多朋克来选择。如果尚多朋克眨一次眼，就说明字母是正确的；如果是眨两次，则表示字母不对。

由于尚多朋克是靠记忆来判断词语的，因此有时就可能出现错误，有时他又要滤去记忆中多余的词语。开始时他和门迪宝并不习惯这样的沟通方式，所以中间也遇到过不少障碍和问题。刚开始合作时，他们两个每天用6小时默录词语，每天只能录1页，后来慢慢增加到3页。

历经几个月的艰辛之后，他们终于完成这部著作。据粗略估计，为了写这本书，尚多朋克共眨了左眼二十多万次。

这本不平凡的书有150页，已经出版，它的名字叫《潜水钟与蝴蝶》。

【心理点睛】

成功是需要很多条件的，比如，健全的体魄、聪明的头脑、坚忍不拔的精神等，但这些条件并不是每个人都具备的。一个成功者，首先就在于他从不苛求条件，而是竭力创造条件——哪怕他只剩下一只眼睛可以眨。

成功如同一枝带刺的玫瑰，只有坚持不懈的坚强之人才能摘取它，也只有他们才配拥有它那甜美的芬芳。

贫苦不是阻碍

【哈佛心语】

真正的自由是能做你应该做的事情，而不是获得你想得到的东西。

——蒙哥马利

【故事殿堂】

1957年，诺贝尔文学奖的获得者阿尔贝·加缪出生在一个贫苦的家庭。在他还不懂事的时候，父亲就在战场上壮烈牺牲了，只剩下母亲与他相依为命。因为家里没有什么积蓄，小加缪和妈妈的生活特别艰难。但是，为了不让儿子在同伴中感到自卑，在小加缪到了上学年龄以后，妈妈还是毫不犹豫地把他送到了学校。可是，懂事的小加缪很快就发现，因为自己上学又增加了学费和其他一些花销，妈妈肩上的担子更重了。妈妈每天都努力地工作，由于经常熬夜，才三十几岁的人，脸上就已经早早地爬满了皱纹。懂事的小加缪看在眼里，疼在心里。

一天晚上，加缪又伏在那盏小煤油灯下复习功课，写完作业之后，他看见妈妈还在忙碌，自己又帮不上忙，就早早地上床睡觉了。半夜里，加缪忽然被一阵咳嗽声惊醒了，睁开眼睛一看，妈妈还没有睡，她正借着微弱的灯光缝补衣服呢。小加缪再也忍不住了，他一骨碌从被子里爬起来："……妈妈，我以后再也不能让你这么辛苦了，你看，我已经长大了，是个小男子汉了，我想出去找点儿活干，减轻一下家里的负担。"

儿子善解人意的话，让妈妈的眼睛湿润了。她把小加缪紧紧地搂在怀里，泪水顺着面颊流了下来。

看见妈妈流下眼泪，小加缪有些不知所措："妈妈，难道我说错了吗？你为什么哭了？"

“好孩子，你没有说错。可是你现在还太小了，妈妈怎么舍得让你去干活呢？你现在需要的是好好学习，只有等你长大了，才能帮助妈妈减轻负担呀。”妈妈抚摩着加缪的头轻轻说。

听了妈妈的话，小加缪认真地点了点头，从那以后，他学习更认真了。但是，无论妈妈怎么努力，他们家的生活还是很困难。读完小学以后，在小加缪的一再央求下，妈妈终于同意了他的要求，让他去做些事情，帮助家里减轻负担，但前提是不能耽误自己的学习。从那以后，小加缪一边读书，一边劳动。一开始，他找到了一份扫大街的工作。对小加缪来说，这份工作无疑是份苦差事。因为他每天不仅需要很早起床，还要拿着几乎跟他一样高的扫帚去扫大街，人小，扫的地方又大，小加缪常常累得满头大汗。

为了给妈妈减轻负担，小加缪努力着坚持下来了。后来，小加缪又到一个饭馆里去洗碗。这个工作和扫大街的工作比起来更辛苦，加缪和几个小伙计每天都拼命干活，还常常不能按时洗完那些堆积得像小山一样高的碗碟。

艰难的生活让加缪经受了磨炼，也养成了他刻苦勤奋的优良品质。后来，他通过自己的不懈努力，考取了大学，并最终获得了诺贝尔文学奖，成为举世瞩目的大文学家。

【心理点睛】

你也许会用完时间，但是你不会用完能力，能力是越用越多的，如同智慧一样。因此，不要躲避任何一次给你提供发挥自己能力的机会，承担责任吧，责任是开启能力的钥匙，唤醒责任之心，你也将最大限度地唤醒你沉睡的潜能。

品格的力量

【哈佛心语】

患难可以试验一个人的品格，非常的境遇方可显出非常的气节。

——莎士比亚

【故事殿堂】

有一位穷困潦倒的年轻人，将身上全部的钱加起来也不足以买一件像样的西服。但他仍全心全意地坚持着自己心中的梦想，他想做演员，当电影明星。

好莱坞当时共有 500 家电影公司，他根据自己提前认真计划好的路线与排列好的名单顺序，带着为自己量身定做的剧本前去拜访。但第一轮拜访下来，500 家电影公司没有一家愿意聘用他。

面对无情的拒绝，他没有灰心，从最后一家被拒绝的电影公司出来之后不久，他就又从第一家开始了他的第二轮拜访与自我推荐。

第二轮拜访也均以失败告终。

第三轮的拜访结果仍与第二轮相同。

但这位年轻人没有放弃，不久之后，又咬咬牙开始了第四轮拜访。当拜访第 350 家电影公司时，这里的老板竟破天荒地答应让他留下剧本先看一看。他欣喜若狂。

几天后，他获得通知，请他前去详细商谈。就在这次商谈中，这家公司决定投资拍摄这部电影，并请他担任自己所写剧本中的男主角。不久这部电影问世了，名叫《洛奇》。

这位年轻人的名字就叫史泰龙，后来他成了红遍全世界的巨星。

【心理点睛】

史泰龙的这段“发迹史”在美国几乎无人不知，在哈佛这所既古老又年轻的校园里更是无人不晓。人们崇敬他对理想的执著，更敬重他能够有屡倒屡起的精神，而这些恰是许多人不具备的心理素质。

不要幻想生活总是圆圆满满，也不要幻想总是能享受所有的春天。人的一生中注定要经历坎坷，品尝苦涩与无奈，经受挫折与失意。在漫漫旅途中，失意并不可怕，受挫也无须忧伤。艰难险阻是人生对你的另一种馈赠，坑坑洼洼也是对你意志的磨砺和考验。落英在晚春凋零，来年又灿烂一片；黄叶在秋风中飘落，春天又焕发出勃勃生机。这何尝不是一种达观，一种洒脱？这种洒脱人生，不是玩世不恭，更不是自暴自弃。洒脱是思想上的轻装，是目光的朝前。有洒脱，人才不会终日郁郁寡欢；有洒脱，人才不会觉着活得太累。只有懂得了这一点，我们才不至于对生活求全责备，才不会在受挫之后彷徨失意。只有懂得了这一点，我们才能挺起脊梁，找到充满希望的起点。

因此，不必为途中的磕磕绊绊耿耿于怀，应放下过重的包袱。“谋事在人，成事在天”，顺其自然地享受征途中的一切，“不以物喜，不以己悲”，要平平实实地处世。

竭尽所能突破困境

【哈佛心语】

假如生活欺骗了你，不要悲伤，也不要气愤！在愁苦的日子里要心平气和，相信吧，快乐的日子会来临。

——普希金

【故事殿堂】

约翰是一个汽车推销商的儿子，是典型的美国孩子。他活泼、健康，热衷于篮球、网球、垒球等运动，在中学里是众所周知的优秀学生。后来约翰应征入伍，在一次军事行动中，他所在的部队被派遣驻守在一个山头。激战中，突然一颗炸弹飞入他们的阵地，眼看即将爆炸，他果断地扑向炸弹，试图将它扔出去。可是炸弹却在这时爆炸了，他被重重地炸倒在地上，当他向后看时，发现自己的右腿、右手全部被炸掉了，左腿变得血肉模糊，也必须截掉了。那一瞬间他想哭，却哭不出来，因为弹片穿过了他的喉咙。人们都以为约翰不能生还，但他却奇迹般地活了下来。

是什么力量使他活了下来的呢？是格言的力量。在生命垂危的时候，他反复诵读贤人先哲的这句格言：“如果你懂得苦难磨炼出坚韧，坚韧孕育出骨气，骨气萌发不懈的希望，那么最终苦难会给你带来幸福。”约翰一次又一次默念着这段话，心中始终保持着不灭的希望。然而，对于一个三截肢（双腿、右臂）的年轻人来说，这个打击实在太大了！在深深的绝望中，他又看到了一句先哲格言：“当你被命运击倒在最底层之后，能再高高跃起就是成功。”

回国后，他从事了政治活动。他先在州议会中工作了两届。然后，他竞选副州长失败。对他来说，这是一次沉重的打击，但他用这样一句格言鼓励自己：“经验不等于经历，经验是一个人经历之后获得的感受。”这指导着他更自觉地去尝试。紧接着，他学会驾驶一辆特制的汽车并跑遍全国，发动了一场支持退伍军人的事业。那一年，总统命他担任全国复员军人委员会负责人，那时他34

岁，是在这个机构中担任此职务最年轻的人。约翰卸任后，回到自己的家乡。1982 年，他被选为州议会部长。1986 年，他再次当选。

今天，约翰已成为亚特兰城的传奇式人物。人们可以经常在篮球场上看到他摇着轮椅打篮球。他经常邀请年轻人与他进行投篮比赛。他曾经用左手一连投进了 18 个空心篮。引用一句格言说："你必须知道，人们是以你自己看待自己的方式来看你的。你自怜，人家则会报以怜悯；你充满自信，人们会待以敬畏；你自暴自弃，多数人就会嗤之以鼻。"一个只剩一只手臂的人能成为议会部长，能被总统赏识并担任一个全国机构的要职，是这些格言给了他力量。同时，他的成功也成了这些格言的有力佐证。

【心理点睛】

英国诗人雪莱说："除了变，一切都不会长久。"有些人宁可在困境中沉沦，也不希冀在改变中挣扎。他们害怕林荫小路后是万丈悬崖，而不敢去采撷那份芳菲；害怕改变是更大痛苦的序言，而不敢走出熟悉的圈子。正如司汤达所言："真正的天才，绝不遵循常人的思想途径。"当众人在困境中负隅抗争时，你是否看到困境外那缕阳光呢？成功也许就是这么简单。

有时成功很简单，跨越那条界限，你就属于成功一族；还未跨越界限的人，无论你和那条界限的距离有多么近，你也只是个失败者。如果你现在身处困境，那就发挥你的全部能量吧，冲破那条界限，你可能就是成功者。成功和失败，往往取决于你能否在一念之间咬紧牙挺过去。

生命并不像我们想象的那样，总是充满了阳光和坦途。当你对生活失望的时候，不妨抬头看看蓝天，感受一下生命的可贵与生活的温暖，或许你就能够找到重新走下去的勇气。

为失去感恩

【哈佛心语】

顺境中的好运，为人们所希冀；逆境中的好运，则给人惊奇。

——培根

【故事殿堂】

在一次激烈的海战中，有一艘船被敌舰击中，沉入海底，全船只有一个人活着漂到孤岛，后来，这个人独自在岛上艰苦地生活着。

他天天站在岸边大摇白旗，想尽一切办法，希望有人来救他，可是一直都没有结果。

有一天，他千辛万苦搭盖的茅屋突然起火了，而且一发不可收拾，把他所有的“家当”都烧光了。

他伤心之余，埋怨上帝：“我唯一的栖身之处，我仅有的一点生活用品，都化为灰烬，上帝啊，你为何使我走上绝路？”

不久，忽然有人驾船来救他，当他问他们怎么知道岛上有人的时候，救他的人说道：“我们起先也不知道，但是看见岛上有火光，所以船长派我们来看看。”

于是他将起初的埋怨变为真切的感激，因为上帝借这把火救了他。

【心理点睛】

学会为失去感恩，因为它常常隐藏着收获和转机。失去并不可怕，可怕的是，我们内心的希望和快乐也因此而失去了。

什么时候都不能没有希望

【哈佛心语】

希望在任何时候都是支撑生命的安全力量。

——莎士比亚

【故事殿堂】

从前，有一位弹奏三弦琴的盲人，渴望在自己的有生之年看看世界，但是遍访名医，都说没有办法。有一天，这位民间艺人碰见一个道士，道士对他说：“我给你一个保证治好眼睛的药方，不过，你得弹断 1000 根弦，方可打开这张方子。在这之前打开是不能生效的。”于是这位琴师带了一位也是双目失明的小徒弟游走四方，尽心尽意地以弹唱为生。一年又一年过去了，在他弹断了第 1000 根弦的时候，这位民间艺人迫不及待地将那张藏在怀里很久的药方拿了出来，请一个看得见的人代他看看上面写着的是什么药材，以便医治他的眼睛。

那个人接过方子来一看，说："这是一张白纸嘛，并没有写一个字。"那位琴师听了，潸然泪下，突然明白了道士那"1000 根弦"背后的意义。就为着这个"希望"，支持他尽情地弹下去，而匆匆 53 年就靠着这个信念支撑着自己活了下来。

这位老盲眼艺人，没有把这故事的真相告诉他的徒儿，他将这张白纸慎重地交给了他那也渴望能够看见光明的弟子，对他说："我这里有一张保证能治好你眼睛的药方，不过，你得弹断 1000 根弦才能打开这张纸。现在你可以去收徒弟了，去吧，去游走四方，尽情地弹唱，直到那 1000 根琴弦断光，就有了答案。"

【心理点睛】

希望可以为我们的心灵带来勇气和力量，无论面临什么样的困境，只要心存希望，就能够战胜厄运，赢得人生。

生活在历练中得到升华

【哈佛心语】

积极的人在每一次忧患中都看到一个机会，而消极的人在每个机会中都看到某种忧患。

——拿破仑·希尔

【故事殿堂】

被誉为"经营之神"的松下幸之助并不是幸运儿，但不幸的生活却促使他成为永远的抗争者。家道中落的松下幸之助从 9 岁起就去大阪做小伙计，父亲的过早去世使得 15 岁的他不得不担负起生活的重担，寄人篱下的生活使他过早地体验到了人生的艰辛。

1910 年，松下幸之助独自来到大阪电灯公司做室内安装电线练习工，一切从头学起。不久，他诚实的品格和上乘的服务赢得了公司的信任。22 岁那年，他晋升为公司最年轻的检察员。就在这时，他遇到了人生中最大的挑战。

松下幸之助发现自己得了家族病，已经有 9 位家人在 30 岁前因为家族病离开了人世，这其中包括他的父亲和哥哥。当时的境况使他不可能按照医生的吩咐去休养，只能边工作边治疗。他没了退路，反而对可能发生的事情有了充分的思想准备，这也使他形成了一套与疾病做斗争的办法：不断调整自己的心态，以平常之心面对疾病，调动机体自身的免疫力、抵抗力与病魔斗争，使自己保持旺盛的精力。这样的过程持续了一年，他的身体也变得结实起来，内心也越来越坚强，这种心态也影响了他的一生。

患病后的松下，希望改良插座得到公司采用的愿望受挫，这使他下决心辞去工作，开始独立经营插座生意。

松下电器公司并不是一个一夜之间成功的公司。创业之初，正逢第一次世界大战，物价飞涨，而松下幸之助手里的所有资金还不到 100 元，他所面临的困难可想而知。公司成立后，最初的产品是插座和灯头，然而当千辛万苦才生产出来的产品却遇到棘手的销售问题时，工厂到了难以为继的地步，员工相继离去，松下幸之助的境况变得很糟糕。

但他把这一切都看成创业的必然经历，他对自己说："再下点儿功夫，总会成功的！已有更接近成功的把握了。"他相信：坚持下去就会成功，这就是对自己最好的报答。功夫不负有心人，生意逐渐有了转机，直到 6 年后拿出第一个像样的产品，也就是自行车前灯时，公司才慢慢走出了困境。

走出困境的松下电器公司面对的并不是一帆风顺的坦途，而是一系列汹涌波涛的挑战。1929 年经济危机席卷全球，日本也未能幸免，松下电器公司销量锐减，库存激增。

日本的战败使得松下幸之助几乎一无所有，剩下的只是到 1949 年时达 10 亿元的巨额债务。为抗议把公司定为财阀，松下幸之助不下 50 次去美军司令部进行交涉，其中的辛苦自不必言。

一次又一次的打击并没有击垮松下幸之助，他以 94 岁的高龄向人们表明，一个人只有从心理上、道德上成长起来时，他才可以长寿。他之所以能够走出遗传病的阴影，安然度过企业经营中的一次次惊涛骇浪，得益于他永葆年轻的心，并能坦然应对生活中各种挫折的打击。松下幸之助说过："你只要有一颗谦虚和开放的心，你就可以在任何时候从任何人身上学到很多东西。无论是逆境或顺境，坦然的处世态度，往往会使人更聪明。"

【心理点睛】

没有经过风雨的禾苗永远不能结出饱满的果实，没有经过折磨的雄鹰永远不能高飞……这就是自然界告诉我们的一个很简单的道理，一切事物如果想变得更强，必须经过历练。人也一样，只有历经历练的人，才能够更快、更好地成长。生活，永远只能在折磨中得到升华。

要记住，在人生的道路上，每次辉煌的背后肯定都有一个凤凰涅槃的故事，世上没有不弯的路，人间没有不谢的花。历练原本就是生命旅途中一道不可或缺的风景。每个人都是在各种各样的历练之中茁壮成长的。

苦难是最好的学校

【哈佛心语】

冬天来了，春天还会远吗？

——雪莱

【故事殿堂】

正当贝多芬精力充沛、充满热情地献身于他所钟爱的音乐事业时，不幸的事情发生了，由于患耳病，贝多芬渐渐失去了听觉。一天，他和朋友到野外散步，朋友们听到从远处传来一阵悠扬的笛声，赞叹道："这笛声多么优美呀！"贝多芬侧耳倾听，可他什么声音也没有听到。他们继续往前走，朋友们又听到牧童清脆的歌声，赞美道："这歌声多么动人！"贝多芬全神贯注地听，仍然什么也没听到。贝多芬这才知道自己的耳朵聋了。

对于音乐家来说，世界上还有什么比耳朵更宝贵的呢！音乐家要用耳朵去辨别音的高、低、强、弱，要用耳朵去欣赏优美的旋律、丰富的和声和多变的节奏，音乐就是声音的艺术！这个打击对年轻的贝多芬来说太突然了。

贝多芬陷入了极大的痛苦之中。他绝望了，甚至想到了自杀，连遗嘱都写好了。但是，经过一番激烈的思想斗争以后，他还是选择坚强地活了下来，因为他热爱生活、热爱音乐。他对别人说："是艺术，只是艺术挽留了我，在我尚未把我的使命完成之前，我不能离开这个世界。"

贝多芬勇敢地向命运展开了挑战，他在给朋友的信中豪迈地写道：

“我要扼住命运的喉咙，它休想使我屈服！”

这句话成为贝多芬一生的座右铭。

贝多芬比以前更加发奋、努力。尽管他的耳病越来越严重，他听不到鸟儿的鸣叫、小溪的歌唱，也听不到雷鸣、风吼，世界上的任何声音他都听不到。但是，他没有灰心，也没有气馁，他坚忍不拔地与命运做顽强的搏斗。贝多芬与命运搏斗的艰苦时期，正是他一生中创作力最旺盛、成就最辉煌的时期。他的大部分成功之作都是耳聋以后创作的。他一生成就最卓著的九部交响乐都是在他患了耳疾、听力渐退的情况下完成的。贝多芬以他惊人的毅力、辉煌的成就掀开了欧洲音乐史上崭新的一页。这个时期他创作的几部具有代表性的交响乐，一直享誉全球。

【心理点睛】

苦难是一笔巨大的财富，苦难缔造了强者健康有力的品格，丰富了强者的斗争经验，锻炼了强者非凡的才干。总之，“苦难是成功之母”。不经风雨，怎么能见彩虹呢？如果你想摘玫瑰，就不要怕被刺扎到！人的一生不可能只有成功的喜悦，而没有遭受挫折的痛苦。一个人如果能在失望与绝望中看到希望，抓住新生，那他就已经有了成功的可能。

见过瀑布的人都知道，美丽的瀑布迈着勇敢的步伐，在悬崖峭壁前毫不退缩，与山崖的碰撞造就了它生命的壮观。苦难，在不屈的人面前会化成一份礼物，这份珍贵的礼物会成为真正滋润你生命的甘泉，让你在人生的任何时刻，都不会轻易被击倒！

冬天总会过去，春天总会来临。我们的人生就像无花果树一样，虽然要遭遇酷寒和严冬，但是只要不轻易放弃，冷静耐心地为自己积蓄力量，就会等到春暖花开的那一天。

自我欣赏的暗示

【哈佛心语】

自我欣赏或自我赞美，其本质是对自我成功的最直接的暗示。

——拿破仑·希尔

【故事殿堂】

在 40 年的教练生涯中，约翰·伍登带领的高中球队和大学球队获胜的概率都在 80% 以上，在全美 12 年的篮球年赛当中，他带领的球队曾替加州大学洛杉矶分校赢得 10 次全国总冠军。如此辉煌的成绩，使伍登成为大家公认的有史以来最称职的篮球教练之一。

曾经有记者问他："伍登教练，请问你是如何保持这种积极心态的？"

伍登很愉快地回答："每天我在睡觉以前，都会提起精神告诉自己：我今天的表现非常好，而且明天的表现会更好。"

"就只有这么简短的一句话吗？"记者感到有些难以置信。

伍登惊讶地问道："简短的一句话？这句话我可是坚持了 20 年！重点和简短与否没关系，关键在于你有没有持续去做，如果无法持之以恒，就算是长篇大论也没有帮助。"

伍登教练不仅在工作中时刻保持积极的心态，在生活中他也是个积极乐观的人。例如有一次他与朋友开车到市中心，面对拥挤的车流，朋友感到不满，继而频频抱怨，但伍登却欣喜地说："这里真是个热闹的城市。"

朋友好奇地问："为什么你的想法总是异于常人？"

伍登回答说："一点都不奇怪，我是用心里所想的事情来看待，不管是悲是喜，我的生活中永远都充满机会，这些机会的出现不会因为我的悲或喜而改变，只要不断地让自己保持积极的心态，我就可以掌握机会，激发更多的潜在力量。"

【心理点睛】

思想家爱默生曾说："人类可以分为两种：一种是属于过去的人，一种是属于将来的人；一种是维持现状者，一种是改变现状者。"维持现状的人满足于现阶段的状态，而努力改变现状的人每分每秒都在为更好的未来做准备。有一句格言："只因准备不足才导致失败。"这句话可以在无数失败者的身上得到印证。改变世界要从提升自我开始，在知识的海洋中，你的智慧只是其中的一粒沙、一滴水，我们拥有的只是一颗进取的心灵，唯有不断地学习，才能安抚住它的躁动。

积极的心态能够催人上进，激发人潜在的力量。时刻鼓励自己，给自己积极的暗示，有助于我们走出困境，保持积极进取的精神。

坚持到最后

【哈佛心语】

最困难之时，就是我们离成功不远之日。

——恺撒

【故事殿堂】

1832 年，林肯失业了，这显然使他很伤心，但他下决心要当政治家，当州议员。糟糕的是，他竞选失败了。在一年里连续遭受两次打击，这对他来说无疑是非常痛苦的。

接着，林肯着手自己开办企业，可一年不到，这家企业又倒闭了。在以后的 17 年间，他不得不为偿还企业倒闭时所欠的债务四处奔波，历尽磨难。

随后，林肯再次决定参加竞选州议员，这次他成功了。他内心萌发了一丝希望，认为自己的生活有了转机："可能我可以成功了！"

1835 年，他订婚了。但离结婚还差几个月的时候，他的未婚妻不幸去世。这对他精神上的打击实在太大了，他心力交瘁，数月卧床不起。1836 年，他得了神经衰弱症。

1838 年，林肯觉得身体状况良好，于是决定竞选州议会议长，可他失败了。1843 年，他又参加竞选美国国会议员，但这次仍然没有成功。

林肯虽然一次次地尝试，却一次次地遭受失败：企业倒闭、未婚妻去世、竞选败北。如果换作你遇到这一切的话，你会不会选择放弃——放弃这些对你来说是重要的事情呢？

林肯没有放弃，他也没有说："要是失败会怎样？"1846 年，他又一次参加竞选美国国会议员，最后终于当选了。

两年任期很快过去了，他决定要争取连任。他认为自己作为国会议员表现是出色的，相信选民会继续选举他。但结果很遗憾，他落选了。

因为这次竞选他赔了一大笔钱，林肯申请当本州的土地官员。但州政府把他的申请退了回来，上面指出："做本州的土地官员要求有卓越的才能和超常的智力，你的申请未能满足这些要求。"

接连又是两次失败。在这种情况下你会坚持继续努力吗？你会不会说"我失败了”。

然而，林肯没有服输。1854 年，他竞选参议员，但失败了；两年后他竞选美国副总统提名，结果被对手击败；又过了两年，他再一次竞选参议员，还是失败了。

林肯尝试了 11 次，可只成功了两次，他一直没放弃自己的追求，他一直在做自己生活的主宰。1860 年，他当选为美国总统。

【心理点睛】

人在面对压力时会激发出巨大的潜能，因此，我们不必因惧怕逆境和挫折而去做温室里的花朵。温室里的花朵固然可以安全舒适地生活，但人生不可能一帆风顺，一旦逆境来临，首先被摧毁的就是失去意志力的温室里的花朵，经常接受磨炼的人却能创造出崭新的天地，这就是所谓的“置之死地而后生”。

因此，一个人要想让自己的人生有所转机，就必须懂得在关键时刻把自己带到人生的悬崖。给自己一个悬崖，其实就是给自己一片蔚蓝的天空。

重要的是你如何看

【哈佛心语】

我们若已接受最坏的，就再也没有什么损失。

——戴尔·卡耐基

【故事殿堂】

如果一个人在 46 岁的时候，因意外事故被烧得不成人形，4 年后又在一次坠机事故后腰部以下全部瘫痪，他会怎么办？再后来，你能想象出他变成了家财万贯的百万富翁、受人爱戴的公共演说家、扬扬得意的新郎官及成功闻名的企业家吗？你能想象他去泛舟、玩跳伞、在政坛角逐一席之地吗？

以上这些，米契尔全都做到了，甚至有过之而无不及。在经历了两次可怕的意外事故后，他的脸因植皮而变成“彩色板”，手指没有了，双腿很细小，无法行动，只能瘫痪在轮椅上。

意外事故把他身上 65% 以上的皮肤都烧坏了，为此他动了 16 次手术。手术后，他无法拿起叉子，无法拨打电话，也无法一个人上厕所，但以前曾是海军陆战队员的米契尔从不认为自己被打败了。他说："我完全可以掌握我自己的人生之船，我可以选择把目前的状况看成倒退或是一个起点。" 6个月之后，他又能开飞机了。

米契尔为自己在科罗拉多州买了一幢维多利亚式的房子，另外也买了其他房产、一架飞机及一家酒吧。后来他和两个朋友合资开了一家公司，专门生产以木材为燃料的炉子，这家公司后来变成佛蒙特州第二大私人公司。坠机意外发生后4年，米契尔所开的飞机在起飞时又摔回跑道，把他胸部的12块脊椎骨全压得粉碎，腰部以下永远瘫痪。"让我感到不解的是，为何这些事总是发生在我身上，我到底是造了什么孽，要遭到这样的报应？"

虽然命运如此悲惨，但米契尔仍不屈不挠，通过昼夜不停的努力使自己能达到最高限度的独立自主，他被选为科罗拉多州孤峰顶镇的镇长，以保护小镇的美景及环境，使之不因矿产的开采而遭受破坏。米契尔后来也竞选国会议员，他用一句"不只是另一张小白脸"的口号，将自己难看的脸转化成有利的资产。

尽管面貌骇人、行动不便，米契尔却坠入爱河，且完成了终身大事，也拿到了公共行政硕士学位，并持续进行着他的飞行活动、环保运动及公共演说。

米契尔说："我瘫痪之前可以做一万件事，现在我只能做9000件，我可以把注意力放在我无法再做好的1000件事上，或是把目光放在我还能做的9000件事上。告诉大家，我的人生曾遭受过两次重大的挫折，如果能选择不把挫折当成放弃努力的借口，那么，或许你们可以用一个新的角度来看待一些一直让你们裹足不前的经历。你可以退一步，想开一点，然后你就有机会说：'或许那也没什么大不了的。'"

【心理点睛】

人生之路，不如意事常八九，一帆风顺者少，曲折坎坷者多，成功是由无数次失败构成的。在追求成功的过程中，我们还须正确面对失败。乐观和自我超越就是能否战胜自卑、走向自信的关键。正如美国通用电气公司创始人沃特所说："通向成功的路，即把你失败的次数增加一倍。"但对人来说，失败毕竟是一种"负性刺激"，总会使人产生不愉快、沮丧、自卑。

面对挫折和失败，唯有乐观积极的持久心，才是正确的选择。其一，采用自我心理调适法，提高心理承受能力；其二，注意审视、完善策略；其三，用"局部成功"来激励自己；其四，做到坚忍不拔，不因挫折而放弃追求。

上帝的计算器

【哈佛心语】

在人生的早期，经历一些失败，有极大的实际好处。

——赫胥黎

【故事殿堂】

小提琴家帕格尼尼就是一位同时接受两种馈赠又善于用苦难的琴弦把音乐演奏到极致的人。

他是一位苦难者。4 岁得过麻疹和强直昏厥症，险些使他丧命。7 岁险些死于猩红热。13 岁患上严重肺炎，不得不进行大量的放射治疗。40 岁牙床突然长满脓疮，只好拔掉大部分牙齿。牙病刚愈，又染上了可怕的眼疾，幼小的儿子成了他的拐杖。50 岁后关节炎、肠道炎、喉结核等多种疾病同时吞噬着他的肌体。后来声带也坏了，靠儿子按口型翻译他的思想。他活到 57 岁时口吐鲜血而亡。关于死后尸体的安放也是屡次更换，先后搬了 8 个地方。

但帕格尼尼似乎觉得这还不够深重，由于个人的主观因素，又给生活设置了各种障碍和旋涡。他长期把自己囚禁起来，每天练琴 10 ～ 12 个小时，忘记饥饿和死亡。13 岁起，他就周游各地，过着流浪生活。除了儿子和小提琴之外，他几乎没有固定的家和其他亲人。

他也是一位天才。3 岁学琴，12 岁就举办首场音乐会，并一举成功，轰动舆论界。之后他的琴声遍及法、意、奥、德、美、捷等国。他的演奏使帕尔玛首席提琴家罗拉感到非常惊异，以至于听到帕格尼尼的琴声从病榻上跳下来，木然而立，无颜收他为徒。他的琴声使罗马观众欣喜若狂，宣布他为共和国首席小提琴家。在意大利巡回演出所产生的神奇效果，以至于人们到处传说他的琴弦是用情妇的肠子制作的，魔鬼又暗授妖术，所以他的琴声才会魔力无穷。歌德评价他“在琴弦上展现了火一样的灵魂”。李斯特大喊：“天啊，在这四根琴弦中包含着多少苦难、痛苦和受到残害的生灵啊！”

【心理点睛】

人们不禁要问：是苦难成就了天才，还是天才特别热爱苦难？

这个问题一时难以解答清楚。但弥尔顿、贝多芬和帕格尼尼西方文艺史上的这三大怪杰，居然一个成了瞎子、一个成了聋子、一个成了哑巴！或许，这正是上帝用他的搭配论早已计算好了的。

不可临时抱佛脚

【哈佛心语】

平时的学习与经验，是我们在危险关头时最有力的支持者。

——林肯

【故事殿堂】

巴顿将军在美国民众心中的地位非常之高，在哈佛大学，他也同样受到学子们的追捧。

1942 年，第二次世界大战正进行得如火如荼，随着战争形势的发展，战场即将转移至北非。

这时，巴顿将军意识到自己的部队早已习惯了欧洲舒适宜人的环境，一下子移师到天气酷热的北非，那里恶劣的气候将成为士兵们的头号大敌。

所以，巴顿将军就模拟北非的环境，建造了一个类似沙漠地区的训练中心，让士兵们每天在 48℃的高温下在沙漠里跑上一英里，且规定每个士兵每天只能用一壶水。

士兵们如同从天堂掉进了地狱，叫苦连天，但是巴顿将军却丝毫不肯松懈，他以身作则，陪着士兵们一起接受种种艰苦的训练，并鼓励士兵们说 :“平时多流一点汗，打仗时就可以少流一点血。”

不久，盟军总部下达了开战的命令，巴顿将军率领着部队进入北非沙漠，先前的训练这次全派上了用场，部队很快就适应了沙漠里的酷热难耐，丝毫不受环境的影响，并且一举打败德军，在北非沙漠里屡建奇功，终于凯旋。

【心理点睛】

我们知道，老鹰在练习飞翔时总是顺风而飞，但是一旦遇到了危险，转过头来逆风而行时，反而可以飞得更高。

“生于忧患，死于安乐”是一条古训，我们同样见过许多温室里的花朵，当暴风骤雨来临时不堪一击；而在野外生存的花草，不论刮风下雨，却能顺应不同的环境变化，努力生长。同样，平日里就坚韧如野草般的人，在任何困难面前都能够站稳脚跟的。

平时不努力、指望临时抱佛脚的人注定要失望，因为佛不会买你的账，到时你只有“望佛兴叹”的份儿。如巴顿所说的“平时多流汗，战时少流血”，我们只有在日常生活、学习中多吃苦、多锻炼，才能在遇到重大挫折时临危不乱，最终战胜困难。

不放走一秒钟

【哈佛心语】

最值得高度珍惜的莫过于每一天的价值。

——歌德

【故事殿堂】

美国副总统亨利·威尔逊出生在一个贫苦的家庭，当他还在摇篮里牙牙学语的时候，贫穷就已经向他露出了狰狞的面孔。威尔逊10岁的时候就离开了家，在外面当了11年的学徒工，每年只能接受一个月的学校教育。

在经过11年的艰辛工作之后，他终于得到了一头牛和六只绵羊作为报酬。他把它们换成了84美元。他知道钱来之不易，所以绝不浪费，他从来没有在娱乐上花过一美元，每个美分的花销都是经过精心算计的。

在他21岁之前，他已经设法读了1000本好书——这对一个农场里的孩子来说是多么艰巨的任务啊！在离开农场之后，他徒步到100英里之外的马萨诸塞州的内蒂克去学习皮匠手艺。他风尘仆仆地经过了波士顿，在那里他可以看见邦克希尔纪念碑和其他历史名胜。整个旅行他只花费了一美元六美分。

在度过了21岁生日后的第一个月，他就带着一队人马进入了人迹罕至的大森林，在那里采伐圆木。威尔逊每天都是在天际的第一抹曙光出现之前起床，然后就一直辛勤地工作到星星出来为止。在一个月夜以继日的辛劳努力之后，他获得了6美元的报酬。

在这样的困境中，威尔逊下决心不让任何一个发展自我、提升自我的机会溜走。很少有人能像他一样深刻地理解闲暇时光的价值。他像抓住黄金一样紧紧地抓住了零星的时间，不让一分一秒无所作为地从指缝间白白流走。

12 年之后，他在政界脱颖而出，进入了国会，开始了他的政治生涯。

【心理点睛】

当习惯将“没空”“太忙”“事多”等作为借口的时候，我们已距离我们的理想越来越远。

总是有那么一些人，在遇到困难时——即使并没有威尔逊的困难大，也仍会抱怨不断，叹命运的不公，抱怨自己际遇不好。但是，若我们细心、冷静地分析一下：我们是否已为我们的理想尽力了？我们真的抓住生活中的每一段时光、每一个机会了吗？也许这样的答案才更有助于解答我们的困惑。

卓有成就的人就是总比别人多做一点的人，即使身处同样的环境中，他们也总是抓住一切机会接近成功。

长期的工夫

【哈佛心语】

任何具有创造性的灵感，事实上也不能替代长期的工夫。

——罗丹

【故事殿堂】

世界上的雄辩家有很多都是在最初被认为说话笨拙的人，狄里斯就是其中一个。

狄里斯生于公元 382 年，在西欧被称为“历史性的雄辩家”。据说，他的声音很低，而呼吸很短促，口齿不清，别人经常听不懂他在说些什么。

不过，他的知识非常渊博，因此他的想法也相当深奥。他很擅长分析事理，几乎无人能出其右。

当时，在狄里斯的祖国首都雅典，存在很严重的政治纷争。因此，能言善辩的人格外受到重视，一向能先提出时代潮流和趋势的狄里斯，认为自己缺乏说话技巧是很不适宜的。于是他做了一番充分的考虑，并且准备好演讲的内容，从容走上了演讲台。但是，很不幸的是，他失败了。

原因就在于他那发出的低音和肺活量不足，口齿不清，以至于别人无法听清楚他所说的话。但是，狄里斯并不灰心，他反而比过去更加努力，有针对性地训练自己的胆量和意志力。

他每天都跑到海边去，对着浪花拍打的岩石大声喊叫，回家以后，又对着镜子看自己说话时的嘴形，做发音练习，一直持续不辍。狄里斯就这样努力了好几年，直到27岁时，终于再度走上台，向众人演讲。

付出和收获是成正比的，狄更斯付出的辛苦努力总算有了成果。他这次盛大的演讲得到了热烈的喝彩声与鼓掌声，而狄里斯的名气也因此打响了。

【心理点睛】

有谁不希望自己能够取得成功、获得荣誉呢？但是让人遗憾的是总有元帅与士兵的区别。拿破仑说："不想当元帅的士兵，不是好士兵。"但是如何才能让自己当上元帅呢？任何一位功成名就的人都知道，勤奋是通往荣耀之门的必经之路。

一些自诩聪明的人，最后竟然不如"大智若愚"的人取得的成就大。究其原因，有小聪明的人往往会"聪明反被聪明误"，由于仗着自己的"小聪明"便不再努力，于是被那些"不大聪明"的人甩在了身后。

也总有一些眼红他人机遇好的人，但别人的机遇果真全是靠走运得来的吗？恐怕未必。流出多少辛勤的汗水，就能收获多少丰硕的果实。

对自己说"不要紧"

【哈佛心语】

切莫绝望，甚至不要为了你从不绝望这一事实而感到绝望。

——卡夫卡

【故事殿堂】

一天，哈佛一位老教授在爱米莉的班上说："我有句三字箴言要奉送各位，它对你们的学习和生活都会大有帮助，而且可使人心境平和，这三个字就是'不要紧'。"

爱米莉领会到了那句三字箴言中蕴含的智慧，于是便在笔记本上端端正正地写下了“不要紧”三个大字。她决定不让挫折感和失望破坏自己平和的心境。

后来，她的心态遭到了考验。她爱上了英俊潇洒的凯文，他对她特别上心，爱米莉确信他是自己的白马王子。

可是有一天晚上，凯文却温柔婉转地对爱米莉说，他只把她当作普通朋友。爱米莉以他为中心构想的爱情世界瞬间土崩瓦解了。那天夜里爱米莉在卧室里哭泣时，觉得记事本上的“不要紧”看来很荒唐。“要紧得很，”她喃喃地说，“我爱他，没有他，我就不能活。”

但第二天早上爱米莉醒来再看到这三个字时，就开始分析自己的情况：到底有多要紧？凯文很要紧，自己很要紧，我们的快乐也很要紧。但自己会希望和一个不爱自己的人结婚吗？日子一天天过去了，爱米莉发现没有凯文，自己也可以生活。爱米莉觉得自己仍然能快乐，将来肯定会有另一个人进入自己的生活，即使没有，她也仍然能快乐。

几年后，一个更适合爱米莉的人真的出现了。在兴奋地筹备婚礼的时候，她把“不要紧”这三个字抛到九霄云外了。她不再需要这三个字了，她觉得以后将永远快乐，她的生命中不会再有挫折和失望了。

然而，有一天，丈夫和爱米莉却得到了一个坏消息：他们曾经投资做生意的所有积蓄全部赔掉了。

当丈夫把这个坏消息告诉爱米莉的时候，她看到他双手捧着额头。她内心感到一阵凄酸，胃像扭作一团似的很难受。爱米莉又想起那句三字箴言：“不要紧。”她心里想：“真的，这一次可真的是要紧！”

可是就在这时候，小儿子用力敲打他的积木的声音转移了爱米莉的注意力。儿子看见妈妈看着他，就停止了敲击，对她笑着，那笑容真是无价之宝。爱米莉越过他的头，把视线转向窗外。在院子外边，爱米莉看到了生机盎然的花园和晴朗的天空。她觉得自己的胃顿时舒展了很多，心情也逐渐恢复了。于是她对丈夫说：“一切都会好起来的，损失的只是金钱。实在‘不要紧’。”

【心理点睛】

生活中有很多突发的变故会给我们的心灵带来巨大的压力，很多人会因为这些压力变得一蹶不振，甚至会因此失去生活的勇气。事实上，很多问题并不像我们想象的那么严重，面对这些狂风暴雨，如果我们能够尝试着对自己说“不要紧”，时刻保持积极的心态，那么这些人生困难最终都将过去。

积极的力量

【哈佛心语】

不会从失败中找寻教训的人，他们的成功之路是遥远的。

——拿破仑·希尔

【故事殿堂】

美国联合保险公司董事长克里蒙·斯通是美国巨富之一、世界保险业巨子，他的事迹在哈佛 MBA 的课堂上时常被教授们提起。

斯通生于 1902 年，父亲早逝，母亲把他抚养长大。早在斯通十几岁的时候，母亲就把她辛辛苦苦积攒下的一点钱，投到底特律的一家小保险经纪社。这家保险经纪社替底特律的美国伤损保险公司推销意外保险和健康保险。推销员仅一人，那就是斯通的母亲。每推出一份保险，她就会收到一笔佣金——这是她唯一的收入。

斯通 16 岁时，念中学。那个夏天，母亲指导他去推销保险。他走到母亲指给他的那座大楼前，犹豫不决。这时，他默默地念着自己信奉的座右铭："如果你做了，没有损失，还可能有大收获，那就下手去做。马上就做！"

于是，他勇敢地走入大楼，逐门进行推销。结果，只有两个人买了保险；但在了解自己和推销术方面，他收获不小。第二天，他卖出了 4 份保险；第三天，6 份。假期快结束时，他居然创造了一天 10 份的好成绩，后来一天 10 份、20 份。

那时他发觉，他的成功是因为自己具有积极的心态并能积极行动起来。

20 岁时，他在芝加哥开了一家保险经纪社——“联合登记保险公司”，全公司只有他一个人。开业头一天销出 54 份保险。后来，事业一天比一天兴旺。有一天，居然创造了 122 份的纪录。

后来，他在各州招人，在各处扩展他的事业；各州有一名推销总管，领导推销员，他自己则管理各地总管，那时斯通还不到 30 岁。

但那时候，整个美国都笼罩在经济大恐慌之中，大家都没有钱买健康和意外保险，真有钱的又宁愿把钱存下来以防万一。这时，斯通给自己加了几条应付困难的座右铭："销售是否成功，决定于推销员，而不是顾客。如果你以坚定的、乐观的心态面对艰难，你反而能从中找到益处。"结果，他每天成交的份数竟与以前鼎盛时期相同。

1938 年年底，斯通成了百万富翁，而他领导的保险公司也成为美国保险业首屈一指的大企业。

【心理点睛】

积极的心态缔造积极的人生，消极的暗示带来灰色的失败。如果翻阅成功人士的成功史，不难发现，他们之所以能够领先于别人而出人头地，是因为他们都能保持积极的心态，并能积极行动起来。积极的心态加上积极的行动，是取得成功的秘诀。

是谁捆住了你

【哈佛心语】

自由是令人迷惑的：人们占有它的时候，往往不知道有它，直到失去了，没有了，他们才知道它。

——卡尔·桑德堡

【故事殿堂】

有一个年轻人四处奔走，希望能够早日找到摆脱烦恼的秘诀。

有一天，他来到一个山脚下。只见一片绿草丛中，一位牧童骑在牛背上逍遥自在地吹着横笛，笛声悠扬。

年轻人走上前去询问："你看起来很快活，能教给我摆脱烦恼的方法吗？"

牧童说："骑在牛背上，笛子一吹，就什么烦恼都没有了。"

年轻人试了试，根本不起作用。于是，他继续寻找。

年轻人来到一条河边。看见一位老渔翁坐在柳荫下，手持一根钓竿，正在垂钓。他神情怡然，自得其乐。年轻人走上前去鞠了一个躬，说："请问老翁，您能赐我摆脱烦恼的办法吗？”

渔翁看了他一眼，平静地说道：“来吧，孩子，跟我一起钓鱼，保管你没有烦恼。”

年轻人试了试，还是起不了任何作用。

于是，他又继续寻找。

不久，他来到一个山洞里，看见有一个老人独坐在洞中，面带满足的微笑。

年轻人深深鞠了一个躬，向老人说明来意。

老人微笑着摸摸长髯，问道：“这么说你是来寻求解脱的？”

年轻人说：“对对对！恳请前辈不吝赐教。”

老人笑着问：“有谁捆住你了吗？”

“没有……”

“既然没人捆住你，又谈何解脱呢？”

【心理点睛】

世上本无事，庸人自扰之。生活中有很多烦恼都是我们自找的，困扰我们心灵和行动的不是别人，正是我们自己，想寻找快乐和解脱，就要跳出自我的局限。

每个人内心都需要有一间属于自己的恬静的房子，在那里你可以躲避一切的压力和侵扰。一个人想退到更安静、更能免于困扰的地方，莫过于退入自己的灵魂里，让自己沉潜到平静的心绪中。无论从事什么职业，你都要为自己留出一个开阔的心灵空间，保留一份内在的从容和悠闲。

克服猜疑

【哈佛心语】

没有猜疑，就没有那么多忧伤；没有猜疑，就没有那么多悔恨；没有猜疑，就没有那么多无奈。

——弗洛姆

【故事殿堂】

约翰和汉斯是好朋友。有一次他们合伙做卖米的生意。那天晚上他们把米堆在商店外面，第二天早上，米少了许多。约翰记得汉斯半夜起来了好几次，很可能是他把米转移到其他地方想独吞，因此他认为汉斯占了他的便宜，心中大为不悦。汉斯说他没有看见那些米，约翰不相信，两人便吵了起来，成为仇人，发誓不再往来。

第二天，约翰一大早外出做生意，推开门发现门口放着一个陶罐，罐里装着几根骨头。按照风俗这是很不吉利的象征。约翰想，肯定是汉斯在诅咒他，他非常生气地将陶罐扔到花园里就出门了。结果那天他的生意真的很不好，回到家中他给院子里的花松土施肥时，无意中看到了那个破陶罐，就顺便移了几株花栽了进去。

过了几天，约翰的邻居打电话对他说：前一段时间自家的小孩晚上在外面玩，把一个准备泡药的陶罐和一副兽骨药给弄丢了，不知他看见了没有。约翰回家去找陶罐，他惊喜地发现，破陶罐里开满了鲜花。这让他很高兴，没想到用来出气的陶罐竟给他带来了意想不到的欢乐。

他把陶罐和兽骨还给了邻居。邻居给了他几袋米，并解释说：就在他们把米放在外面的那天夜里，淘气的小孩偷偷拿了一些米，现在很抱歉地还给他。

约翰觉得自己错怪了汉斯，他为自己的狭隘心胸感到脸红，觉得自己当初不应该迁怒于汉斯，应该心平气和地听他解释。他决定主动向汉斯道歉，并带上了从陶罐里采摘的鲜花。后来约翰与汉斯重新成为朋友。

【心理点睛】

猜疑心理既伤害了别人，同时也囚禁了自己原本美好和谐的心灵。不了解人、不了解世界、缺乏判断力是造成好猜疑、神经过敏、误会产生的主要原因。因此，要克服猜疑的心理缺陷，就应当走出以自我为中心的心理，去相信别人，也要相信自己。

人生岔道口

【哈佛心语】

真正的自由是能做你应该做的事情，而不是获得你想得到的东西。

——蒙哥马利

【故事殿堂】

有一位黑人青年，从小在一个环境很差的贫民窟中长大，由于缺乏教育和引导，他跟坏孩子学会了逃学、破坏财物和吸毒。他刚满 12 岁时就因抢劫一家商店被逮捕；15 岁时因为企图撬开办公室里的保险箱，再次被逮捕；后来，又因为参与对邻近一家酒吧的武装打劫，他作为成年犯第三次被送入监狱。

一天，监狱里一个年老的无期徒刑犯看到他在打垒球，便对他说："你是有能力的，你有机会做些你自己的事，不要自暴自弃。"

年轻人反复思索老囚犯的这席话，突然意识到虽然他还在监狱里，但他具有一个囚犯能拥有的最大自由：他能够选择出狱之后干什么；他能够选择不再成为恶棍；他能够选择重新做人，做对社会有价值的人。

5 年后，这个年轻人成了明星赛中底特律老虎队的队员。底特律垒球队当时的领队马丁在友谊比赛时访问过监狱，由于他的努力使年轻人获得假释出狱。不到一年，年轻人就成了垒球队的主力队员。

【心理点睛】

在遇到人生的岔道口时，我们更要学会自爱、自重，人生不怕走弯路，就怕误入歧途而不知悔改。

不要做一只章鱼

【哈佛心语】

天下本无事，庸人自扰之。

——古谚

【故事殿堂】

有一位即将步入社会的年轻人对自己未来的生活充满了彷徨和忧虑，有一次他去拜访一位心理医生，向他倾诉了自己长久以来的烦恼：没有考上研究生，不知道自己未来的发展如何；女朋友将去一个人才云集的大公司，很可能会移情别恋……

心理医生让他把烦恼一个个地全部写在纸上，首先判断其是否真实，同时将结果也记在旁边。

经过实际分析，年轻人发现其实真正困扰自己的很少，他看看自己那张困扰记录，不禁说："无病呻吟！"心理医生注视着这一切，微微对他点头。接下来，心理医生启发他说："你曾看过章鱼吧？"年轻人茫然地点点头。

"有一只章鱼，在大海中，本来可以自由自在地游动，寻找食物，欣赏海底世界的景观，享受生命的丰富情趣。但它却找了个珊瑚礁，然后动弹不得，呐喊着说自己已经陷入绝境，你对这件事情如何看待呢？"心理医生通过讲故事的方式引导他思考。他沉默一下说："您是说我像那只章鱼？"年轻人自己接着说："真的很像。"

于是，心理医生提醒他："当你陷入烦恼的习惯性反应时，记住你就好比那只章鱼，要松开你的八只手，让它们自由游动。系住章鱼的是自己的手臂，而不是珊瑚礁的枝丫。"

人心很容易被种种烦恼和物欲所捆绑，那都是自己把自己关进去的，是自投罗网的结果，就像章鱼有点自我约束的感觉。

【心理点睛】

生活中有很多烦恼和压力都是我们自己通过想象力编造出来的，我们的心灵也很容易因此受到困扰和束缚。要摆脱这些困扰心灵的枷锁，我们就要跳出烦恼的圈子，正视烦恼，这样它们就会变得不堪一击。

最对不起的人是自己

【哈佛心语】

从他被投入世界的那一刻起，就要对自己的一切负责。

——萨特

【故事殿堂】

20 世纪 20 年代，美国有一位著名的珠宝大盗名叫贝利。他偷盗的对象都是有钱有地位的上流人士。他还是位艺术品鉴赏家，所以有"绅士大盗"之称。后来，贝利因偷盗被捕，被判刑 18 年。出狱后，全国各地的记者都纷纷前来采访他，其中有位记者问了一个有趣的问题："贝利先生，你曾偷了许多很有钱的人家，我想知道，蒙受损失最大的人是谁？”

贝利不假思索地说：“是我。”

记者们哗然。贝利接着解释说：“以我的才能，我应该能成为成功的商人、华尔街的大亨，或者是对社会很有贡献的一分子；但我不幸选择了做小偷，成了向自己偷盗东西最多的人——各位都知道，我生命中 1/4 的时间是在监狱里消耗掉的。”

同样的事例并不鲜见，有一位造诣很深的画家，他曾经花费了很多精力，以鬼斧神工的技艺，一笔一画地绘制了一张 20 美元的钞票。和贝利一样，他也因触犯法律而被捕了。具有讽刺意味的是，这位画家画一张 20 美元钞票所消耗的时间，跟他画一张可以卖到 500 美元的肖像所需的时间几乎是相同的，但这位天才的画家，却去绘制只值 20 美元的假钞。结果，损失最惨的人不是别人，正是他自己。

【心理点睛】

天生我材必有用，但有用的前提就是将个人价值与社会价值统一起来，做一些对他人、对社会有用的事，这样我们才能充分施展自己的才华、实现自己的理想。

没有什么不可以改变

【哈佛心语】

时间会带走一切，长年累月会把你的名字、外貌、性格、命运都改变。

——柏拉图

【故事殿堂】

有一天，珍妮整理旧物，不经意间翻出了几本过去的日记。

日记本的纸张有些发黄了，字迹透着年少时的稚嫩，她随手拿起一本翻看。

“今天，老师公布了期末成绩，我万万没有想到，我竟然考了第五名，这是我入学以来第一次没有考第一，我难过地哭了，晚饭也没有吃，我要惩罚自己，永远记住这一天，这是我一生最大的失败和痛苦。”

看到这里，珍妮自己忍不住笑了，她已经记不得当时的情景了，也难怪，自离开学校后这十几年所经历的失败与痛苦，哪一个不比当年没有考第一的情况更加严重呢？

翻过这一页，再继续往下看。

“今天，我非常难过，我不知道妈妈为什么那样做？她究竟是不是我的亲妈？我真想离开她，离开这个家。过几天就要选择大学了，我要申请其他州的大学，离家远远的，我走了以后再也不想回到这个家！”

看到这里，珍妮不禁有些惊讶，努力回忆当年妈妈做了什么事让自己那么伤心难过呢，但是任凭思绪的放飞，却怎么想也想不起来。又翻了几页，都是些现在看来根本不算什么事可是在当时却感到“非常难过”“非常痛苦”或是“非常难忘”的事。看了不禁哑然失笑，珍妮放下这本又拿起另一本翻开，只见扉页上写道：“献给我最爱的人——你的爱，将伴我一生！我的爱，永远不会改变！”看了这一句，珍妮的眼前模模糊糊地浮现出一个男孩的身影。曾经以为他就是自己生命的全部，可是当离开校门以后，他们之间就没有再见面，她不知道他现在在哪儿，在做什么，她只知道他的爱没有伴自己一生，她的爱也早已经改变。

【心理点睛】

没有什么是不可以改变的。失败可以转化为成功，痛苦可以转化为幸福的记忆。无论遭遇什么样的挫折和变故，我们都要以轻松、豁达的心态来看待。

唯一不变的是变化

【哈佛心语】

信息时代，唯一不变的是变化。

——葛鲁夫

【故事殿堂】

芙妮 18 岁只身一人来到加拿大留学的时候，一句英文都不会讲。在入境时，海关人员问她的行李包里有什么东西，她听不懂，也说不清楚，对方甚为紧张，用许多先进仪器把她的行李探了个仔细，才敢打开检查。就这样，她只身踏上了加拿大的土地，一边学英语，一边在多伦多大学进修电脑课程。毕业后她跟随丈夫移居卡尔加利。

那时候，卡尔加利还只是个小城市，当时经济也不太好，芙妮很难找到正式的工作，于是，她就开始为一个私人雇主编写程序。但半年之后她前往雇主家中查询，发现雇主已人去楼空，过去几个月的工作完全白费，工资报酬自然一分都没有拿到。

没有报酬的第一份工作成了敲门砖。芙妮随后找到一个公司电脑部门的编程工作，后来也换过几家公司，经过多年的努力和经验积累，她做到了贝尔加拿大地区的副总裁。然而半个月前，在为贝尔公司工作了十多年后，她在机构重组中和其他二十多位副总裁一同被请出大门。她坦然相告，这是她职业生涯中的一次巨变。她笑言：终于可以休一个长假了，好好调整身心。说到今后的打算，她把这次变更看作新的机遇和挑战，去做一些自己真正喜欢做的事情。

这位在一般人眼中的成功女性，从一句英文都不会的留学生到加拿大最大的电话通信公司的副总裁，到现在和许多人一样重新面临职业和事业的选择，从不同角度给我们提供了一些发人深省的启示。

【心理点睛】

现代社会唯一不变的就是变化，面对生活中的困难和变故，我们要调整好自己的心态，时刻以积极的心态准备面对生活中的各种改变。

很多时候大部分人之所以不成功，是因为他们不“想”成功，或者说他们不具备成功者的心态。知识与才能是成功的发动机，而积极的心态则是成功发动机中的润滑油。通过对大量成功者的研究，我们可以看到，几乎所有成功者都表现出一个共同的特征，那就是他们都拥有积极的心态。有的人仿佛天生就具备积极乐观、善于自我激励等特征，而有的人则是经过苦难的磨砺主动地培养了积极的个性。拥有积极的心态是一个人走上成功道路的必备条件。从这个角度讲，积极的心态是成功理论中最重要的原则之一。如果你已具有积极的心态，那么恭喜你；如果你能培养积极的心态，那么你已经走在成功的道路上了。

总有快乐的理由

【哈佛心语】

快乐使身体无病，心灵无疾。

——杰弗逊

【故事殿堂】

英国有一个天生乐观的人，从不拜神，这令神感到很不开心，因为神的权威受到了挑战。他死后，为了惩罚他，神便把他关在一间很热的房屋里，7 天后，神去看望这位乐观的人，看见他非常开心。神便问："身处如此闷热的房间 7 天，难道你一点也不觉得辛苦吗？"

乐观的人说："待在这间房子里，我便想起在公园里晒太阳，当然十分开心啦！"（英国一年难得有好天气，一旦晴天，人们都喜欢去公园晒太阳。）神很不开心，便把这位快乐的人关在了一个寒冷的房间里。

7 天过去了，神看到这位乐观的人依然很开心，便问他："这次你为什么开心呢？"这位快乐的人回答说："待在这寒冷的房间，便让我联想起圣诞节快到了，又要放假，还要收很多圣诞礼物，能不开心吗？"神不开心，便把他关在一间既阴暗又潮湿的房间。

7 天又过去了，这位乐观的人仍然很高兴，这时神有点儿困惑不解，便说："这次你能说出一个让我信服的理由，我便不再为难你。"这位乐观的人说："我是个足球迷，但我喜欢的足球队很少有机会赢。有一次赢了，当时就是这样的天气。所以每遇到这样的天气，我都会高兴，因为这会让我联想起我喜欢的足球队赢了。"神无话可说，给了这位乐观的人以自由。

【心理点睛】

拥有乐观态度的人，即便身处逆境，也总能找到快乐的理由。

同样的事情却会有许多不同的表现，有好的一面，亦有坏的一面；有乐观的一面，亦有悲观的一面。这就好比一个碗缺了一个角，乍看之下，好似不能再用。但若肯转个角度来看，你将会发现，那个碗的其他地方都是好的，所以还是可以用的。若凡事皆能往好的、乐观的方向看，必将其乐无穷；反之，一味地往坏的、悲观的方向看，定会觉得兴致索然。做一个乐观的人，必将拥有快乐积极的人生。

用乐观的情绪自救

【哈佛心语】

我是我自己最大的敌人——也是我自己不幸命运的起因。

——拿破仑·希尔

【故事殿堂】

1939 年，德国军队占领了波兰首都华沙，此时，卡亚和他的女友迪娜正在筹办婚礼。卡亚做梦都没有想到，他和其他犹太人一样，在光天化日之下被纳粹推上卡车运走，关进了集中营。卡亚陷入了极度的恐惧和悲伤之中，在不断的摧残和折磨中，他的情绪极不稳定，精神遭受着痛苦的煎熬。

一同被关押的一位犹太老人对他说："孩子，你只有活下去，才能与你的未婚妻团聚。记住，要活下去。"卡亚冷静下来，他下定决心，无论日子多么艰难，一定要保持积极的状态。

所有被关在集中营的犹太人，他们每天的食物只有一块面包和一碗汤。许多人在饥饿和严酷刑罚的双重折磨下精神失常，有的甚至被折磨致死。卡亚努力控制和调适着自己的情绪，把恐惧、愤怒、悲观、屈辱等抛之脑后，虽然他的身体骨瘦如柴，但精神状态却很好。

5 年后，集中营里的人数由原来的 4000 人减少到不足 400 人。纳粹将剩余的犹太人用脚镣铁链连成一长串，在冰天雪地的隆冬季节，将他们赶往另一个集中营。许多人忍受不了长期的苦役和饥饿，最后死于茫茫雪原之上。在这人间炼狱中，卡亚奇迹般地活下来。他不断地鼓舞自己，靠着坚韧的意志力维持着衰弱的生命。

1945 年，盟军攻克了集中营，解救了这些饱经苦难、劫后余生的犹太人。卡亚活着离开了集中营，而那位给他忠告的老人却没有熬到这一天。

若干年后，卡亚把他在集中营的经历写成了一本书。他在前言中写道："如果没有那位老者的忠告，如果放任恐惧、悲伤、绝望的情绪在我的心间弥漫，很难想象我还能活着出来。"

【心理点睛】

是卡亚自己救了自己，是他用积极乐观的情绪救了自己。如果人们总是背着“情绪包袱”去生活，那么厄运一来，除了倒下以外，别无他选。卡亚之所以能够把自己的生命留住，就在于他肯放下包袱，给自己积极的自我暗示。

与卡亚不同的是，总有许多人不停地抱怨命运的不公，自己付出了辛劳的汗水，得到的却是失败和痛苦。究其原因，是他们不会调节自己的情绪。

过度的情绪化除了带给人不快乐之外，更多的则是使人与成功无缘。情绪化会让你周围的人认为你喜怒无常，不敢委以重任或信赖你，因为你显得不够成熟。情绪化还会让你丧失判断力，冲动之下说出错话，做出错误的决定。

处于相同境遇的人有很多，有相似命运的人也有很多。如果我们稍做停留，便会发现“物以类聚，人以群分”的特点。

是什么导致人们命运的迥异，如果他们的条件相当，那么答案只能是心理态度。失败的人大多有失败的借口与消极的心理，快乐的人则几乎持有乐观豁达的态度。任何事情都有它的两面性，面对困境，只有积极的心态，才能使你迎战突如其来的挫折，不被挫折所击垮。

总之，如果你想获得生活的幸福与美满，或者取得事业的成功与辉煌，你就要避免出现情绪化。

切勿浪费精力

【哈佛心语】

一个令人吃惊的可悲事实是，无数不会浪费金钱的人却在鲁鲁莽莽地虚掷和浪费自己的精力。

——富兰克林·罗斯福

【故事殿堂】

有一位经营服装批发的商人，由于经营不慎，赔了几笔生意。为此他整天闷闷不乐，每天晚上都睡不好觉。

妻子见他愁眉不展的样子十分担心，就建议他去找心理医生看看，于是他前往医院。

医生见他双眼布满血丝，便问他：“怎么了，是不是受失眠所苦？”商人说："是的。"心理医生开导他说："这没有什么大不了的！你回去后，如果睡不着就试着数数绵羊吧！"商人道谢后离去了。

过了一个星期，他又来找心理医生。他双眼又红又肿，精神更加不振了，心理医生非常吃惊地问："你是照我的话去做的吗？"商人委屈地回答说："当然是呀！还数到三万多呢！"

心理医生又问："数了这么多，难道还没有一点睡意吗？"商人答："本来是困极了，但一想到三万多头绵羊有多少毛呀，不剪岂不可惜。"心理医生于是说："那剪完之后，不就可以睡了吗？"商人叹了口气说："但头疼的问题接踵而至，这三万只羊毛所制成的毛衣，现在要去哪儿找买主呀？一想到这儿，我更睡不着了！"

【心理点睛】

信念能够产生巨大的力量。在生活中，每个人如果能够多想一些积极的事情，将会有助于心态的改变。凡事若总从消极的方面去想，往往可能在还没有去做某件事的时候，就已经失去了信心，其结果十有八九会朝着不利的方向发展。所以，无论做什么事，都要有积极的信念，都要从好的方面想。当你想象你会成功时，你就会增强信心，并会想方设法去付诸实践。只有往好的方面想，才会有好的结果。

总而言之，无论做人还是做事，我们都要想得长远一些。但有些事想得太远，就会形成太多的压力，烦恼也会随之而来。因此我们要学会静心，掌握好适度原则，不牵挂那些不该牵挂的事情，只有这样，才能感到轻松快乐。

化劣势为优势

【哈佛心语】

评价一个人不应当根据他的才能，而应当根据他怎样发挥才能。

——拉罗什富科

【故事殿堂】

一位神父要找3个小男孩帮助自己完成主教分配的1000本《圣经》销售

任务。

神父觉得自己只能完成300本的销售量，于是他决定找几个能干的小男孩卖掉剩下的700本。神父对于“能干”是这样理解的：口齿伶俐，言辞美妙，让人们欣喜地做出购买《圣经》的决定。于是按照这样的标准，神父找到了两个小男孩，这两个男孩都认为自己可以轻松卖掉300本《圣经》。可即使这样，还有100本仍然没有着落，为了完成主教分配的任务，神父降低了标准，于是第三个小男孩找到了。给他的任务是尽量卖掉100本《圣经》，因为第三个男孩的口吃很厉害。

5天过去了，那两个小男孩回来了，并且告诉神父情况很糟糕，他们俩总共只卖了200本。神父觉得不可思议，为什么两个人只卖掉了200本呢？正在发愁的时候，那个口吃的小男孩也回来了，他没有剩下一本《圣经》，而且带来了一个令神父激动不已的消息：他的一个顾客愿意买他剩下的所有《圣经》。这意味着神父将能卖掉超过1000本的《圣经》，神父将更受主教青睐。

神父对此感到迷惑不解了。被自己看好的两个小男孩让自己很失望，而当初根本不被自己看重的小男孩却成了自己的福星，神父决定向他询问原因。

神父问小男孩：“你讲话都结结巴巴的，怎么会这么顺利就卖掉我所有的《圣经》呢？”小男孩答道：“我……跟……见到的……所有……人……说，如……果不……买，我就……念《圣经》给他们……听。”

【心理点睛】

哈佛学子海伦·凯勒说：“由于自身条件的不同，人们必须学会善用上帝赋予的一切。不要因为天生抓了一副坏牌就沮丧、诅咒。”坏牌并不一定就意味着输，只要你是高明的打牌者。

要学好，要做得好

【哈佛心语】

如果不学好治理自己，就会陷入灭亡的深渊。

——池田大作

【故事殿堂】

唐纳德认为妈妈真是一个了不起的女人。当爸爸因心脏病去世时，他才刚刚 21 个月大，哥哥 5 岁。妈妈虽无一技之长，又没有受过教育，却毅然担负起抚育两个孩子的责任。

唐纳德 9 岁时找到了一份在街上卖《杰克逊维尔日报》的工作。他需要那份工作是因为他们需要钱——虽然只有那么一点点钱。但是唐纳德害怕，因为他要到闹市区去取报、卖报，然后在天黑时坐公共汽车回家。他在第一天下午卖完报回家时，便对妈妈说："我绝不再去卖报了。"

"为什么？"她问道。

"你不会要我去的，妈妈。那儿的人粗手粗口，非常不好。你不会让我到那种鬼地方卖报的。"

"我不让你粗手粗口。"她说道，"人家粗手粗口，那是人家的事。你卖你自己的报，可以不必跟他们学。"

她并没吩咐唐纳德该回去卖报，可是第二天下午，他照样去了。那天天色稍晚，唐纳德在圣约翰河上吹来的寒风中冻得要死，一位衣着考究的女士递给他一张 5 美元的钞票，说道："这足够付你剩下的那些报纸钱了，回家吧，你在外面会冻死的。"结果，唐纳德做了他确信妈妈也会做的事——谢谢她的好心，然后继续待下去，把报纸全部卖掉后才回家。他知道：冬天挨冻是意料中的事，但不是罢手的理由。

等到唐纳德长大了以后，每次要出门时，妈妈都会告诫他："要学好，要做得对。"人生可能会遇到的事，全用得上这句话。最重要的是，妈妈教他一定要懂得恰当的苦干。她说："要是牛陷在河里，你非要拉它出来不可。"

【心理点睛】

生命的天空是异彩纷呈的。面对不幸，面对困境，我们要做的不是怨天尤人、自暴自弃，而是应该不断地捕捉生存智慧，学会勇敢和坚强。要知道，上帝永远是公平的。等到有一天，你真正将自己打磨成一块熠熠生辉的金子时，任何人都掩不住你身上散发出来的灿烂夺目的光辉。

Chapter 6

第六章

超越极限

一位哲人曾经说过，错误在所难免，宽恕就是神圣。宽容和忍让能够换来最甜蜜的结果。一个人经历过一次忍让，就会多一分宽阔的心胸。多一分宽容，就会多一个朋友，少一个敌人。如果没有宽恕之心，生命就会被无休止的仇恨和报复所支配。忍让和宽容不是懦弱和怕事，而是关怀和体谅。只要以己度人，推己及人，我们就能与别人和睦相处，甚至能够化敌为友。

智慧的艺术就是懂得宽容是什么的艺术。

——哈佛心理学、哲学教授　威廉·詹姆斯

谁若想在困厄时得到援助，就应在平日待人以宽。

——哈佛学子　亨利·梭罗

哈佛精英之亨利·梭罗

H.D. 梭罗（Henry David Thoreau，1817—1862），是一位著名的作家、思想家。生长在波士顿附近超验主义思想运动中心康科德村，父亲是小业主。20岁于哈佛大学毕业，曾任教师，从事过各种体力劳动。在学生时代与爱默生相识。在爱默生的影响下，H.D. 梭罗阅读柯尔律治、卡莱尔等人的著作，研究东方的哲学思想，同时以爱默生倡导的“自助”精神进行思考，形成了一套独立的见解。

梭罗是19世纪超验主义运动的重要代表人物。他的著作都是根据他在大自然中的体验写成的。1839年，他和哥哥在梅里马克河上划船漂游，写成了《在康科德与梅里马克河上一周》（1849），发表了他对自然、人生和文艺问题的各种见解。他的代表作《瓦尔登湖，或林中生活》（1854）记录了他于1845年—1847年在康科德附近的沃尔登湖畔度过的一段隐居生活。在他的笔下，自然、人以及超验主义理想交融汇合，浑然一体。

梭罗的文章简练有力，朴实自然，富有思想内容，在美国19世纪散文中独树一帜。他的思想对英国工党、印度的甘地与美国黑人领袖马丁·路德·金等人都有很大的影响。

世界上最伟大的运动员

【哈佛心语】

暗中劝诫你的朋友，一定要在大庭广众下称赞你的朋友。

——瓦都

【故事殿堂】

这是一个真实的故事，并为哈佛教授所津津乐道。

1936年的柏林，希特勒对12万观众宣布奥运会开始。他要借世人瞩目的奥运会，证明雅利安人种的优越。

当时田径赛的最佳选手是美国的杰西·欧文斯。但德国有一位跳远项目的王牌选手鲁兹·朗，希特勒要他击败杰西·欧文斯——黑人杰西·欧文斯，以证明他的种族优越论——种族决定优劣。

在纳粹的报纸一致叫嚣把黑人逐出奥运会的声浪之下，杰西·欧文斯参加了4个项目的角逐：100米、200米、4×100米接力和跳远。在这4个项目中，跳远是他的第一项比赛。

希特勒亲临观战。鲁兹·朗顺利进入决赛。轮到杰西·欧文斯上场，他只要跳得不比他最好成绩少过半米就可进入决赛。第一次，他逾越跳板犯规；第二次，他为了保险起见，从跳板后起跳，结果跳出了从未有过的坏成绩。

他一再试跑、迟疑，不敢开始最后的一跃。希特勒起身离场。

在希特勒退场的同时，一个瘦削、有着湛蓝眼睛的雅利安德国运动员走近欧文斯，他用生硬的英语介绍自己。其实他不用进行自我介绍，大家也都会认识他，这个人就是鲁兹·朗。

鲁兹·朗那半生不熟的英文和露齿的笑容使杰西·欧文斯全身紧绷的神经有所松弛。鲁兹·朗告诉杰西·欧文斯，最重要的是取得决赛的资格。他说他去年也曾遭遇过同样的情形，但他只用了一个小诀窍便解决了困难。果然是个小诀窍，他取下杰西·欧文斯的毛巾放在起跳板后数英寸处，从那个地方起跳就不会偏失太多了。杰西·欧文斯照着鲁兹·朗说的去做了，几乎破了奥运纪录。几天后的决赛，虽然鲁兹·朗破了世界纪录，但随后杰西·欧文斯以些微优势胜了他。

贵宾席上的希特勒脸色铁青，看台上情绪昂扬的观众倏忽沉静。场中，鲁兹·朗跑到杰西·欧文斯站的地方，把他拉到聚集了12万德国人的看台前，举起他的手高声喊道："杰西·欧文斯！杰西·欧文斯！杰西·欧文斯！"看台上经过一阵难挨的沉默后，忽然齐声爆发："杰西·欧文斯！杰西·欧文斯！杰西·欧文斯！"杰西·欧文斯举起一只手来答谢。

等观众安静下来后，他举起鲁兹·朗的手朝向天空，声嘶力竭地喊道："鲁兹·朗！鲁兹·朗！鲁兹·朗！"全场观众也同声响应："鲁兹·朗！鲁兹·朗！鲁兹·朗！"没有诡谲的政治，没有人种的优劣，没有金牌的得失，选手和观众都沉浸在君子之争的感动里。

杰西·欧文斯创造的8.06米的纪录保持了24年。他在那次奥运会上荣获4枚金牌，被誉为世界上最伟大的运动员之一。

多年后杰西·欧文斯回忆说，是鲁兹·朗帮助他赢得了4枚金牌，而且使他了解到单纯而充满关怀的人类之爱才是真正永不磨灭的运动员精神，世界纪录终有一天会被继起的新秀突破，而这种运动员精神却是永不磨灭的。

【心理点睛】

伟大的体育竞技精神赢得一切"种族优劣论"，两名选手间的互相敬重为他们的崇高友谊画上了美丽的一笔。诚如杰西·欧文斯所言，是纯净的人类关怀与爱让一个身处不利条件下的运动员披荆斩棘，一路过关斩将，最终夺取了举世瞩目的金牌。

仇恨袋的报复

【哈佛心语】

宽容精神是一切事物中最伟大的。

——欧文

【故事殿堂】

古希腊神话中有一位大英雄叫海格里斯。一天，他走在坎坷不平的山路上，发现脚边有个袋子似的东西很碍脚，海格里斯踩了那东西一脚，谁知那东西不但没有被踩破，反而膨胀起来，加倍地扩大着。海格里斯恼羞成怒，操起一根碗口粗的木棒朝它砸去，那东西竟然还在继续长大，一直大到把路堵死了。

正在这时，山中走出一位圣人，对海格里斯说："朋友，快别动它，忘了它，离它远去吧！它叫仇恨袋，你不犯它，它便小如当初，你侵犯它，它便会膨胀起来，挡住你的路，与你敌对到底！"

我们在茫茫人世间，难免会与别人产生误会、摩擦。如果不注意，在我们轻动仇恨之时，仇恨袋便会悄悄成长，你的心灵就会背负上报复的重负而无法获得自由。

报复会把好端端的人驱向疯狂的边缘，使你的心灵不能得到片刻安静。

有一位好莱坞的女演员失恋后，怨恨和报复心使她的面孔变得僵硬而多皱纹，她去找一位最有名的化妆师为她美容。这位化妆师深知她的心理状态，中肯地告诉她："你如果不消除心中的怨和恨，我敢说全世界任何美容师也无法美化你的容貌。"

圣人说："怀着爱心吃蔬菜，也要比怀着怨恨吃牛肉好得多。"

如果我们的仇人了解我们对他的怨恨使我们精疲力竭，使我们疲倦而紧张不安，使我们的外表受到伤害，使我们得了心脏病，甚至也许使我们折寿的时候，他们不是会拍手称快吗？即便我们不能爱我们的仇人，至少我们要爱我们自己。我们要使仇人不能控制我们的快乐、我们的健康和我们的外表。就如莎士比亚所说的："不要由于你的敌人而燃起一把怒火，让心中的烈焰烧伤自己。"

所以，要想生活中永远拥有安静和欢乐的心理，永远不要去尝试报复我们的仇人，因为如果我们那样做，深受伤害的只有自己。不要浪费时间去做那些毫无意义的报复，不要让自己的心因为报复更加痛苦。

【心理点睛】

报复是人性中的一处心理死结。它像一个盘踞在人内心深处的毒瘤，当人能控制它时，它就不会带来危害。可一旦它失去控制，就会给人带来致命的伤害。

报复心理是不健康的心理状态，它不仅会对报复对象造成这样或那样的威胁，而且有害自己的心理健康。

当我们恨我们的仇人时，就等于给了他们制胜的力量。而这种力量会让我们自己寝食难安、魂不守舍、心烦意乱，最终会导致疾病和死亡，这样看来报复让我们对别人的打击不能实现，反倒对自己的内心是一种摧残。

释迦牟尼说："以恨对恨，恨永远存在；以爱对恨，恨自然消失。"耶稣也劝导世人："爱你的敌人。"

所以，面对生活中的一些伤害时，不要产生报复的心理，更不要采取报复的手段，要心胸开阔，提高自制能力，用宽容去化解一切怨恨，让大家都生活在宽容的阳光和清风下。

试试才知道

【哈佛心语】

没有人事先了解自己到底有多大的力量，直到试过以后才知道。

——歌德

【故事殿堂】

想一想，一个铁块的最佳用途会是什么呢？

第一个人是个技艺不纯熟的铁匠，而且他没有提高技艺的雄心壮志。在他眼中，这个铁块的最佳用途莫过于把它制成马掌，他为此还感到自鸣得意。他认为这个粗铁块每磅只值两三分钱，所以不值得花太多时间和精力去加工它。他凭借自己强健的肌肉和三脚猫的技术已经把这块铁的价值提高到 10 美元了，对此他已经感到很满意。

这时，来了一个磨刀匠，他受过一点更好的训练，有一点雄心和一点更高的眼光，他对这块粗铁的价值看得更高些，他研究过很多关于煅冶的工序，他有工具，有压磨抛光的轮子，有烧制的炉子。于是，铁被熔化掉，炭化成钢，然后被取出来，经过煅冶，被加热到白热状态，然后投入冷水或石油中以增强韧度，最后对其进行细致耐心的压磨抛光。当所有这些都完成之后，奇迹出现了，他竟然制成了价值 2000 美元的刀片。经过提炼加工，这块铁的价值已被大大提高了。

另一个工匠看了磨刀匠的出色成果后说：“如果依你的技术做不出更好的产品，那么能做成刀片也已经相当不错了。但是你应该明白这块铁的价值你连一半都还没挖掘出来，它还有更好的用途。我研究过铁，知道它里面藏着什么，知道能用它做出什么来。”

与前两个工匠相比，这个匠人的技艺更精湛，眼光也更犀利，他受过更好的训练，有更高的理想和更坚韧的意志力，他能更深入地看到这块铁的分子——不再囿于马掌和刀片——他用显微镜般精确的双眼把生铁变成了最精致的绣花针。他已使磨刀匠的产品的价值翻了数倍，他认为他已经榨尽了这块铁的价值。当然，制作肉眼看不见的针头需要具有比制造刀片更精细的工序和更高超的技艺。

但是，这时又来了一个技艺更高超的工匠，他的头脑更灵活，手艺更精湛，更有耐心，而且受过顶级训练，他对马掌、刀片、绣花针都不屑一顾，他用这块铁做成了精细的钟表发条。别的工匠只能看到价值仅几千美元的刀片或绣花针，但他那双犀利的眼睛却看到了价值10万美元的产品。

也许你会认为故事应该结束了，然而，故事还没有结束，一个更出色的工匠出现了。他告诉我们，这块生铁还没有物尽其用，他可以用这块铁制造出更有价值的东西。在他的眼里，即使钟表发条也算不上上乘之作。他知道用这种生铁可以制成一种弹性物质，而一般粗通冶金学的人是做不到的。他知道，如果煅铁时再细心些，它就不会再坚硬，不会再锋利，而会变成一种特殊的金属，富含许多新的品质。

这个工匠用一种犀利的、明察秋毫的眼光看出，还可以对钟表发条的每一道制作工序再继续改进，每一个加工步骤还可以更完善，金属质地还可以精益求精，它的每一条纤维、每一个纹理都能做得更完善。于是，他采用了许多精加工和细致煅冶的工序，成功地把他的产品变成了几乎看不见的精细的游丝线圈。经过一番艰苦劳作之后，他终于梦想成真，把粗铁块变成了价值100万美元的产品，同样重量的黄金的价格都比不上它。

但是，铁块的价值还没有完全被发掘，还有一个工人，他的工艺水平已达到登峰造极的地步。他拿来一块铁，精雕细刻之下所呈现出的东西使钟表发条和游丝线圈都显得黯然失色。待他的工作完成之后，你见到了几个牙医常用来勾出最细微牙神经的精致钩状物。如果能收集到 1 磅这种柔细的带钩钢丝的话，那要比黄金贵几百倍。

【心理点睛】

铁块尚有如此挖掘不尽的财富，何况人呢？每个人的体内都隐藏着无限丰富的生命能量，只要我们不断去开发，它就可以无限大。

潜能是每个人固有的天然宝库，每个人身上都有一个取之不尽、用之不竭的潜能宝库。不过大多数人心中的那个巨人都在酣睡，没有被唤醒。一旦巨人醒来，宝库打开，连你自己都会对宝库中所藏有的宝藏感到吃惊。美国学者詹姆斯根据她的研究成果说："普通人只发掘了他蕴藏能力的 1/10。与应当取得的成就相比，我们不过是在沉睡。我们只利用了我们身心资源的很小的一部分，甚至可以说一直在荒废……"每个人身上都蕴藏着巨大的潜能，挖掘自我潜能吧，你可以创造一切奇迹。

工匠们都在生铁里看到了经过加工后的成品，我们也应该在自己的生活中看到灿烂的前途，并努力把它化为现实。如果你只是目光短浅地看到马掌或刀片，你所有的努力与辛劳都不可能产生钟表发条与游丝线圈。因此，你必须目光远大，必须勇于拼搏，必须经受考验并付出必要的代价，这样你才能把自己的生命能量发挥到极致。你还要坚信，一分耕耘一分收获，你所经受的痛苦和所做的努力最终会得到相应的酬报的。

失败与错失

【哈佛心语】

通往失败的路上，处处是错失了的机会。

——培根

【故事殿堂】

在一次培训课上，企业界的精英们正襟危坐，等着听管理教授关于企业运营的报告。门开了，教授走进来，矮胖的身材，圆圆的脸，左手提着一个大提包，右手擎着一个涨得圆鼓鼓的气球。精英们见状感到很奇怪，但还是有人立即拿出笔和本子，准备记下教授精辟的分析和坦诚的忠告。

“噢，不，不，你们不用记，只要用眼睛看就足够了，我的报告将非常简单。”教授说道。

教授从包里拿出一只开口很小的瓶子放在桌子上，然后指着气球对大家说：“谁能告诉我怎样把这只气球装到瓶子里去呢？当然，你不能这样，‘嘭！’”教授滑稽地做了个气球爆炸的姿势。

众人面面相觑，都不知教授葫芦里卖的什么药，终于一位精明的女士说：“我想，也许可以改变它的形状……”

“改变它的形状？嗯，很好，你可以为我们演示一下吗？”

“当然。”女士走到台上，拿起气球小心翼翼地捏弄。她想利用橡胶柔软可塑的特点，把气球一点点塞到瓶子里。但这远远不像她想的那么简单，很快她便发现自己的努力是徒劳的，于是她放下手里的气球，说道：“很遗憾，我承认我的想法行不通。”

“还有人要试试吗？”

无人响应。

“那么好吧，我来试一下。”教授道。他拿起气球，三下两下便解开气球嘴上的绳子，“嗤”的一声，气球变成了一个软耷耷的小袋子。

教授把这个小袋子塞到瓶子里，只留下吹气的口儿在外面，然后用嘴巴衔住，用力吹气。很快，气球鼓起来，胀满在瓶子里，教授再用绳子把气球的嘴儿扎紧。“瞧，我改变了一下方法，问题迎刃而解了。”教授露出了满意的笑容。

教授转过身去，拿起笔在写字板上写了个大大的“变”字，说：“当你遇到一个难题，解决它很困难时，那么你可以改变一下你的方法。”他指着自己的脑袋，“思想的改变，现在你们知道它有多么重要了。这就是我今天要说明的。”

精英们开始交头接耳，一些人脸上露出顽皮的笑意。

停了片刻，教授又开口了，“现在，还有最后一个问题，这是个非常简单的问题。”他从包里拿出一只新瓶子放到台上，指着那只装着气球的瓶子说：“谁能把它放到这只新瓶子里去呢？”

精英们看到这只新瓶子并没有原来那只瓶子大，直接装进去是根本不可能的。但这样简单的问题难不住头脑机敏的精英们，只见一个高个子的中年男人走过去，拿起瓶子用力向地上掷去，瓶子碎了，中年人拾起一块块残片，将它们装入新瓶子里。

教授点头表示称许，精英们对中年人采取的办法并没有感到意外。

这时教授说："先生们、女士们，这个问题很简单，只要改变瓶子的状态就能完成，我想你们大家都想到了这个答案，但实际上我要告诉你们的是：一项改变最大的极限是什么。瞧！"教授举起手中的瓶子，"就是这样，最大的极限是完全改变旧有状态，彻底打碎它。"

教授看着他的听众，补充道："彻底的改变需要下很大的决心，如果有一点点留恋，就不能够真的将它打碎。你们知道，打碎了它就是毁了它，再没有什么力量能把它恢复得和从前一模一样了。所以当你下决心要打碎某个事物时，你应当再一次问自己：我是不是真的不会后悔。"

此时，讲台下面鸦雀无声，精英们琢磨着教授话中的深刻寓意。教授收拾好自己的包，说："感谢在座的诸位，我的报告结束了。"然后他飘然而去。

【心理点睛】

从哲学的角度来讲，唯一不变的东西是变化本身。我们生活在一个瞬息万变的世界里，应当学会适应变化。不通则变，一心求变的人要懂得，变的极限就是毁，用到思维上就是不破不立。学会变通地去应对工作和生活中的困难，我们定能做到无往不利。在竞争日益激烈的今天，我们更要培养以不变应万变的理念，一个有思想、有觉悟的人，应勇于面对变化所带来的困难，只有这样，才能做到卓越和高效。

主动出击

【哈佛心语】

没有人给我们智慧，我们必须自己找到它。

——马塞尔·普钮鲁斯特

【故事殿堂】

这年，松下公司要招聘一名高级女职员，一时应聘者如云。经过一番激烈的比拼，山川秀子、原亚纪子、宫崎慧子 3 人脱颖而出，成为进入最后阶段的候选人。3 个人都是名牌大学的高才生，又是各有千秋的美女，条件不相上下，竞争到了白热化状态。她们都在小心翼翼地做准备，力争使自己成为“笑到最后”的胜利者。

这天早上 8 点，3 人准时来到公司人事部。人事部长给她们每人发了一套白色制服和一个精致的黑色公文包，说：“3 位小姐，请你们换上公司的制服，带上公文包，到总经理室参加面试。这是你们最后一轮考试，考试的结果将直接决定你们的去留。”3 位美女脱下精心搭配的外衣，穿上那套白色的制服。人事部长又说：“我要提醒你们的是，第一，总经理是个非常注重仪表的先生，而你们所穿的制服上都有一小块黑色的污点。毫无疑问，当你们出现在总经理面前时，必须是一个着装整洁的人，怎样处理那个小污点就是你们的考题；第二，总经理接见你们的时间是 8 点 15 分，也就是说，10 分钟以后，你们必须准时赶到总经理室，总经理是不会聘用一个不守时的职员的。好了，现在考试开始。”

3 个人立即行动起来。

山川秀子用手反复去揩那块污点，反而把污点越弄越大，白色制服最终被弄得惨不忍睹。山川秀子紧张起来，红着脸央求人事部长能否给她再换一套制服，没想到人事部长抱歉地说：“绝对不可以，而且，我认为，你没有必要到总经理室去面试了。”山川秀子一下子愣住了，当她知道自己已经被取消了竞争资格后，眼里含着泪水离开了人事部。

与此同时，原亚纪子已经飞奔到洗手间，她拧开水龙头，撩起自来水开始清洗那块污点。很快，污点没有了，可麻烦也来了，制服的前襟处被浸湿了一大片，紧紧贴在身上。于是，原亚纪子快步移到烘干器前，打开烘干器，对着那块浸湿处烘烤着。烤了一会儿，她突然想起约定的时间，抬起手腕看表：坏了，马上就到约定时间了。于是，原亚纪子顾不得把衣服彻底烘干，赶紧往总经理室跑。

赶到总经理室门前，原亚纪子一看表，8 点 15 分，还没迟到。更让她感到庆幸的是，白色制服上的湿润处已经不再那么明显了，要不是仔细分辨，根本看不出曾经洗过。何况堂堂大公司的总经理，怎么会死盯着一个女孩的衣服看呢？除非他是个色鬼，原亚纪子这样想着。

原亚纪子正准备敲门进屋，门却开了，宫崎慧子大步走出来。原亚纪子看见，宫崎慧子的白色制服上那块污迹仍然醒目地躺在那里。原亚纪子的心里踏实了，她自信地走进办公室，得体地说声："总经理好。"总经理坐在办公桌后面，微笑地看着原亚纪子白色制服上被湿润的那个部位，好像在"分辨"着什么，这让原亚纪子感觉有点儿不自在。

这时，总经理说话了："原亚纪子小姐，如果我没有看错的话，你的白色制服上有块地方被水浸湿了。"原亚纪子点了点头。"是清洗那块污渍所致吗？"总经理问。原亚纪子疑惑地看着总经理，点了点头。总经理看出原亚纪子的疑惑，浅笑一声道："污点是我抹上去的，也是我出的考题。在这轮考试中，宫崎慧子是胜者，也就是说，公司最终决定录用宫崎慧子。"

原亚纪子感到愕然："总经理先生，这不公平。据我所知，您是一位见不得污点的先生。但我看见，宫崎慧子的白色制服上，那块污点仍然清晰可见。"

"问题的关键是，宫崎慧子小姐没有让我发现她制服上的污点。从她走进我的办公室，那只黑色公文包就一直优雅地横在她的前襟上，她没有让我看见那块污渍。"总经理说。

原亚纪子说："总经理先生，我还是不明白，您为什么选择了宫崎慧子而淘汰了我呢？我准时到达您的办公室，也清除了制服上的污点，而宫崎慧子只不过要了个小聪明，用皮包遮住了污点。应该说，我和宫崎慧子打了个平手。"

"不。"总经理果断地说，"胜者确实是宫崎慧子，因为她在处理事情时，思路清晰，善于分清主次，善于利用手中现有的条件，她把问题解决得从容而漂亮。而你，虽然也解决了问题，但你却是在手忙脚乱中完成的，你没有充分利用你现有的条件。其实，那只公文包就是我们解决问题的杠杆，而你却将它弃之一旁。如果我没猜错的话，你把你的'杠杆'忘在洗手间里了吧？"

原亚纪子这下心悦诚服地点了点头。总经理又微笑着说："如果我没猜错的话，宫崎慧子小姐现在正在洗手间里清洗她前襟处的污渍呢。"

【心理点睛】

要找到障碍最小的曲线，需要善于时时寻找方法去处理事情和面对困难的大脑。优秀的人会养成寻找方法而不惧怕困难的习惯，力争做到最好。每个渴望实现自我价值和挖掘最大化潜能的人，从现在开始就要开启智慧的大脑，用方法克服困难。这也许是松下“魔鬼”考核给我们最大的启示。

将理想保持 25 年

【哈佛心语】

每个人都可以让世界变得不同，应该尝试。

——约翰 · F. 肯尼迪

【故事殿堂】

有个叫布罗迪的英国教师在整理阁楼上的旧物时发现了一叠练习册，它们是皮特金中学 31 位孩子的春季作文，题目叫“未来我是……”。他本以为这些东西早在德军空袭伦敦时已经被炸飞了，没想到它们竟安然地躺在自己的家里，并且一躺就是 25 年。

布罗迪随便翻了几本，很快被孩子们千奇百怪的自我设计迷住了。比如：有个叫彼得的学生说，未来的他是海军大臣，因为有一次他在海中游泳，喝了 3 升海水，都没被淹死；还有一个说，自己将来必定是法国的总统，因为他能背出 25 个法国城市的名字，而同班的其他同学最多的也只能背出 7 个；最让人称奇的，是一个叫戴维的盲学生，他认为，将来他必定是英国的内阁大臣，因为在英国还没有一个盲人进入过内阁。总之，31 个孩子都在作文中描绘了自己的未来。有当驯狗师的，有当领航员的，有做王妃的……五花八门，应有尽有。

布罗迪读着这些作文，突然有一种冲动——何不把这些本子重新发到同学们手中，让他们看看现在的自己是否实现了 25 年前的梦想。当地一家报纸得知他的这一想法，为他发了一则启事。没几天，书信向布罗迪飞来。他们中间有商人、学者及政府官员，更多的是没有身份的人。他们都表示，很想知道儿时的理想，并且很想得到那本作文簿。布罗迪于是按地址一一给他们寄去。

一年后，布罗迪身边仅剩下一个作文本没人索要。他想，这个叫戴维的人也许死了，毕竟25年了，25年的时间什么事都会发生的。

就在布罗迪准备把这个本子送给一家私人收藏馆时，他收到了内阁教育大臣布伦克特的信。他在信中说："那个叫戴维的就是我，感谢您还为我们保存着儿时的理想。不过我已经不需要那个本子了，因为从那时起，我的理想就一直在我的脑海里，没有一天放弃过。25年过去了，可以说我已经实现了那个理想。今天，我还想通过这封信告诉我其他30位同学，只要不让年轻时的理想随岁月飘逝，成功总有一天会出现在你的面前。"

布伦克特的这封信后来被发表在《太阳报》上，因为他作为英国第一位盲人大臣，用自己的行动证明了一个真理：假如谁能把15岁时想当总统的理想保持25年，那么他现在一定已经是总统了。

【心理点睛】

一个具有崇高生活目的和思想目标的人，毫无疑问会比一个根本没有目标的人更有作为。有句苏格兰谚语说："扯住穿金制长袍的人，或许可以得到一只金袖子。"那些志存高远的人，所取得的成就必定远远高于最初的起点。即使你的目标没有完全实现，你为之付出的努力本身也会让你受益终生。

有一位名人曾经说过这样一句话：终生去做一件事，便可成功。梦想也是一样，只要你具有咬定青山不放松的精神，坚持自己当初的梦想不放弃，不因为面临各种压力而放弃，坚持到最后，你就可以拥有精彩的人生了。成功的定义就是这么简单：坚持，坚持，再坚持！

宽恕胜于报复

【哈佛心语】

宽恕胜于报复，因为，宽恕是温柔的象征，而报复是残暴的标志。

——爱比克泰德

【故事殿堂】

"我一定要报复他，我要让他从心底感到后悔。"迈克尔气得满脸通红，不停地咕哝着。他想得出了神，以至于没发现正在找他的约翰逊。

约翰逊问道："谁？你要报复谁呀？"迈克尔如梦方醒，抬头一看，见是自己的好朋友，便笑了起来。他说："哦，你还记得我父亲送我的那截漂亮的竹条吗？你看，折成了现在这个样子。这都是农民罗宾逊的儿子干的！"

约翰逊非常冷静地问他小罗宾逊为什么要弄折竹条。迈克尔答道："我刚才正走得好好的，边走边把竹条缠绕在身上玩。一不小心，它的一端脱了手。当时我在木桥边，正对着大门，那个小坏蛋在那儿放了一罐水，准备挑回家。刚巧，我的竹条弹回来把水罐打翻了，可并没有碎。就在我向他赔礼道歉的时候，他跳过来就骂，毫不理会我的解释。他突然抓住我的竹条，你看嘛，都扭成这个样子了，我会叫他后悔的。"

约翰逊说："他的确是个坏孩子，为此，他已经受到了足够的惩罚，没人喜欢他，他几乎没什么伙伴、没什么娱乐，这是他活该。我想，这些足够作为你对他的报复了。"

迈克尔答道："事情虽是这样，但他弄坏了我的竹条，那么漂亮的竹条，那可是我父亲送给我的礼物啊！要知道，我只是无意间碰倒了他的罐子，我还说要帮他重新打满。我要报复。"

约翰逊说："好吧，迈克尔。不过我认为你不理他会更好一些。因为轻视就是你对他最大的报复了。对了，我想起一个关于他的笑话：有一次，他看到一只蜜蜂在花丛中飞来飞去，就想把它抓住，再揪掉它的翅膀。可惜，他很倒霉，蜜蜂蜇了他一下之后，又安全地飞进了蜂巢。他被疼痛激怒了，就像你现在这样，他发誓要报仇。于是，他找来一根棍子，朝蜂窝捅了几下。刹那间，一群蜜蜂飞了出来，向他扑过去，他浑身上下被蜇了几百下。他惨叫着，痛得在地上滚来滚去。他的父亲闻讯赶来，也没赶走蜂群，他躺在床上休息了好几天。你看见了，他的报复也没怎么得逞。所以，我劝你不要计较他的鲁莽。他是个坏家伙，比你厉害多了。真要报复的话，我怀疑你还没有他那点儿本事呢！"

迈克尔说："你的建议的确不错，那么跟我一起到我父亲那儿去吧，我想告诉他事情的真相，相信他不会生气的。"于是，他们去把事情的经过告诉了迈克尔的父亲。迈克尔的父亲非常感激约翰逊给他儿子的忠告，并答应迈克尔会再送他一根完全一样的竹条。没过几天，迈克尔碰见那个品性恶劣的男孩正挑着一担重重的木柴向家走去，结果跌在地上，爬不起来了。迈克尔跑过去帮他放好木柴。小罗宾逊感到非常愧疚，心里难受极了，他为以前的行为感到后悔！而迈克尔则欢欢喜喜地回家去了。他想："这是最绅士的报复，以德报怨，对此，我怎么可能感到后悔呢？"

【心理点睛】

最绅士的报复就是以德报怨，宽容有比责罚更强烈的感化力量。一个凡事总爱锱铢必较的人，多半是心胸狭隘之人。

一个心胸豁达的人走到哪儿都会有良好的人缘、朋友的帮助；相反，斤斤计较的人总是让人们敬而远之。

解 脱

【哈佛心语】

没有什么人比那些不能容忍别人错误的人更经常犯错误的。

——拉罗什富科

【故事殿堂】

南非总统曼德拉在哈佛有相当一部分拥戴者，他因致力于南非种族斗争而遭逮捕，在荒凉的大西洋罗宾岛度过了将近 27 年的监禁生活。当时曼德拉年事已高，但牢房看守依然像对待年轻犯人一样对他进行残酷的虐待。

罗宾岛上岩石密布，到处是海豹、蛇和其他动物。曼德拉被关在集中营的一个"锌皮房"里，白天打石头，将采石场的大石块打碎成石料。他有时还要下到冰冷的海水里捞海带，或干采石灰的活儿——早晨排队到采石场，然后被解开脚镣，在一个很大的石灰石场里，用尖镐和铁锹挖石灰石。因为曼德拉是要犯，看管他的看守就有 3 个人。他们对他并不友好，总是寻找各种理由虐待他。

然而，曼德拉出狱当选南非总统以后并没有计较前嫌，他在就职典礼上的一个举动震惊了世界，被人们尊称为"神迹"。

总统就职仪式开始后，曼德拉起身致辞，欢迎来宾。他依次介绍了来自世界各国的政要，然后他说，能接待这么多尊贵的客人，他深感荣幸，但他最高兴的是，当初在罗宾岛监狱看守他的 3 名狱警也能到场。随即他邀请他们起身，并把他们介绍给大家。

曼德拉的博大胸襟和宽容精神，令那些残酷虐待了他 27 年的人感到汗颜，也让所有到场的人对他肃然起敬。看着年迈的曼德拉缓缓站起，恭敬地向 3 个曾虐待他的看守致敬，在场的所有来宾以至整个世界都静下来了。

后来，曼德拉向朋友们解释说，自己年轻时性子很急，脾气暴躁，正是狱中生活使他学会了控制情绪，因此才活了下来。牢狱岁月给了他时间与激励，也使他学会了如何处理自己遭遇的痛苦。他说，感恩与宽容常常源自痛苦与磨难，必须通过极强的毅力来得以训练。

获释当天，他的心情平静，说："当我迈过通往自由的监狱大门时，我已经清楚，自己若不能把悲痛与怨恨留在身后，那么我其实仍在狱中。"

【心理点睛】

冤冤相报何时了，只有谅解和接受曾经伤害过你的人，才能获得心灵上的自由。如果内心一味地充斥着对别人的仇恨，不肯原谅曾经伤害过你的人，不但会使别人生活在痛苦之中，而且自己的心灵也无法得到解脱。

大多数人一直以为，只要我们不原谅对方，就可以让对方得到一些教训，也就是说：只要我不原谅你，你就没有好日子过。实际上，不原谅别人，表面上是对方不好，其实真正受害的人却是我们自己，因为不肯宽容会产生愤恨和沮丧，愤恨首先影响的是你自己的健康。

要做到宽容，应做到两点：首先，你发现自己也有很多的缺点，自己也有亏欠他人的地方，自己本身并不是一个完人；而发现你原来认为最不好的人也有一些你没有的优点。所以，要学会看到自己的弱点，看到别人的优点。考虑问题时要试着从对方的角度出发，以求大同，存小异。这样你才能够善待他人，也善待自己。

其次，你得承认，自己也得到过别人的宽容，自己也需要别人的宽容。这样一想，我们还有什么不能宽容他人的呢？

在宽容别人的同时，自己也就把怨恨或嫉恨从内心中消除掉了，才会怀着平和与喜悦的心态去看待任何人和任何事，才会愉快地生活。所以，在生活的磨难中逐步学会宽容，能宽容他人的人，心里的苦和恨比较少；或者说，心胸比较宽阔的人，就容易宽容他人。

当你对别人宽容时，也是对你自己宽容。明明是对方错怪了你、对方欺骗了你、对方伤害了你，而你心中却能够做到没有怨恨。看到这里，也许你会问：对坏人也要宽容吗？正确的回答是，不以牙还牙，这就是宽容。

所以，要让自己快快乐乐地生活在充满爱的世界里，自己首先要做一个宽宏大量的人。要真正做到宽容并不容易，如果你心里有恨和苦，就宽容不了他人；或者，如果你认同宽容是很高尚的行为，不过难以时时做到，你应该远离品头论足的人，随着时间的推移，你会发现你的宽容多了，你心里的喜乐也就随之而多了。

超越一切伤害

【哈佛心语】

如果他能原谅宽容别人的冒犯，就证明他的心灵是超越了一切伤害的。

——培根

【故事殿堂】

关注学子们的心理健康问题，在哈佛不是只有心理学系的教授才如此，不同的院系，不同的专业，教授们都会将一些有意义的事情或故事讲出来与大家分享。

1939年的一天，老农场主塞玛敲响了少年托尼·希勒家的大门，塞玛当时住在马路那头大约一英里的地方，想找人帮助收割一块苜蓿地。这就是托尼·希勒第一次得到的有报酬的工作——1小时12美分，要知道这在当时已经很不错了，那时美国还正处在经济大萧条时期。一天，塞玛发现一辆装有西瓜的卡车陷在自家的瓜地中。显然，有人想偷走这些西瓜。塞玛说车主很快就会回来的，让托尼在那儿看着，长点儿见识。没过多久，一个在当地因打架和偷窃而臭名昭著的家伙带着两个体格粗壮的儿子出现了。他们看起来非常恼怒。

塞玛却用平静的口吻说道：“哎，我想你们要买些西瓜吧？”

那个男人回答前沉默了很久："嗯，我想是的。你要多少钱一个？"

"25 美分 1 个。"

"好吧，你帮我把车弄出来吧，我看这价格还合适。"

这成了他们夏天里最大的一笔买卖，而且还避免了危险的暴力事件。等他们走后，塞玛笑着对托尼说："孩子，如果不宽恕敌人，就会失去朋友。"

几年以后，塞玛去世了，但托尼永远忘不了他，也忘不了第一次打工时塞玛教给自己的东西。

【心理点睛】

宽容和忍让能够给人换来最甜蜜的结果。一个人经历过一次忍让，就会多一分宽阔的心胸。多一分宽容，就会多一个朋友、少一个敌人。

面对别人对自己的伤害和冒犯，要保持宽容和冷静，不要轻易出手反击，这既是对别人的容忍，也是对自己的尊重。

一个人拥有宽容，生命就会多一分空间、多一分爱心。朋友难免有缺陷和过错，理解、宽容是解除痛苦和矛盾的最佳良药，能升华友谊，使之更高洁、更纯净。也许生活中确实存在很多矛盾和困难，沉重得让人感觉有点儿喘不过气来，但诅咒、谩骂、生闷气都无济于事，反而会给疲惫的身躯又增加了几分新的负担。

只要冷静观察，就会发现人们的生活本来就是苦、辣、酸、甜、咸五味俱全。在生活中，看不惯的很多，理解不了的也很多，失望的也很多；但人的能力毕竟是有限的，愤世嫉俗不会使事态的发展得到改变，不会使关系得到缓和。

所以，我们要学会让自己保持恬淡的心态，去做自己应该做的事情。整日为一些闲言碎语、磕磕碰碰的事情而感到郁闷、恼火、生气，总去找人诉说，与对方辩解，甚至总想变本加厉地去报复，这将会贻误自己的事业，从而失去更多美好的东西。

要想在社会中活得舒心、自在一些，就必须收敛自己的锋芒，抛开好胜和计较的狭窄心胸，对于世事和人都多一些豁达、大度，笑对人生。有时一个微笑、一句幽默就能化解人与人之间的怨恨和矛盾，填平感情的沟壑。

所以说，宽容是对别人的谅解，对自己的考验。为人宽容，我们就能解人之难，补人之过；扬人之长，谅人之短，从而赢得永久的友谊。

善于忘记仇恨

【哈佛心语】

欲求报复而后快的人，都会报复到自己的身上。

——林肯

【故事殿堂】

小男孩哈根有一只非常可爱的狗，不幸的是，有一天下午他的狗被邻居家的狗咬死了。小男孩简直气疯了，发誓要打死凶手，为他的宝贝狗报仇。

哈根的父亲很理解儿子的心情，他知道凭语言无法说服儿子，于是他把哈根领到了邻居家的院子后面。“那只狗在这儿，”父亲对哈根说道，“如果你还想干掉它的话，这是最容易的办法。”父亲递给哈根一把短筒猎枪。哈根疑虑地瞥了父亲一眼，点了点头。

哈根拿起猎枪，举上肩，黑色枪筒向下瞄准。邻居家的大黑狗用一双棕色眼睛看着他，高兴地喘着粗气，张开长着獠牙的嘴，吐出粉红的舌头。就在哈根要扣动扳机的一刹那，千头万绪闪过脑海。父亲静静地站在一旁，可他的心情却无法平静。涌上心头的是平时父亲对他的教诲——我们对无助的生命的责任，做人要光明磊落、是非分明。他想起他打碎妈妈最心爱的花瓶后，她还是一如既往地爱他；他还听到别的声音——教区的牧师领着他们做祷告时，祈求上帝宽恕他们，如同他们宽恕别人那样。

于是，猎枪变得沉甸甸的，眼前的目标模糊起来。哈根放下手中的枪，抬头无助地看着父亲。父亲脸上绽露出一丝笑容，然后拍了拍他的肩膀，缓缓地说道：“我理解你，儿子。”这时他才明白，父亲从未想过他会扣扳机。他要用明智、深刻的方式让他自己做出决定。

哈根放下枪，感到无比轻松。他跟父亲跪在地上，帮忙解开大黑狗，大黑狗欣喜地蹭着他俩，短尾巴使劲地晃动，仿佛在庆幸自己免遭枪杀。

【心理点睛】

宽容是消除报复的良方。宽容是心与心的交融，是“无声胜有声”的直接表现；宽容是仁人的虔诚，是智者的宁静。正因为深邃的天空容忍了雷电风暴一时的肆虐，才有风和日丽；辽阔的大海容纳了惊涛骇浪一时的猖獗，才有浩渺无限。对于心底宽容的人来说，没有什么是不可以饶恕的。你在宽恕别人的同时，也会将自己内心的仇恨一并消除。

美国国父华盛顿说："如果你希望赢得人生的快乐与成功，你必须是个善于忘掉仇恨的人；否则，你的心里只会充满不快乐的报复！"

宽容，无论对人还是对己都可成为最高尚的精神援助。宽以相容，不仅有益于身心健康，而且对赢得友谊，保持家庭和睦、婚姻美满，乃至事业的成功都有很大帮助。

Chapter 7

第七章

控制情绪

日常生活中，每个人都会表露出各种不良情绪，如紧张、厌倦、急躁等。懂得掌控自己的情绪、控制不良情绪这股力量，而不为这股力量所反制是一个人成功的秘诀。如果我们能做到这一点，就能掌握住自己的人生；反之，人生就会如同脱缰的野马一样，无从控制。要记住，心胸宽阔、心态平和的人是不可战胜的。无论做什么事情，只有控制好自己的情绪，保持平常心，才能发挥出自己应有的水平。很多时候，我们并不是输给别人，而是输给自己浮躁和无法掌控的情绪。

我把人在控制情感上的软弱无力称为奴役。因为一个人为情感所支配，行为便没有自主之权，而受命运的宰割。

——哈佛经济学教授　詹纳斯·科尔耐

做自己感情的奴隶比做暴君的奴仆更为不幸。

——哈佛公共政策学教授　伊莱恩·凯玛克

哈佛精英之保罗·萨缪尔森

保罗·萨缪尔森（Paul A.Samuelson）是麻省理工学院经济系的终身教授，1970年诺贝尔经济学奖获得者。他1935年获得芝加哥大学文学学士学位，1936年获得文学硕士学位，1941年获得哈佛大学哲学博士学位。1935年至1937年，他在社会科学研究委员会做博士预科研究；1937年至1940年，成为哈佛大学的研究人员；1958年至1959年，在福特基金会做研究人员；1961年获得芝加哥大学荣誉法学博士学位；1966年又先后在印第安纳大学、东安格利亚大学（East Anglia）获得荣誉博士学位。他1940年成为麻省理工学院经济学助理教授，1944年成为该院的经济学副教授，1947年成为教授，1965年当选为国际经济协会主席。

萨缪尔森的突出贡献在于发展了数理和动态经济理论，将经济科学提高到新的水平。他的研究涉及经济学的全部领域，他自己曾骄傲地说："我似乎就是为了经济学才来到这个世上。"他的重要著作包括《经济分析基础》《经济学》《线性规划写经济分析》，与多夫曼及索洛合著《经济学文选》《萨缪尔森科学论文选》。

站在理性一面

【哈佛心语】

智慧是理性的象征。

——萨缪尔森

【故事殿堂】

肯尼迪政治学院有一位著名的教授，他就是讲授政党与公共政策学的大卫·金。他的授课风格幽默风趣，最喜欢为各国政要“揭丑”，下面的故事就是典型的事例。

英国前首相威尔逊与一个小孩发生过一件趣事。

有一天，威尔逊为了推行其政策，在一个广场上举行公开演说。当时广场上聚集了数千人，突然从听众中扔来一个鸡蛋，正好打中他的脸。安全人员马上下去搜寻闹事者，结果发现扔鸡蛋的是一个小孩。

威尔逊得知后，先是指示属下放走小孩，后来马上又叫住了那个小孩，并当众叫助手记录下小孩的名字、家里的电话与地址。

台下听众猜想威尔逊是不是要处罚小孩，于是开始骚乱起来。

这时威尔逊对大家说：“我的人生哲学是要在对方的错误中，去发现我的责任。方才那位小朋友用鸡蛋打我，这种行为是很不礼貌的。尽管如此，身为大英帝国的首相，我有责任为国家储备人才。那位小朋友从下面那么远的地方，能够将鸡蛋扔得这么准，证明他可能是一个很好的人才，所以我要将他的名字记下来，以便让体育大臣注意栽培他，使其将来能成为我国的棒球选手，为国效力。”

威尔逊的一席话，把听众都说乐了，演说场面的气氛也更加融洽。

【心理点睛】

在别人犯错误时，不要轻易指责，要从别人的过错中，发掘对方的长处，积极寻找具有建设性的建议：这不仅会让不愉快的事情随风而逝，而且有时还会将坏事化为好事，帮助自己摆脱尴尬的境地。

力量的反弹

【哈佛心语】

一个人无论做出多少件事来，我们都可以在里面认出同样的性格。

——爱默生

【故事殿堂】

罗斯福深得其子女的爱戴，这是众所周知的。有一次，罗斯福的一位老友垂头丧气地来找罗斯福，诉说他的小儿子居然离家出走，到姑母家去住了。这个男孩本来就桀骜不驯，他的父亲把儿子说得更是一无是处，又指责他跟每个人都相处得不融洽。

罗斯福回答说："胡说，我一点儿都不认为你儿子有什么不对。不过，一个人如果在家里得不到合理的对待的话，那他肯定会想办法从其他方面得到的。"

几天后，罗斯福无意中碰到了那个男孩，就对他说："我听说你离家出走了，这是怎么回事？"

那男孩回答："是这样的，上校，每次我有事找爸爸，他都会发火。他从不给我机会让我把事情讲完，反正，在他看来，我从来没有对过，我永远都是错的。"

罗斯福说："孩子，你现在也许不会相信，不过，你父亲才真正是你很好的朋友。对他来说，你是这世上最重要的人。"

"也许吧！上校，不过我真的希望他能换一种方式来表达。"

接着罗斯福去告诉那位老友，发现几乎令其惊讶的事实，他果然正如他的儿子所形容的那样暴跳如雷。于是，罗斯福说："你看！如果你跟儿子说话像刚才那样，我不奇怪他要离家出走，我还觉得奇怪他怎么现在才出走呢？你真是应该跟他好好谈一谈，多了解他，多理解他的想法才是。"

【心理点睛】

暴躁易怒的性格容易造成不可挽回的局面，从某种意义上来讲，愤怒不仅会伤害他人，更容易伤害自己，因为愤怒就好比一只弹力球，你用的力量越大，它反弹回来的劲儿就越猛。克制愤怒，正是控制自我情绪中最重要的一个环节。因此，我们要在平时的生活中多学习如何克制自己的愤怒，以防造成伤人伤己的不良局面。

原则不能温和

【哈佛心语】

性情上的温和是善，原则上的温和是恶。

——潘恩

【故事殿堂】

在哈佛有一门专门教学生们如何演讲的课程，讲授它的教授中有一位叫凯文斯，他在一次课上如此说道："'如果你握紧一双拳头来见我，'威尔逊总统说，'我想我可以保证，我的拳头会握得比你的更紧；但是如果你来找我说，我们坐下来，好好商量，看看彼此意见相左的原因何在。'我们就会发觉，彼此的差距并不那么大，相异的观点并不多，而看法一致的观点反而居多，也会发觉只要我们有彼此沟通的豁达、诚意和愿望，我们就能达成共识。"

"曾经有个格言：'一滴蜂蜜比一加仑的胆汁更能吸引苍蝇。'如果你想说服一个人，首先要以一颗豁达明理之心来看待他的所言所行，然后才能晓之以理，动之以情。"

"1915年，洛克菲勒是科罗拉多州最受人轻视的人。美国工业发展史上发生的最血腥的罢工，在科罗拉多进行了两年之久。愤怒而粗暴的矿工，要求科州煤铁公司提高工资，该公司正属于小洛克菲勒所有。物产遭到破坏，公司召军队来镇压，发生多起流血事件。罢工者被枪杀，尸体满布弹孔。"

"然而洛克菲勒却静下心来，以一篇充满大度的演说平息了即将要吞噬他的风暴，而且为他赢得了不少崇拜者。他提供事实的态度，友善地使罢工工人回去工作，绝口不谈提高工资的事。"

"下面是那段著名演说的开场白，请注意他在字里行间所流露的善意。要知道，洛克菲勒演说的对象前几天还想把他吊死在酸苹果树上；但他的话甚至比面对一群传教医生还要谦逊和蔼。他的讲词用了这些句子，像'到这儿来很荣幸''我去过你们的家庭''见过各位的妻儿''今天我是以朋友而不是陌生人的身份在此会面''友善互爱的精神''我们共利益''我能在此，完全靠了各位的支持捧场'。"

"'今天，是我一生中值得纪念的日子，'洛克菲勒开始说，'这是我第一次有幸会见这家伟大公司的劳方代表、职员和监工，齐聚一堂。我可以告诉各位，我很荣幸到这儿来，而且有生之年将不会忘记这场聚会。’”

“‘这场聚会若在两个星期以前召开，我对这里的大多数人一定很陌生，只认得几张面孔。上周我有机会到南区煤矿所有的工棚去看了一遍，并且和各代表有过个别谈话，除了不在场的代表外，统统见过了；我拜访过你们的家庭，见过各位的妻儿，今天我们都以朋友的身份见面，不再是陌生人，我们之间已经有了友善互爱的精神，我很高兴有此机会和各位一起讨论有关我们共同的利益问题。’”

“‘既然聚会本来是由厂方职员和劳工代表共同参加，我能在此，全靠各位的支持捧场。因为我既非员工代表，也不是劳工代表；然而我深深觉得我跟你们关系十分亲密，因为就某一点来说，我代表了股东和董事们……’”

这样一次成功的演说，这么富有智慧的谈判，不得不令人对洛克菲勒的冷静与心胸感到折服。

【心理点睛】

理性与愚蠢之间的距离有时仅一步之遥，它们的区别就在于对一件已经发生的事，前者能够冷静、客观对待，后者则暴跳如雷或自我哀怜。或者是对于能够预料的未来之事，理智的人会选择对全局最有利的方式，丧失理智的人则会任凭感情的驱使，最终也只会酿成令人遗憾的悲剧。

不为外界所扰

【哈佛心语】

凡是天性刚强的人，必定有自强不息的力量。

——罗曼·罗兰

【故事殿堂】

谈到汽车大王亨利·福特的发迹史，说来话长，但使他萌发斗志却要从他的一次不同寻常的就餐经历说起。

当亨利·福特还是一个修车工人的时候，有一次刚领了薪水，便兴致勃勃地到一家他一直十分向往的高级餐厅吃饭。年轻的亨利·福特在餐厅里待了差不多 15 分钟，没有一个服务生过来招呼他。最后，餐厅中的一个服务生看到亨利·福特独自一人坐了那么久，才勉强走到桌边，问他是不是要点菜。

亨利·福特连忙点头说是，只见服务生不耐烦地将菜单粗鲁地丢到他的桌上。亨利·福特刚打开菜单，看了几行，就听见服务生用轻蔑的语气说道："菜单不用看得太详细，你只适合看右边的部分（意指价格），左边的部分（意指菜色），你就不必费神去看了！"

亨利·福特惊愕地抬起头来，目光正好迎接到服务生脸上满是不屑的表情上，这使得亨利·福特非常生气。恼怒之余，他不由自主地便想点最昂贵的大餐，但转念又想起口袋中那一点点可怜微薄的薪水，不得已，咬了咬牙，福特只点了一个汉堡。

服务生从鼻孔中"哼"了一声，傲慢地收回亨利·福特手中的菜单。当服务生离去之后，亨利·福特并没有因为花钱受气而继续恼恨，他反倒冷静下来，仔细思考，为什么自己总是只能点自己吃得起的食物，不能点自己真正想吃的大餐。

亨利·福特当下立志，要成为社会中顶尖的人物。从此之后，他开始向梦想前进，由平凡的修车工人逐步成为叱咤风云的汽车大王。

【心理点睛】

人生需要"不以物喜，不以己悲"的那种平和，要做到处颓势不倒，处逆势不躁，心静若止水才能明察秋毫。静如止水还要守住寂寞，忍耐一点。不要随波逐流，别人做成的事，你不要羡慕，因为你不一定能做。选择自己擅长的领域，保持平和的心态，不被外界纷扰打乱自己的心境，用实力证明自己的价值，这才是我们的理性之选，也是理想之路。

性格上的黑点

【哈佛心语】

在每一个人的性格上都可以找到一些小小的黑点。

——詹姆斯

【故事殿堂】

扬名天下的巴顿将军是许多人仰慕的对象，但他的一件决定他个人命运的小事却被哈佛大学历史学教授威廉姆·科尔比当作了警醒学生的反面教材。

1943年，二战时期的著名将领巴顿在去战后医院探访时，发现一名士兵蹲在帐篷附近的一个箱子上，显然他没有受伤，于是巴顿问他为什么住院，他回答说："我觉得受不了了。"医生解释说他得了"急躁型中度精神病"，这是第三次住院了。巴顿听罢大怒，多少天积累起来的火气一下子发泄出来，他痛骂了那个士兵，用手套打他的脸，并大吼道："我绝不允许这样的胆小鬼躲藏在这里，他的行为已经损坏了我们的声誉！"说完气愤地离开……第二次又见一名未受伤的士兵住在医院里，顿时变脸，问："什么病？"士兵哆嗦着答道："我有精神病，能听到炮弹飞过，但听不到它爆炸。"（炸弹恐惧症）巴顿勃然大怒，骂道："你这个胆小鬼！"接着打他耳光，"你是军队的耻辱，你要马上回去参加战斗，但这太便宜你了，你应该被枪毙。"说着便拿出手枪在他眼前晃动……很快巴顿的行为传到艾森豪威尔的耳中，他说："看来巴顿已经达到顶峰了……"

狂躁易怒的性格使本有前途的巴顿没有再进一步，面对有心理障碍的士兵，不是去认真了解情况，加以鼓励，而是大打出手，完全失去了指挥官应有的风度修养，破坏了自己在人们心目中的形象，因此失去了攀上顶峰的机会，"遗憾"之余，让人想起了一句老话：性格决定命运。

【心理点睛】

俗话说："怒从心头起，恶向胆边生。"暴躁是一种在特殊情况下痛苦和压抑毫无理性的释放。暴躁是在听到不顺耳的话或遇见不如意的事的时候，火气便不加克制地得以喷发。暴躁的人容易让健康过早地逝去，而且经常表现为精神恍惚、无精打采的状态。平和是化解暴躁的良药，只要拥有了平和，就能抚平暴躁的心。

心灵的地盘

【哈佛心语】

心灵有它自己的地盘，在那里可以把地狱变成天堂，也可以把天堂变成地狱。

——弥尔顿

【故事殿堂】

有一位骁勇善战的国王，他带领军队进军中原与波斯，攻占了许多领土。很多国家的人都在讲述他的英勇战绩，人们说自亚历山大大帝以来，还没有出现过像他这样的帝王。

一天上午，打完仗回家后，他骑马到林中打猎。他的许多朋友和他在一起，他们手拿弓箭，欢快地策马奔腾。仆人与猎狗跟在后面。

这次狩猎，大家都玩得非常愉快。森林里荡漾着他们的欢声笑语。他们打算在傍晚时满载猎物而归。国王的手腕上站着他心爱的猎鹰。在那个时代，人们训练鹰用来狩猎。听到主人一声命令，它们就会立即飞向高空，四处寻找猎物，一旦发现野鹿或兔子，就会像离弦之箭向猎物俯冲而去。国王与同伴们整整一天都在树林中驰骋，但发现的猎物却没有他们预想的那么多。

接近傍晚时，他们打算回家。国王经常在树林中穿行，对各条路都很熟悉。其他人抄近路往回赶，而他却选了一条穿越山谷、路途较远的路。

天气很热，国王非常渴。他心爱的猎鹰已经从他的手腕上飞走，猎鹰一定能够找到回家的路。

国王沿路信马由缰。他以前在这条路附近看到过一股清澈的泉水，要是现在能找到它，该多好啊！但是夏日炎炎，山涧的许多小溪都已经干涸了。

让他喜出望外的是，他终于在一块岩石底下发现了一条小细流。他知道远处一定有泉水，在湿润的季节，这里总有一股溪水在流淌，但是现在却只有水滴在渗出。

国王下马，从打猎用的袋子中取出一个很小的银杯，然后双手捧着杯子去接水。

要把水杯接满，需要很长一段时间。国王渴得要命，简直再也等不下去了。水杯终于快接满了，他赶紧把杯子端到嘴边正要喝，突然天空中传来一阵呼啸声，他手中的水杯被打落在地，杯中的水洒在地上。

国王抬头，看是什么东西干的，却发现是自己心爱的猎鹰。

猎鹰围着国王飞了几圈，然后落到泉水旁的岩石丛中。

国王捡起水杯，又去接水。

这次他再也等不了刚才那么长的时间了。刚接了半杯水，他就迫不及待地端到唇边。然而还没等他喝进口，那猎鹰又俯冲下来，将水杯从他的手中打落。

国王开始生气了。他又试了一次，但那猎鹰还是没有让他成功。

国王这次真的生气了。

“你怎么胆敢这样做？”他喊道，“如果我抓住你，一定要把你的脖子拧断。”然后，他又开始接水。但是这次在喝水之前，他抽出了腰间的宝剑。

“嘿，猎鹰先生，”他说道，“这可是最后一次了。”

他还没有说完，那猎鹰就俯冲下来，把他的水杯打翻在地。然而国王也做好了准备，他手中的宝剑一挥，正好砍在猎鹰的身上。

可怜的猎鹰跌落在地，血如泉涌，不一会儿就死在了主人的脚下。

“这是你罪有应得。”国王说道。

他转身开始找水杯，却发现水杯已经滚到两块石头之间，无法取出了。

“不管怎样，我必须喝点泉水。”他自言自语道。

想到这里，他开始沿着陡峭的石壁向泉水的源头爬去。路很不好走，他越往上爬，越是感到干渴难忍。

最后他终于来到了目的地。那里确实有一个小水潭。但水潭中躺着一个什么东西，差不多把水潭都填满了，原来是一条带有剧毒的死蛇。

国王停住脚步，他忘记了干渴，想起了死去的猎鹰。

“原来是猎鹰救了我一命！”他大声喊道，“而我刚才却那样回报它！它是我最好的朋友，我却把它杀死了。”

他爬下石壁，轻轻将猎鹰捡起，放到行李袋中。然后上马，疾驰而归。他对自己说：“今天我吸取了一条惨痛的教训，那就是无论干什么千万不要意气用事！”

【心理点睛】

如此忠诚的猎鹰，却因国王的意气用事而不幸失去生命，实在令人痛心。从中也让我们感悟到：做事切勿盲目。特别是在我们个人的成长中，在对待目标的问题上更应如此。

一个人认准目标奋力向前，本来是好事。可是如果这个目标是错的呢？那么，麻烦也就接踵而至了。

如果一个人的目标错了而他仍要奋力向前，而且又自以为自己意志坚定、态度坚决，那么，它导致的恶劣后果恐怕比没有目标或犹豫不前更为可怕。一个没有目标的人，一个不向前进的人，在这一生中，他至多做个平庸的人而已，虽不能成大事，却也不至于做出什么大坏事；可要是一个有目标的人，甚至是一个有远大理想的人，他是有可能成大事的；然而，如果他的目标是错误的，他的理想根本就是个黑色的理想，那么，他就极有可能做出大坏事来。

既然一个人确立的目标或者理想有可能出错，那么我们在做一件事之前，就必须记住：你所做的与你预期所想达到的有可能适得其反。这就需要你特别注意，当别人劝告你的时候，你就要三思而行了。因为当局者迷，旁观者清。你可能不知道你已误入歧途，可是别人却会看在眼里。

生存还是毁灭

【哈佛心语】

理智的作用仅在于认识世界是如此，反之，意志的努力即在于使得世界成为应该如此。

——黑格尔

【故事殿堂】

哈佛大学的法律学教授德里克·博克讲过一个年轻人的故事：

约翰尼·卡特很早便有一个梦想——当歌手。参军后，他买了自己有生以来的第一把吉他。他开始自学弹吉他并练习唱歌，他甚至自己创作了一些歌曲。服役期满后，他开始努力工作以实现当歌手的夙愿，可他没能马上成功。没人请他唱歌，就连电台唱片音乐节目广播员的职位也没能得到。他只得靠挨家挨户推销各种生活用品来维持生计，尽管如此，他还是一如反顾地坚持练唱。他组织了一个小型的歌唱小组在各个教堂、小镇上巡回演出，为歌迷们演唱。最后，他灌制的一张唱片奠定了他后期音乐工作的基础。他吸引了两万名以上的歌迷，金钱、荣誉、在全国电视屏幕上露面——所有这一切，他全部得到了。他对自己坚信不疑，这使他获得了成功。然而，卡特又接着经受了第二次考验。经过几年的巡回演出，他被那些狂热的歌迷拖垮了，晚上须服安眠药才能入睡，而且还要吃些“兴奋剂”来维持第二天的精神状态。他开始沾染上一些恶习——酗酒、服用催眠镇静药和刺激兴奋性药物。他的恶习日渐严重，以致对自己失去了控制能力，他不是出现在舞台上而是更多地出现在监狱里。到了1967年，他每天须吃一百多片药。

一天早晨，当他从佐治亚州的一所监狱刑满出狱时，一位行政司法长官对他说："约翰尼·卡特，我今天要把你的钱和麻醉药都还给你，因为你比别人更明白你能充分自由地选择自己想干的事。看，这就是你的钱和药片，你现在就把这些药片扔掉吧；否则，你就去麻醉自己、毁灭自己，你选择吧！"

【心理点睛】

人的一生要面临不同的诱惑与选择，大大小小、林林总总，有的无足轻重，有的则事关生死，如何正确地对待这些形形色色的不同诱惑和选择，每个人心中都应当有一杆秤。

著名的戏剧家莎士比亚在名剧《哈姆雷特》中，用一句"To be or not to be？ That's a question."将生命的意义摆在我们面前。的确，生存还是毁灭，这是个值得深思的问题。

命运的严肃性使得我们必须学会选择，在面对一些可能致命的诱惑前，一定要学会自制，这是来自我们内心的力量。

闭上你的嘴

【哈佛心语】

动辄发怒是放纵和缺乏教养的表现。

——普鲁塔克

【故事殿堂】

圣菲亚斯是16世纪一位很受人们爱戴的罗马牧师。无论是贵族还是平民，大家都很喜欢跟随他的左右，因为他是那么富于智慧，而且善解人意。

有一次，一位年轻的女孩来到圣菲亚斯面前，向他倾诉自己的苦恼。其实女孩心地不坏，只是她常常说三道四，喜欢说些无聊的闲话。这些闲话传出去后，往往会给别人造成或多或少的伤害。久而久之，人们便渐渐地远离她了。因为没有朋友，所以她觉得很孤独。

圣菲亚斯对女孩说："你不应该谈论他人的缺点，我知道你也为此而苦恼，现在我命令你要为此赎罪。你到市场上买一只母鸡，走出城镇后，沿路拔下鸡毛，并四处散布。你要一刻不停地拔，直到拔完为止。你做完之后，就回到这里告诉我。"

女孩觉得这是一种非常奇怪的赎罪方式，但为了消除自己的烦恼，她没有表示任何异议。她买了一只鸡，走出城镇，并遵照圣菲亚斯的吩咐拔下鸡毛。然后她回去找圣菲亚斯，告诉他自己按照他说的做了一切，圣菲亚斯说："你已完成了赎罪的第一部分，现在要进行第二部分。你必须回到你散布鸡毛的路上，捡起所有鸡毛。"

女孩照做了，可在这时候风已经把鸡毛吹得到处都是了。她只捡回了一部分，但无法捡回所有鸡毛。

女孩回来说："我没能捡回所有鸡毛。"

圣菲亚斯说："没错，我的孩子，你是无法捡回所有鸡毛的。你那些脱口而出的愚蠢话语不也是如此吗？你不也常常从口中吐出一些愚蠢的谣言吗？你有可能跟在它们后面，在你想收回的时候还能够收回吗？"

女孩说："不能。"

"那么，当你想说些别人的闲话时，请闭上你的嘴，不要让这些邪恶的羽毛散落路旁。"圣菲亚斯说。

【心理点睛】

在生活中我们要注意控制自己的言行和情绪。尤其在想谈论别人的缺点、想说别人的坏话时，更应当注意克制自己，因为有些话一旦说出来，就好像扔出去的鸡毛一样，不是想收回就能收回的。

内心平静

【哈佛心语】

无论你怎样表示愤怒，都不要做出任何无法挽回的事情来。

——林肯

【故事殿堂】

这是在哈佛肯尼迪政府学院里发生的广为人知的故事。

有一天，陆军部长斯坦顿怒气冲冲地来到林肯那里，抱怨一位少校公开指责他偏袒下属。林肯建议史坦顿立即写一封信回敬那位少校。

“可以狠狠地骂他一顿。”林肯说。

史坦顿立刻写了一封言辞激烈的信，然后拿给林肯看。

“对了，对了。”林肯高声叫好，“要的就是这个！好好教训他一顿，真写绝了，斯坦顿。”但是当史坦顿把信叠好装进信封里时，林肯却叫住他，问道，“你要干什么？”

“寄出去呀。”史坦顿有些摸不着头脑了。

“不要胡闹。”林肯大声说，“这封信不能发，快把它扔到炉子里去。凡是生气时写的信，我都是这么处理的。这封信写得好，写的时候你已经解了气，现在感觉好多了吧，那么就请你把它烧掉，再写第二封信吧。”

【心理点睛】

生气会让人失去理智，不能做出正确的判断。保持温和的心态，你便一定能从中受益颇多。在成功人士眼中，任何委屈都不足以让其感到心灰意冷；相反，更能鼓舞士气，激发起他一定要做成某件事情的欲望。能忍受得住一时的委屈，才会有成功的将来。

在成就大事的过程中，无论是谁都难免会有受委屈的时候，而如何做到以柔克刚、尽显本色，这才是我们要学习的地方。一个人是否可以成就一番事业，也要看他在这样的时候是否能以良好的习惯来控制自己，是否能够真的做到以柔克刚。

做人要懂得以退为进之道，因为以退为进不但不会减缓成功的脚步，反而还会给它增加动力。忍人所不能忍，这需要一定的勇气和毅力，需要青少年朋友拥有良好的宽容与忍让的习惯和作风。同时，更需要一种成事者的大家风范。青少年朋友要成大事，这种习惯和作风是必不可少的，唯有如此，才会在关键时刻显出英雄本色，才能赢得人心，从而成就一番事业。

因此，当我们和别人生气的时候，要注意合理控制自己的情绪，既不要把自己的愤怒压抑在心底，也不要直接将愤怒发泄给别人，而是找出缓解愤怒情绪的合理步骤。让自己的情绪缓一缓，等自己的内心平静下来之后再做决定。

控制贪婪

【哈佛心语】

财富不是盗窃，但有许多盗窃变成了财富。

——托尼

【故事殿堂】

英国人统治印度时期，那些在印度的英国人十分骄横、傲慢。

有一天，一个英国军官骑着马在街头兜风。忽然，一个装得鼓鼓囊囊的钱包从的他口袋中滑了出来，掉到马路上。过了一会儿，他发现钱包没有了，赶忙回头寻找。

一位好心的印度人捡到了钱包，他正在着急地寻找失主，见那位英国军官焦急的样子，便问他："先生，你在找什么？"英国军官回答说："我的钱包丢了，我正在寻找它。"好心的印度人马上把钱包还给了他。可是，那个英国军官见印度人老实可欺，便想趁机敲他一笔。他打开钱包，数了数，然后威胁印度人说："我的钱包里装了 70 枚金币，现在只剩下 60 枚了，你快把拿去的 10 枚交出来，要不然，我就对你不客气了。"印度人怎么也没想到这个英国军官会反咬自己一口。他想争辩，可是英国军官蛮不讲理。最后英国军官将他带到了警察局。警察记下了案情，又把他送到了法院。

法官听了各自的陈述，再打开钱包看了看，心想：要是这个印度人贪心，就不必把钱包还给英国军官了，又何必要那 10 枚金币呢？再说，这个钱包已经很满，不要说再装 10 枚，就是再装进一枚也很困难。一定是英国军官仗势欺人。想到这里，法官开始做出裁决。

同时，法官另外拿出 10 枚金币交给那位英国军官，说："请你把这 10 枚金币装进钱包。"英国军官费尽全身力气，想把金币塞进钱包，可怎么也装不进去。

法官见此情形，拿过钱包，交给印度人，说："很清楚，这钱包是你的，那位军官的钱包大，能装 70 枚金币，而这只钱包只能装 60 枚。军官，你还是到别处找你的钱包去吧！”

英国军官偷鸡不成，反蚀把米，只好自认倒霉。

【心理点睛】

贪多必失，这是一条千古颠扑不破的真理，也是哈佛教授常给学生们讲述的做人箴言。贪婪是一个玩火自焚的游戏，最终一定是引火上身而不自知的下场。

丹尼·罗德克说：“世界上几乎所有大宗教都有一条戒律，就是反对贪婪。在现实生活中，我们常可听到人们用鄙夷不屑的口吻说出贪得无厌、贪心不足、贪婪成性等贬斥贪婪的词汇来。”的确，人的私心、贪婪常使人跌倒，重重地跌在自己恶念的祸害里。人性中的贪婪总是能被轻易而彻底地激发起来，当金钱成为你的目的的时候，一个小小的谎言都能让你上当。贪婪就开始牢牢地控制住你了。

在人类历史发展的过程中，贪婪完全可以说是人类最大的敌人。托尔斯泰说：“欲望越少，人生就越幸福。”同理，我们也可以说欲望越多，就越容易致祸。的确，古往今来，多少人欲壑难填，多少人被贪婪打败。

事实上，我们拥有的并不少，仅仅是因为欲望太多使自己不满足，甚至憎恨别人所拥有的或期望比别人拥有更多，以致心里产生忧愁、愤怒和不平衡。欲望太多，就会导致心理贫穷。

所以，生活中我们一定要减少欲望，懂得舍弃，只有这样才能从贪婪中解脱，从而获得心灵的安宁。要记住，在很多事情上，做到什么程度由我们自己控制。成功的人往往适可而止，而失败的人不是做得太少就是做得太多。要记住，多并不一定带来快乐，太多却一定会招来麻烦。

Chapter 8

第八章

回归快乐

林肯总统说过：“人快乐的程度多半是由自己决定的，大部分人只要下定决心都能很快乐。”快乐之根就在我们身上，快乐的秘密就在我们心中，每个人都可以通过改变自己的思想去改变自己的情绪和行为，从而改变自己的人生。

快乐其实很简单。无论什么人，只要热爱自己的生活，爱自己的家人和朋友，自食其力，辛苦工作，他的内心都会时刻充满快乐。

唯有具有最高尚的和最快乐的性格的人才会有感染周围的人的快乐。

——哈佛学子　爱默生

快乐之道不在做自己喜爱的事，而在喜爱自己不得不做的事。

——哈佛学子，美国第 43 任总统　乔治 · 沃克 · 布什

哈佛精英之拉尔夫·瓦尔多·爱默生

拉尔夫·瓦尔多·爱默生（Ralph Waldo Emerson，1803—1882）美国散文作家、思想家、诗人。1803 年 5 月出生于马萨诸塞州波士顿附近的康考德村，1882 年 4 月 27 日在波士顿逝世。他是新英格兰超验主义的杰出代表，为其同代人中最富影响力的哲学家和文豪。1837 年爱默生以“美国学者”为题发表了一篇著名的演讲词，宣告美国文学已脱离英国文学而独立，该演讲词被誉为美国思想文化领域的“独立宣言”。爱默生与他的学说是美国最重要的世俗宗教。

爱默生出身牧师家庭，自幼丧父，由母亲和姑母把他抚养成人。曾就读于哈佛大学，在校期间，他阅读了大量英国浪漫主义作家的作品，丰富了思想，开阔了视野。毕业后曾执教两年，之后进入哈佛神学院，担任基督教唯一的神教派牧师并开始布道。1832 年以后，爱默生到欧洲各国游历，结识了浪漫主义先驱华兹华斯和柯尔律治，接受了他们的先验论思想，对他思想体系的形成具有很大影响。

爱默生回到波士顿后，在康考德一带从事布道。这时他的演说更接近于亚里士多德学派风格，重要讲演稿有《历史的哲学》《人类文化》《目前时代》等。爱默生经常和他的朋友梭罗、霍桑、阿尔柯、玛格利特等人举行小型聚会，探讨神学、哲学和社会学问题。这种聚会在当时被称为“超验主义俱乐部”，爱默生也自然而然地成为超验主义的领袖。

1840 年爱默生任超验主义刊物《日晷》的主编，进一步宣扬超验主义思想。后来他把自己的演讲汇编成书，这就是著名的《论文集》。《论文集》第一集于 1841 年发表，包括《论自助》《论超灵》《论补偿》《论爱》《论友谊》等 12 篇论文。3 年后，《论文集》第二集也出版了。这部著作为爱默生赢得了巨大的声誉，他的思想被称为超验主义的核心，他本人则被冠以“美国的文艺复兴领袖”之美誉。

除《论文集》之外，爱默生的作品还有《代表人物》《英国人的特性》《诗集》《五日节》及其他诗歌。

从内心快乐起来

【哈佛心语】

希望中的快乐不亚于享受的快乐。

——莎士比亚

【故事殿堂】

哈佛大学心理学有一位久负盛名的教授，他就是塞德兹。塞德兹在早年留学哈佛时，曾师从于著名的心理学家威廉·詹姆斯，后来写出《俗物与天才》一书，在美国被奉为教育孩子的圭臬之作。他曾讲过这么一个小故事：

有一次，我换班的时候在外面扫地，看见一名老妇坐在角落。她身穿旧式印花洋装，褪色的黄毛衣，一双褴褛的黑鞋。那一晚奇冷无比，我不禁注意到她没穿袜子。

我问她袜子哪儿去了，她说她连一双袜子都没有。我低头看着这位瘦弱的老妇，我知道她需要的东西很多，不过那时我能给她的就是一双温暖的袜子。我脱下运动鞋，拉下白色的新袜子，就在停车场上把袜子穿在了她的脚上。我想这只不过是举手之劳，可是她的回答让我终生难忘。她用充满爱意的眼神看着我，仿佛祖母看着自己的孙子一样，她说："谢谢你！十分感谢你。如果有什么是我最爱的，那就是晚上睡觉时有双暖和的脚。这种感觉我已经记不得了。"那晚我开车回家，内心洋溢着喜悦。

隔天晚上我在那间热汤供应站轮班时，有两名警察走进来。他们想打探一个女人的消息，她的邻居发现她死了。他们拿那个女人的照片给我看，她就是接受了我的袜子的那个人。我难过地问："发生了什么事？"

警察告诉我，她是个老寡妇，没有家人，也没有朋友。她住在一间没有暖气的简陋房子里，就在两条街外。有位邻居偶尔去看她，就发现她死了。警察抬起头来继续说："你知道吗？验尸官处理尸体的时候，我也在场。很奇怪，我看到她一脸祥和。她面部的表情既满足、安详又平静。我希望我走的时候也能看起来像她那个样子。”

我想起了我把袜子穿在她脚上时她所说的话：“如果有什么是我最爱的，那就是晚上睡觉时有双暖和的脚。”

【心理点睛】

所谓内心的快乐，是指一个人过着健全的、正常的、和谐的生活所感到的快乐。放飞心灵，你将收获快乐。生命有时虽然黯淡，但只要心中有月、眼中有星，心灵就会感受到一抹光亮。给生活一个微笑，你将收获满满一篮子的快乐与幸福！

欲望的加减法

【哈佛心语】

欲望越少，快乐就越多。

——托尔斯泰

【故事殿堂】

迪克曾经是世界上最快乐的叫花子。

“我为什么不快乐呢？我每天都能吃得饱饱的，有时甚至还能讨到一截香肠；我每天还有这座破庙可以挡风遮雨；我不为其他人做工，我是自己的上帝。我为什么不快乐呢？”迪克这样回答那些羡慕他的人。

然而有一天，迪克却突然好像丢了什么宝贝似的，一下子变得闷闷不乐了。

事情是这样的：一天，迪克在回破庙的路上捡到一袋金币，准确地说是99块金币。

其实捡到金币的那个晚上，迪克是最最快乐的。“我可以不做叫花子了，我有了99块金币！这够我吃一辈子啊！ 99块，哈！我得再数数。”迪克怕这是一个梦，不敢睡觉。直到第二天太阳出来时，他才相信这是真的。

第二天，迪克很晚也没有走出破庙，他要把这99块金币藏好，这真的需要费一番工夫。“这钱不能花，我得攒着。我要是拥有100块金币就好了。我要有100块金币。”从来没有什么理想的迪克现在开始有了理想。他还需要一块金币，这对一个叫花子来说，绝对是一个非常远大的理想。

晌午，迪克才出去讨饭，不！他开始讨钱，一分一分地讨。中午他很饿，他只讨了一点儿剩饭。下午，他很早就“收工”了，他得用更多的时间守着他的金币。

“还差 97 分。”晚上他反复地数着他的金币，他开始忘记了饥饿。

一连几天，迪克都是这样度过的。这样过日子的迪克就再也没有吃饱过，同时再也没有快乐过。

讨饭越来越难，因为别人愿给剩饭而不愿给钱，也因为迪克用来讨钱的时间越来越少了。因为他不快乐了，别人也不愿再施舍给他了。

“迪克，你为什么不快乐了？”

“咱是叫花子，快乐个啥！”

迪克越来越忧郁，越来越苦闷，也越来越瘦弱。终于有一天，迪克病倒了。这一病使得迪克好几天都没有起来。在这几天里，迪克就想着一件事：还差 16 分就 100 块金币了。

“迪克，你没有收到我的金币吗？”突然有一天，一个富商找到破庙里的生命垂危的迪克。

“什么？”迪克吃惊地问道。

“迪克，”富商慢慢地说，“你的快乐，是你的快乐救过我。三年前，我在一次买卖中赔尽了家产。我正准备自杀，我见到了快乐的你，我明白了身无分文的人也能快乐地生活。后来，我就东山再起，赚了很多钱。那一次，我带着 99 块金币出来游玩，见到你，就把钱丢到了你要走的路上。可是你现在为什么还做叫花子呢？为什么不快乐呢？生了病为什么不拿钱去看医生呢？”

“我想拥有 100 块金币。还差 16 分，就差 16 分。”

富商从腰里取出一块金币给他。迪克接过钱，把钱装进袋子里，然后又全部倒出来，很细心地数——他终于有 100 块金币了，还多了 84 分。

迪克笑了，然后就昏倒了。

这时一个游僧路过，见到昏倒的迪克，向富商问明了情况，说：“这下完了！”

“怎么了？”

“因为他有了 99 块金币的时候，就会希望有 100 块金币。这就是每个人都不可避免的贪欲，贪欲赶走了他的快乐。你要救他，你得向他索回那 99 块金币，这样他或许还有救。现在，你反倒满足了他的欲望，重病的他就失去了支撑下去的动力了。开始时你给他 99 块金币，你使世界上少了一个天使；现在你又给他一块金币，这就使世界上少了一个生命。”

富商试了试迪克的鼻子，迪克果然什么时候都不会再快乐了。

【心理点睛】

人生的快乐不在于他得到了多少，而在于他是否懂得享受自己拥有的东西。努力地为自己赚取更多，这原本无可厚非，也是正常的心理，但同时我们要有懂得感恩知足的心，珍惜我们已经拥有的，从贪欲中解脱出来，这样我们才能够获得更多的快乐。

上帝是公平的

【哈佛心语】

真正乐观的人，是用积极的精神向前奋斗的人，是战胜愁虑的人。

——约翰 · 亚当斯

【故事殿堂】

有一位事业上一帆风顺的女高音歌唱家，年纪轻轻就已经举世闻名。更幸运的是，在别人看来，她拥有幸福美满的家庭，有善解人意的丈夫和活泼可爱的儿子。

在一次成功的音乐会之后，歌唱家和她的丈夫、儿子被一群狂热的听众团团围住。人们七嘴八舌地与歌唱家攀谈起来，赞美与羡慕之词洋溢了整个会场。

有个人恭维歌唱家少年得志，大学刚毕业就走进了国家级剧院，成了主要演员；有的人恭维歌唱家 25 岁就被评为世界十大女高音之一，年轻有为；也有的恭维歌唱家有个优秀的丈夫，而膝下又有个活泼可爱、脸上永远洋溢着笑容的小男孩。

在人们议论的时候，歌唱家只是静静地听，什么也没有表示。当大家把话说完后，她才缓缓地说：“首先我要谢谢大家对我和我家人的赞美，我希望在这些方面能够和你们共享快乐。但是，你们只看到了一个方面，还有另一方面你们没有看到，那就是你们夸奖的活泼可爱、脸上总带着微笑的小男孩不幸是个不会说话的哑巴，而且他还有一个经常被关在屋里的精神分裂的姐姐。”

人们震惊了，你看看我，我看看你，似乎很难接受这样的事实。这时，歌唱家又心平气和地对人们说：“这一切说明什么呢？恐怕只能说明一个道理，那就是，上帝是公平的，给谁的都不会太多。”

【心理点睛】

每个人都有自己的得意事，也有不为人知的心酸事。因此，想保持快乐的心情，就要懂得只看自己拥有的，不看自己欠缺的。

因为每个人的人生都有不如意，正所谓“人生之事，不如意十之八九”，快乐的人不是因为他们总遇到开心的事情，而是由于他们习惯常思“一二”。

装下整个宇宙

【哈佛心语】

现代的不宽容就像古代高卢人一样，可以分为三种：出于懒惰的不宽容，出于无知的不宽容和出于自私自利的不宽容。

——房龙

【故事殿堂】

前些年，曼彻斯特的一位出版商出版了一本小册子，里面的言辞低级粗野，竭尽全力地丑化“格兰特兄弟”公司，以使其受到公众的讥笑。威廉姆·格兰特感到十分气愤，他说写这本小册子的人一定会后悔的。一些爱看热闹的人又把此话告诉了诽谤者，这个出版商毫不在意地说：“他不就是认为我以后会欠他债吗？我会小心行事的。”但一个生意人是不可能自己选择债主的，不巧的是，这个出版商后来真的破产了，而格兰特手中恰好有一张他的承兑汇票。那是从另一个破产的商人处转让而来的，上面还有他的转让认可签名。

受诽谤者居然成了诽谤者的债主！他们现在可以让那些诽谤者为自己不负责任的言行而后悔了。如果没有债主的签名，诽谤者便拿不到证明和执照，也就再也不能经商了。现在，这个出版商已得到了债主的全部签名，除了格兰特那个，但是，他又怎么能够奢望“格兰特兄弟”公司补上这最后一个签名呢？

让受到谣言伤害的人对造谣者毫不计较，怎么可能呢？出版商感到十分绝望。他的妻子和孩子劝他还是去试一试，于是他忐忑不安地来到了格兰特公司。

格兰特先生独自一人在办公室，他对造谣者的第一句话是："关上门，先生！"语气严肃而有力。造谣者紧张而愧疚地站在格兰特面前，面红耳赤地说明了自己的情况，然后递上证明。格兰特先生接过证明，边看边说："你曾出版过一本诽谤我的小册子。"出版商顿时感到一切都没有希望了，可事实却超出他的想象，格兰特先生很快便在文件上写了几句话，然后把它还给破产者。这个灰心失望的造谣者认为上面一定写着大骂他诽谤的坏话，可当他绝望地看时，映入眼帘的却是"格兰特兄弟"公司清晰的签名。

"这是我们的规定，"格兰特先生说，"任何时候都不会拒绝为一个诚实的商人签名，而在这一方面，我们认为你没什么不好。"出版商热泪盈眶，而格兰特先生则继续说道："我说过会让你为从前的作为后悔的，现在不是做到了吗？那并不是威胁，只是要你在了解我们之后，为自己曾伤害过这样的人而感到难过。我想你如今已经后悔了。"

"当然，事实如此！"出版商激动地叫道，"我从没有如此强烈地后悔过。"

接着，他们进行了平和的谈话，这个破产者谈到今后的打算，拿到证明执照后，会有朋友来帮助他。"那你现在还剩多少钱呢？"格兰特问。出版商坦白地说，家里稍微值钱的东西全抵给债主了，而为了凑够办理执照证明的钱，他必须缩减家里的日常开支。"伙计，这样可不行。"格兰特先生摇摇头，"怎么忍心让你的家人在贫苦中挣扎呢？把这10万英镑交给你妻子吧。不要哭，别这样，一切都会过去的。燃起斗志，像真正的男子汉一样拼搏，你很快就会为之感到骄傲和自豪的。"出版商感动极了，他想感谢格兰特先生，却一句话也说不出来，最后捂着脸像孩子一样呜咽着走了出去。

这是一位英裔哈佛教授所讲述的真人真事，他只想告诉哈佛的学子们，只有宽宏的心灵才能装下整个宇宙，包括成功与荣誉。

【心理点睛】

宽容的力量常常能使误入歧途的人返回正常轨道，也能够化敌为友。它就是那么神奇，比任何道理的叙述都更有说服力。它的魅力来源于发自内心的真诚与崇高，因此才会拥有格外迷人的温暖。

宽容是我们做人的基准。学会宽容，学会从别人的狭隘中开辟出宽容的渠道，这比做什么事情都令人感到愉快、幸福。宽容是支撑美德果实的绿叶，只有像绿叶一样相互容纳的胸襟，才能装点出妩媚多姿的世界。宽容是展示美好心灵世界的绿地，它繁育着鸟声和虫鸣，连孵化在原野的清风也是绿色的。宽容使我们能正确地对待别人的缺点，把激化的矛盾大事化小小事化了，让误入歧途的车轮驶向正道。

宽容有时意味着我们要失去某种利益，但为了解除是非的迷惑，舍弃这点儿利益是非常必要的，站立在宽容背后的影子是高尚的。宽容不是一概而论的，也要具体问题具体分析，当真正的敌人站在面前的时候，我们应该放弃宽容，变得坚不可摧。宽容也应该是一种竞技，能广纳百川，方显英雄本色。

宽容的救赎

【哈佛心语】

没有宽容过敌人的人，从未享受过人生最大的乐趣。

——拉瓦特

【故事殿堂】

一个匈牙利的骑士被一个土耳其的高级军官俘获了。这个军官把他和牛套在一起犁田，而且用鞭子赶着他工作。他所受到的侮辱和痛苦是无法用文字来形容的。因为那个土耳其军官所要求的赎金高得难以想象，这位匈牙利骑士的妻子变卖了她所有的金银首饰，典当了他们所有的房子和田产，他的许多朋友也捐募了大批金钱，终于凑齐了这个数目。这才使得匈牙利骑士从羞辱和奴役中获得了解放，但回到家时，他已经病得支撑不住了。

没过多久，国王颁布了一道命令，征集大家去跟敌人作战。这个匈牙利骑士一听到这道命令，再也安静不下来了。他无法休息，片刻难安。他叫人把他扶到战马上，气血上涌，顿时浑身都充满了力气，而后飞速地向胜利驰去。他把那位曾羞辱他、使他痛苦万分的将军变成了他的俘虏。那个土耳其军官，已经是俘虏的土耳其人现在被带到他的堡寨里来，一个钟头后，那位匈牙利骑士就出现了。他问这个俘虏："你想到过你会得到什么待遇吗？""我知道！"土耳其人说，"报复！但是我怎样做你才能饶恕我呢？""一点儿也不错，你会得到一个犹太教徒的报复！"骑士说，"耶和华的教义告诉我们要爱我们的同胞，宽恕我们的敌人。上帝本身就是爱！放心地回到你的家里，回到你亲爱的人中间去吧。不过请你将来对受难的人温和一些，仁慈一些吧！"这个俘虏忽然大哭起来："我做梦也想不到能够得到这样的待遇！我想我一定会受到酷刑和痛苦的折磨。如今看来确实如此，这种悔恨的折磨更加痛苦。"

【心理点睛】

法国作家罗曼·罗兰说："人们对于不十分看重的人，要宽容得多。"这是普通人的宽容，伟大的人的心胸也许会更加广博。

一个宽容的人保持着恬淡、安静的心态，做着自己应该做的事情。一个善意的微笑，一句幽默的话语，也许就能化解人与人之间的怨恨和矛盾，填平感情的沟壑。雨果曾说过："世界上最宽阔的是海洋，比海洋宽阔的是天空，比天空更宽阔的是人的胸怀。"宽容是一种非凡的气度，宽广的胸怀是对人对事的包容和接纳。一个懂得宽容的人能够做到对别人不苛求，"能容人处且容人"。

每个人都有自己的思维、工作、学习、生活习惯，既有其长处，也有其短处。在社会生活中，人们总要同各种各样的人打交道。换个角度来说，多注意别人的好处，用理解、同情和爱心去影响别人，使他既能认识到自己的缺点，又能心悦诚服地改正，那样你的人际关系也会因此而得到很好的发展。

处处宽容别人，绝不是代表软弱，绝不是面对现实的无可奈何。在短暂的生命里程中，学会宽容，你的心情会因此更加快乐。

原谅他人的过错

【哈佛心语】

我宽恕你，你便原谅我，这是千古不变的道理。

——布莱克

【故事殿堂】

毕业于哈佛大学的经济学家萨缪尔森曾获诺贝尔经济学奖，他主张人们在交往中应当多一些体谅、少一些责难。

包布·胡佛是著名的试飞员，并且常常在航空展览中做飞行表演。一天，他在圣地亚哥航空展览中表演完毕后飞回洛杉矶。正如《飞行》杂志所描写的，在空中 300 米的高度，两个引擎突然熄火。由于技术熟练，他操纵飞机成功着陆，但是飞机严重损坏，所幸的是没有人受伤。

在迫降之后，胡佛的第一个行动是检查飞机的燃料。正如他所预料的，他所驾驶的第二次世界大战时的螺旋桨飞机居然装的是喷气式飞机燃料，而不是汽油。

回到机场以后，他要求见见为他保养飞机的机械师。那位年轻的机械师为所犯的错误感到极为难过。当胡佛走向他的时候，他正泪流满面。他造成了一架非常昂贵的飞机的损失，差一点儿还使 3 个人失去生命。

你可以想象胡佛必然大为震怒，并且预料这位极有荣誉心、事事要求精确的飞行员必然会痛斥机械师的疏忽。但是，胡佛并没有责骂那位机械师，甚至没有批评他。相反，他用手臂抱住那个机械师的肩膀，对他说："为了表示我相信你不会再犯错误，我要你明天再为我保养飞机。"

【心理点睛】

我们平时大概会习惯责骂他人的错误，尤其是当他们的错误对我们的生活产生了不利的影响时，我们可能会因此而失控。当怨恨之情占据我们的心灵，辱骂就会随之而来。但若细想一下，便会发现辱骂除了让我们的情绪变坏之外别无所获，有时甚至会越骂越糟，导致双方关系破裂或留下伤痕。因此，无论怎样比较，都会发现原谅是有益的选择。

宽人之道

【哈佛心语】

"我能原谅，但我忘不了"是"我不能原谅"的另一种说法。

——比彻

【故事殿堂】

费格曼先生在哈佛大学是教国际政治与经济课程的教授，他一直很敬重韩国总统金大中。因此金大中的故事常被他搬到课堂上作为事例进行讲解。

金大中经过漫长岁月的奋斗和努力，终于在耄耋之年当上了总统。在正式就职之后，他做了一个令世人敬佩的举动，就是公开在青瓦台总统府招待了曾经迫害过他的四位前任韩国总统，包括全斗焕、卢泰愚、金泳三和崔圭夏。

在那场晚宴中，金泳三一直板着脸，沉默不语，而全斗焕和卢泰愚对金泳三则恨之入骨，根本不愿和他坐在一起，所以只好由当时的国务总理坐在他们中间。而这位国务总理不是别人，就是当年的中央情报局局长，也是下令要暗杀金大中的人。当时若不是美国适时阻止，金大中可能早就被装入麻袋，丢入海中淹死。

他以具体行动化解了政治仇恨，也展现了伟大的宽人之道。在轰动一时的光州大审中，他曾被政府判处死刑。当时他曾立下遗书，要求他的家人和同志不要报仇，让政治迫害就到他这里为止。

他的宽广心胸和高尚的情操赢得了无数世人的尊敬。

【心理点睛】

原谅自己的对手、敌人，尽管他们曾给我们带来无尽的痛苦。当宽容的行为一旦产生，我们的内心便会获得永远的安宁与平静。

胸襟广博的人也会因此而受到他人的敬重与信任，因为人们会觉得如此高尚的人做事会更稳妥。

宽容恶劣的环境，才能对生活保持微笑。的确，能容纳别人的人是可敬的，能够宽恕环境的人更值得人们敬仰。生命的意义就在于彼此接纳的和谐，饶恕是一种极高的美德。一个能饶恕别人的人，自己的内心也会得到释然；一个能宽恕环境的人，自己的内心也会变得开阔，因为自己的生活不是充满了仇恨，而是充满了爱。

大海因为能够容纳百川，所以可以成为浩瀚的海洋。莎士比亚忠告人们说："不要因为你的敌人而燃起一把怒火，只会烧伤你自己。"假如别人伤害了自己，千万不要只会怨恨，关键是要学会宽容，并避免被别人再次伤害。

放下怒火与怨恨，永远是让自己开心也让他人快乐的真理。

宽容的力量

【哈佛心语】

如果没有宽恕之心，生命就会被无休止的仇恨和报复所支配。

——阿萨吉奥利

【故事殿堂】

在第二次世界大战期间，一支英军与德军在森林中相遇，激战一夜后有两名英国士兵与部队失去了联系，这两名士兵来自同一个小镇。

两名英国士兵在森林中艰难跋涉，他们互相鼓励、相互安慰。十多天过去了，他们仍未与部队联系上。这一天，他们打死了一只鹿，依靠鹿肉又艰难地度过了几天。可是整个森林除了一只鹿之外，他们再也没看到过其他任何动物。他们把仅剩下的一点儿鹿肉背在身上。后来，他们在森林中又一次与敌人相遇，再一次进行激战，他们巧妙地避开了敌人。就在他们自以为已经安全时，只听一声枪响，走在前面的年轻战士中了一枪——幸亏伤在肩膀上！后面的士兵惶恐地跑了过来，他害怕得语无伦次，抱着战友的身体泪流不止，并赶快把自己的衬衣撕下给战友包扎伤口。

晚上，未受伤的士兵一直念叨着母亲的名字，两眼直勾勾的。他们都以为自己熬不过这一关了，尽管饥饿难忍，可他们谁也没有动身边的鹿肉。天知道他们是怎么过的那一夜。第二天，部队救了他们。

事隔多年，那位受伤的战士杰克说："我知道是谁开的那一枪，他就是我的战友。当时在他抱住我时，我碰到了他发热的枪管。我怎么也不明白，他为什么对我开枪？但当晚我就宽恕了他。我知道他想独吞我身上的鹿肉，我也知道他想为了他的母亲而活下来。接下来这么多年，我装作根本不知道此事，也从不提及。战争太残酷了，他母亲还是没有等到他回来。我和他一起祭奠了老人家。那天，他跪下来，请求我原谅他，我没让他说下去。我们又做了几十年的朋友，我宽恕了他。"

【心理点睛】

一位哲人曾经说过："以恨对恨，恨永远存在；以爱对恨，恨自然就会消失。"面对别人对自己造成的伤害，我们要以德报怨，时刻提醒自己，让伤害到自己这里为止。

评估你的境遇

【哈佛心语】

能做到快乐、节制和静养，就可把大夫拒之门外。

——朗费罗

【故事殿堂】

已到知天命之年的老人唐娜得了一种怪病——她一听到“饿”字，马上就饿得前胸贴后背，即使两个小时前她刚吃过饭。她一天吃十多顿饭，依然感觉饥肠辘辘。

唐娜退休后不久，就陷入了这种饥饿感之中。“感到饿就吃，才吃一点儿马上就不饿了，过一会儿，又感到饿。”唐娜说，随着时间的推移，饥饿感的频率和强度不断加强。“吃完饭不到两个小时，就又饿得心慌。一听到别人说饿，马上就觉得自己腹中空空，即使到了晚上，也要爬起来吃上三四顿饭。”唐娜感到痛苦极了。

唐娜四处求医，有医生认为她患了胃溃疡，但检查结果却一切正常。

日子一天天过去，唐娜的饥饿感越来越强烈，已经达到了只要别人一说“饿”字，她就会焦虑得“头发都站立起来”的状态。她到心理医生那里看病时，还随身携带了大量方便面、方便粉丝等食品，只要一饿马上就吃。这一天她吃了 13 顿饭。

经过心理专家诊断，唐娜患的是非常严重的焦虑障碍，主要是对“饿”很敏感，产生了焦虑心理，这也与她一饿就吃，一吃就饱，每次食量只有一点点有关。

经确诊后，心理卫生中心的专家采用特殊治疗方案对她进行治疗，一周后，唐娜的饥饿感不再那么强烈；两周后，饥饿感得到初步缓解；到了第三周，唐娜和“饥寒交迫”的日子彻底拜拜了。

【心理点睛】

毕业于哈佛大学的著名心理学家威廉·詹姆斯指出，这种病是心理原因所致，因此保持良好的心态是非常重要的。

战胜焦虑的方法之一是客观冷静地分析、评估你所处的境遇。确定和估计一下可能发生的最糟糕的结果是什么。通过分析会发现最坏的结果并没有达到山崩地裂、地球爆炸的程度，而如果坏事一旦真的发生，你也可以承受并战胜它。有意思的是，我们预先担忧的事通常不会发生。就算不幸真的发生了，也往往没有预期中的那么可怕和令你损失惨重。

站在别人的角度审视自己

【哈佛心语】

假如我们把大家的不幸都放在一起，每个人都必须拿取相等的一份，多数人都会高高兴兴地领了自己的一份离开。

——梭罗

【故事殿堂】

弗洛姆是一位著名的心理医生，他每天要面对许多病人，并且要很有耐心地倾听病人诉说心中的忧郁和焦虑。他每天接触的都是愁眉苦脸，所以被那些不快乐的情绪感染得自己也很不快乐，长此以往，他便觉得自己心中的压力非常大。为了平衡自己的情绪、缓解压力，他时常去看喜剧，而且专门挑喜剧节目让自己开怀大笑一番。

有一天，弗洛姆的病人又是一个接一个地进出，他正低头在一位病人的病历卡上记录诊断结果，却听到一个很熟悉的声音说："医生，我很不快乐，生活中没有能够让我开心的事情，活着实在是没有什么意义，我真想死。"

弗洛姆抬头一看，看到一张熟悉的面孔，他居然是让自己捧腹大笑的喜剧演员。

这样的巧遇，让弗洛姆不禁哑然失笑。他低头想了一下，说："这样吧！你我互相交换一下角色，我当一天喜剧演员，你当一天心理医生，怎么样？"

喜剧演员原本以为弗洛姆在开玩笑，但是看他一脸认真的表情，又不像是开玩笑，于是考虑片刻，便接受了这个建议。

喜剧演员扮演了一天"代理医师"，除了药方由在幕后的弗洛姆开列之外，他有模有样地询问病人的病情，并且努力开导病人要寻找正确的人生方向。

弗洛姆在喜剧演员的教导之下，也在剧院表演了一幕喜剧。他忘却了自己的医师身份，在舞台上装疯卖傻，惹得观众捧腹大笑。弗洛姆站在舞台之上，看到台下有这么多笑脸，他的心情也好极了。

之后两人又恢复了各自的身份。

有一天，喜剧演员又挂号来看心理医师。

“医师，我找到了平衡点，现在我知道了，其实我的工作非常有意义，我的每一个喜剧动作引起的每个笑容都是我的成就。我不想死了，因为我的存在可以帮助那么多不快乐的人，让他们获得生活上的平衡。”喜剧演员容光焕发地说。

弗洛姆微笑着点了点头，说：“是啊！我也要谢谢你让我有机会知道，我也有能力制造许多笑脸。”

从此以后，当病人坐在候诊室等候看病时，都能听到由弗洛姆的诊疗室中传出来的幽默话语和病人的哈哈大笑声。

【心理点睛】

人生就像一次旅行，沿途有数不尽的坎坷泥泞，但也有看不完的春花秋月。如果我们的心总是被灰暗的风尘所覆盖，干涸了心泉、黯淡了目光、失去了生机、丧失了斗志，人生轨迹岂能美好？

心理学家曾指出：人是最会制造垃圾来污染自己的动物之一。清洁工每天早上都要清理人们制造的成堆的垃圾，这些有形的垃圾容易清理，而人们内心诸如烦恼、欲望、忧愁、痛苦等无形的垃圾却不是那么容易被清理。想清理掉这些垃圾，就要找到独特的清扫方法。而这种独特的清扫方法，正是保持心情的愉悦畅快。

心情愉快是肉体和精神的最佳卫生法。面对一成不变的生活，我们有时会失去耐性，认为自己从事的事情既无聊又无趣，甚至会因此而产生厌世的心理。这时候，如果能让自己尝试另外一个角色，站在别人的立场上来审视自己的生活，那么你就会重新发现生活的意义和乐趣。

掌控你自己

【哈佛心语】

哪怕对自己的一点儿小小儿的克制，也会使人变得强而有力。

——高尔基

【故事殿堂】

哈佛社会学教授傅高义曾做过这样一个实验：让一群儿童分别走进一个空荡荡的大厅，在大厅最显著的位置为每个孩子准备了一块软糖。测试老师对每一个将要走进去的孩子说："如果你能坚持到老师回来时还没把这块软糖吃掉的话，将会得到一个奖励——再给你一块软糖。也就是说，你将得到两块软糖。但是，如果你没等我回来就把糖吃掉的话，那么你只能得到这一块。"

实验开始了，孩子们依次走进大厅……

实验结果发现，有些孩子缺乏控制能力，大人不在，自己又受不了诱惑，就把糖吃掉了。而另外一些孩子，则牢牢记住了先前老师讲的话，认为自己只要能够坚持一会儿，就可以得到两块糖，于是，尽量控制住自己。他们并非不受糖的诱惑，只是努力地转移自己的注意力，他们有的唱歌，有的蹦蹦跳跳，有的干脆趴在桌子上睡觉，坚持不看那块软糖，一直等到老师的到来。

这样，他们就得到了奖励——第二块软糖。

专家们把孩子分成两组：能够抵御诱惑、坚持下来得到两块软糖的和不能够坚持下来、只得到一块软糖的孩子，并对他们进行了长期的跟踪调查。结果发现，在他们长大以后，那些只得到一块糖的孩子普遍没有得到两块糖的孩子获得的成就大。

实验的结果为我们道出一个普遍的规律：凡是小时候缺乏控制力的，今后无论他的智商数如何高，他成功的概率都很小；反之，那些小时候便能控制住自己的孩子，往往能够更好地把握自己的人生。

【心理点睛】

人与其他动物的不同之处便在于：人类有理性，而理性产生的重要特征就是能够识别与控制自己的行为，这是卓越人生的必然要求。

自 制 力

【哈佛心语】

意志是无限的，但实行起来却往往有许多不可能；欲望是无穷的，然而行为必须受制于种种束缚。

——莎士比亚

【故事殿堂】

世界球王，被人们称为“黑珍珠”的巴西足球运动员贝利自幼酷爱足球运动，并在很小的时候就已经显示出他超人的才华。

有一次，小贝利参加了一场激烈的足球赛，累得喘不过气来。

休息时，贝利向小伙伴要了一支烟。他得意地吸起烟，嘴里吐出一缕缕淡淡的烟雾。小贝利有点儿陶醉了，似乎刚才极度的疲劳也随之烟消云散了。

这一切全被父亲看到了，父亲的眉头皱起了一个大疙瘩。

晚上，父亲坐在椅子上问贝利：“你今天抽烟了吗？”

“抽了。”小贝利意识到自己做错了事，红着脸，低下了头，准备接受父亲的训斥。

但是，父亲并没有发火。他从椅子上站起来，在屋里来来回回走了好半天，然后才平静地对贝利说：“孩子，你踢球有几分天资，也许将来会有出息。可惜，抽烟会损坏身体，你现在要是抽烟了，你在比赛时就发挥不出应有的水平。”

小贝利的头低得更低了。父亲接着又语重心长地说：“作为父亲，我有责任教育你向好的方向努力，也有责任制止你的不良行为。但是，至于是向好的方向努力，还是向坏的方向滑去，最终做决定的是你自己。我只想问问你，你是愿意抽烟呢，还是愿意做个有出息的运动员呢？孩子，你该懂事了，自己选择吧。”说着，父亲还从口袋里掏出一沓钞票递给贝利，并说道：“如果你不愿意做个有出息的运动员，执意要抽烟的话，这点儿钱就作为你抽烟的经费吧！”父亲说完，便走了出去。

小贝利望着父亲远去的背影，仔细回味父亲那深沉而又恳切的话语，不由得哭了。他哭得好难过，过了好一阵，才止住了哭声。小贝利猛然醒悟了，他拿起桌上的钞票并把它还给了父亲，坚决地说：“爸爸，我再也不抽烟了，我一定要当个有出息的运动员。”

从此以后，贝利不但与烟绝缘，还刻苦训练，球艺得到飞速提高。15 岁参加桑拖斯职业足球队，16 岁进入巴西国家队，并为巴西队永久占有“女神杯”立下奇功。如今，贝利已成为拥有众多企业的富翁，但他仍然不抽烟。

【心理点睛】

自制是一种力量，更是难得的品质。许多原本特别优秀的人由于缺乏应有的自制力，因而走上了歪邪的道路。比如打架、斗殴、吸毒等违法犯罪行为，常常是由于自制力的匮乏，而非他们本性就是如此。

简单的快乐

【哈佛心语】

生活乐趣的大小是随我们对生活的关心程度而定的。

——蒙田

【故事殿堂】

从前，在一条小河边住着一个磨坊主，他是英格兰最快活的人。他从早到晚总是忙忙碌碌，同时像云雀一样快活地歌唱。他是那样乐观，以至于其他人都跟着乐观起来。这一带的人都喜欢谈论他愉快的生活方式。终于，国王听说了他。

“我要去找这个奇怪的磨坊主谈谈。”他说，“也许他会告诉我怎样才能快乐起来。”

国王刚踏进磨坊，就听到磨坊主在唱：“我不羡慕任何人，不，不羡慕，因为我要多快活就有多快活。”

“我的朋友，”国王说，“我羡慕你，只要我能像你那样无忧无虑，我愿意和你换个位置。”磨坊主笑了，给国王鞠了一躬。

“我肯定不和您换位置，国王陛下。”他说。

“那么，告诉我，”国王说，“什么使你在这个满是灰尘的磨坊里如此高兴而快活呢？而我，身为国王，为什么每天都忧心忡忡、烦闷苦恼呢？”

磨坊主又笑了，说道：“我不知道你为什么忧郁，但是我能简单地告诉你，我为什么高兴。我自食其力，我爱我的妻子和孩子，我爱我的朋友们。他们也爱我。我不欠任何人钱。我为什么不应当快活呢？这里有这条河，每天它使我的磨坊运转，磨坊把谷物磨成面，养育我的妻子、孩子和我。”

“不要再说了。”国王说，“我羡慕你，你这顶落满灰尘的帽子比我这顶金冠更值钱。你的磨坊给你带来的，要比我的王国给我带来的还多。如果有更多的人像你这样，世界该多么美好啊！”

【心理点睛】

快乐其实很简单。无论什么人，只要热爱自己的生活，爱自己的家人和朋友，自食其力，辛苦工作，他的内心就会时刻充满快乐。

保持乐观心态

【哈佛心语】

灾难的忠实姐妹——希望，她会唤起你们的勇气和欢乐。

——普希金

【故事殿堂】

卡特曾经是个对一切都不满意的人，所以整天都闷闷不乐。但是1934年春天，当他在威培城道菲街散步的时候，目睹了一件事，使他的一切烦恼从此都随之消解。这件事发生在10秒钟内，而他自称在这10秒钟里所学到的东西比以前的10年还要多。

当时卡特在威培城开了一家杂货店，经营两年，不但把所有积蓄都赔掉了，而且还负债累累。就在上个星期六，他这家杂货店终于关门了。当时，他正在向银行贷款，准备回老家找工作，就连他走路的样子看起来都像个毫无生气的人，因为此时的他已经失去了信念和斗志。

这时，卡特突然瞧见一个没有腿的人迎面而来，他坐在一个木制的有轮子的木板上，用两只手各撑着一根木棒，沿街推进。卡特恰好在他过街之后碰见他，他正朝人行道滑去，他俩的视线刚好相碰了。他微笑着，向卡特打了个招呼：“早，先生！天气很好，不是吗？”他的声音是那样富有感染力、那样有精神，好像根本就不是身体有缺陷的人。

当卡特站着看他的时候，他感觉到自己是多么富有呀！卡特自己有两条腿，他还可以走。可是面对那个坐在轮椅上的先生自信的目光，卡特觉得自己才是残疾者！他对自己说：“既然他没有腿也能如此快乐，我当然也可以做到，跟他比起来，至少我还有两条腿！”

顿时，卡特感到心胸豁然开朗，我本来只想向银行借 100 元钱；但是，我现在有勇气向银行借 200 元了。我本来想到的只是回老家求人帮忙，随便找一件事做；但是，现在我自信地宣布，我要到堪萨斯城获得一份好工作。最后我钱也借到了，工作也找到了。

后来，卡特把这次经历中的感想凝缩成几句话写了下来，贴在自己浴室的镜子上，每天早晨刮脸的时候，他都要大声地朗读一遍：

“我苦恼，因为我没有鞋。

直到在街上遇见一个人，

——他没有脚！”

【心理点睛】

总有些人觉得自己很不幸，这个不如意，那个不顺心，每天都在怨天尤人。或许，在你面前的风景其实并没有想象中那么差，只是眼前的障碍物挡住了你的视线而已。

请不要抱怨，假如有一天，你在人生的道路上遇到了阻碍，请停下脚步，上帝或许又为你准备了一条崭新的道路。

著名的散文家爱默生比我们更了解自己：“其实我们知道自己能够成为什么样的人，我们最需要的是，有人鼓励我们去成为这样的人。”

名利之环

【哈佛心语】

最令人烦恼的事物往往可以使人摆脱烦恼。

——拉罗什富科

【故事殿堂】

有人在路边新塑了一座泥像，这座泥像很想找个地方躲风避雨，然而它无法动弹，也无法呼喊，它非常羡慕人类，它觉得做一个人可以无忧无虑、自由自在地到处奔跑。它决定抓住一切机会，向人类呼救。

有一天，一位智者路过此地，泥像通过它的神情向智者发出求救。

“智者，请让我变成人吧！”智者看了看泥像，会意地笑了笑，然后衣袖一挥，泥像立刻变成了一个活生生的青年。

“你想变成人可以，但是你必须先跟我试走一下人生之路，假如你受不了人生的痛苦，我马上可以把你还原。”智者说。

于是，青年跟智者来到一个悬崖边。

“现在，请你从此岩走向彼岩吧！”智者长袖一拂，已经将青年推上了铁索桥。

青年战战兢兢，踩着一个个大小不同链环的边缘前行，然而一不小心，一下子跌进了一个链环之中，顿时，两腿悬空，胸部被链环卡得紧紧的，几乎透不过气来。

“啊！好痛苦呀！快救命呀！”青年挥动双臂大声呼救。

“请君自救吧。在这条路上，能够救你的只有你自己。”智者在前方微笑着说。

青年扭动身躯，奋力挣扎，好不容易才从这痛苦之环中摆脱出来。“你是什么链环，为何卡得我如此痛苦？”青年愤然道。

“我是名利之环。”脚下的铁链答道。

青年继续朝前走。忽然，前方出现了一个美女，朝着青年回眸一笑，就不见了踪影。青年稍一走神，脚下一滑，又跌入一个环中，被链环死死卡住。可是四周一片寂静，没有一个人回应他，也没有一个人来救他。

这时，智者再次在前方出现，他微笑着缓缓道：“在这条路上，没有人可以救你，只有你自己自救。”

青年拼尽力气，总算从这个环中挣扎了出来，然而他已累得精疲力竭，便坐在两个链环间小憩。

“刚才这是个什么痛苦之环呢？”青年想。

“我是美色链环。”脚下的链环答道。

经过一阵轻松的休息后，青年顿觉神清气爽，心中充满幸福愉快的感觉，他为自己终于从链环中挣扎出来而感到庆幸。

青年继续向前走，然而没想到他又接连掉进了欲望的链环、嫉妒的链环……待他从这一个个痛苦之中挣扎出来的时候，青年已经完全疲惫不堪了。抬头望望，前面还有漫长的一段路，他再也没有勇气走下去了。

“智者！我不想再走了，你还是带我回到原来的地方去吧。”青年呼唤着。

智者再次出现了，他长袖一挥，青年便回到了路边。

“人生虽然有许多痛苦，但也有战胜痛苦之后的欢乐和轻松，你难道就真的愿意放弃人生吗？”智者问道。

“人生之路痛苦太多，欢乐和愉快太短暂、太少了，我决定放弃做人，还原为泥像。”青年毫不犹豫地说。

智者长袖一挥，青年又还原为一尊泥像。

“我从此再也不受人世的痛苦了。”泥像想。

然而不久，泥像被一场大雨冲成了一堆烂泥。

【心理点睛】

一位作家曾经说过，要想看到彩虹，就不要介意有雨天。在成长道路上，快乐与痛苦总是相伴左右。要想品味成功的快乐，就要忍受生活中的痛苦。

图书在版编目（CIP）数据

力量：哈佛百年最受欢迎的心理学课 / 刘牧成编著．—北京：企业管理出版社，2014.5

ISBN 978-7-5164-0805-6

Ⅰ．①力… Ⅱ．①刘… Ⅲ．①心理学－通俗读物 Ⅳ．①B84-49

中国版本图书馆 CIP 数据核字（2014）第 085139 号

书　　名：力量：哈佛百年最受欢迎的心理学课
作　　者：刘牧成
责任编辑：张　羿
书　　号：ISBN 978-7-5164-0805-6
出版发行：企业管理出版社
地　　址：北京市海淀区紫竹院南路 17 号　　邮编：100048
网　　址：http://www.emph.cn
电　　话：编辑部（010）68453201　　发行部（010）68701638
电子信箱：80147@sina.cn　zhs@emph.cn
印　　刷：北京慧美印刷有限公司
经　　销：新华书店
规　　格：166 毫米 ×235 毫米　16 开本　19 印张　299 千字
版　　次：2014 年 5 月第 1 版　2014 年 5 月第 1 次印刷
定　　价：32.00 元